ANATOMIE

ET

PHYSIOLOGIE VÉGÉTALES

OUVRAGE RÉPONDANT AUX DERNIERS PROGRAMMES

DU BACCALAURÉAT ÈS LETTRES (DEUXIÈME PARTIE)

DU BACCALAURÉAT DE L'ENSEIGNEMENT SECONDAIRE MODERNE

DU BREVET SUPÉRIEUR D'INSTITUTEURS ET D'INSTITUTRICES

PAR J. GUIBERT

Prêtre de Saint-Sulpice,

Professeur de sciences naturelles au séminaire S.-Sulpice, à Issy.

PARIS

VICTOR RETAUX, LIBRAIRE-ÉDITEUR

82, RUE BONAPARTE, 82

1896

ANATOMIE

ET

PHYSIOLOGIE VÉGÉTALES

DU MÊME AUTEUR

Anatomie et Physiologie animales, *Étude spéciale de l'homme,* ouvrage conforme aux derniers programmes de l'enseignement classique et de l'enseignement moderne, du brevet supérieur d'instituteurs et d'institutrices. Un vol. in-18, 400 pages, 229 figures dans le texte. 1894. . . . . 4 fr.

Étude sur l'Hypnotisme. Les faits, les théories, les difficultés. Résumé des différentes questions relatives à l'hypnotisme. Brochure in-8, 44 pages. . . . 0 fr. 25

L'Éducateur apôtre, sa préparation, l'exercice de son apostolat. 1 vol. in-18, III-383 pages. *Cinquième édition.* 1895. (Poussielgue.). . . . . 2 fr.

POUR PARAITRE EN JANVIER 1896

Les Origines. *Questions d'apologétique.* Cosmogonie ou origine du monde. Origine de la vie. Origine des espèces. Origine de l'homme. Antiquité de l'homme. Unité de l'espèce humaine. État intellectuel, moral et social de l'homme primitif.

ANATOMIE

ET

PHYSIOLOGIE VÉGÉTALES

OUVRAGE RÉPONDANT AUX DERNIERS PROGRAMMES
DU BACCALAURÉAT ÈS LETTRES (DEUXIÈME PARTIE)
DU BACCALAURÉAT DE L'ENSEIGNEMENT SECONDAIRE MODERNE
DU BREVET SUPÉRIEUR D'INSTITUTEURS ET D'INSTITUTRICES

PAR J. GUIBERT
Prêtre de Saint-Sulpice,
Professeur de sciences naturelles au séminaire S.-Sulpice, à Issy.

PARIS
VICTOR RETAUX, LIBRAIRE-ÉDITEUR
82, RUE BONAPARTE, 82
1896

PARIS

IMPRIMERIE D. DUMOULIN ET Cie

5, rue des Grands-Augustins, 5

PROGRAMME OFFICIEL

DU

BACCALAURÉAT DE L'ENSEIGNEMENT SECONDAIRE

CLASSIQUE (CLASSE DE PHILOSOPHIE)

ANATOMIE ET PHYSIOLOGIE VÉGÉTALES

Caractères généraux des végétaux.
Principaux tissus.

I. NUTRITION (Étude spéciale d'une plante phanérogame).
Racine.
Radicelles.
Croissance et fonctions de la racine.
Tige : Croissance et fonctions de la tige.
Feuille : Structure ; croissance et fonctions.
Nutrition en général.
Plantes à chlorophylle et plantes sans chlorophylle.
Aliments.
Réserves nutritives.
Respiration.

II. REPRODUCTION (Étude spéciale d'une plante phanérogame.)
Fleur : enveloppes florales.
Structure de l'étamine : anthère, pollen.
Structure des carpelles : ovule.
Fécondation et développement.
Fruit et *graine.*
Germination : phénomènes qui l'accompagnent.
Cryptogames : reproduction et formes alternantes.
Parasitisme.

PROGRAMME OFFICIEL

DU

BACCALAURÉAT DE L'ENSEIGNEMENT SECONDAIRE

MODERNE

Ce programme est conçu dans les mêmes termes que pour le baccalauréat de l'enseignement secondaire classique.

PROGRAMME

DES BREVETS DE CAPACITÉ

DE L'ENSEIGNEMENT SECONDAIRE

Le programme porte seulement ces mots : *Notions de Physique*, de *Chimie* et d'*Histoire naturelle*.

PRÉFACE

L'auteur n'a point à répéter ici les idées qu'il a déjà exprimées au début de l'*Anatomie et Physiologie animales*. En écrivant ce nouveau livre, il s'est proposé la même fin que dans le premier : offrir à la jeunesse catholique un *manuel* clair, méthodique, conforme aux programmes officiels; concourir à l'éducation de l'esprit par un enseignement logique et par une saine philosophie.

Si ce cours ne contient pas à chaque page des considérations philosophiques et des élévations religieuses, il conduit néanmoins à cette impression que tout est ordonné dans la nature et que la nature n'est point l'œuvre d'un aveugle hasard.

Nous avons jugé bon de donner à certaines parties un développement que ne comportent pas explicitement les programmes. Nous mentionnerons en particulier les *notions générales* du livre premier, et l'étude spéciale de la *reproduction des Cryptogames*, au livre troisième. — Les notions générales nous ont paru nécessaires pour donner à la biologie un fondement solide. — Les Cryptogames présentent, à plusieurs égards, un très grand intérêt : ils sont trop peu connus; leur simplicité de structure rend cependant leur étude plus facile; enfin, ils permettent de comprendre l'ordre et l'enchaînement qu'il a plu au Créateur de mettre dans la nature.

Les lecteurs qui se préoccupent surtout de préparer brièvement des examens verront sans peine ce qu'il faut élaguer. Les étudiants désireux d'acquérir une vraie formation scientifique nous sauront gré d'avoir comblé les lacunes du programme.

Rien n'a été négligé pour éclairer le texte par de nombreuses gravures. Nous avons adopté, dans la plupart, une méthode très favorable à l'intelligence des faits scientifiques : nous avons groupé en un même tableau les figures représentant, soit une succession de phénomènes, soit des phénomènes analogues. De plus, pour faciliter le travail des élèves, nous avons d'ordinaire fait graver avec le dessin les détails des légendes les plus compliquées.

Dans ce travail minutieux de l'illustration, nous avons été aidé par des amis aussi habiles que dévoués. Nous tenons surtout à remercier ici M. l'abbé Guillemet, dont les savants conseils nous ont été très précieux, et le jeune artiste M. de la Salle, dont la plume ferme a dessiné nos meilleurs tableaux.

Nous souhaitons que ce livre reçoive un accueil aussi sympathique que le précédent. En aidant la jeunesse à connaître plus à fond et à bien interpréter la nature, l'auteur estime qu'il aura facilité aux âmes les voies qui mènent à Dieu. Car ce n'est point face à face, mais à travers la création, que l'Auteur de la nature communique avec nous durant la vie présente.

J. G.

Issy, 15 septembre 1895.

ANATOMIE
ET
PHYSIOLOGIE VÉGÉTALES

LIVRE PREMIER
NOTIONS GÉNÉRALES

CHAPITRE PREMIER
CARACTÈRES GÉNÉRAUX DES VÉGÉTAUX

Objet et division de ce Cours. — I. Comment les Végétaux se distinguent des Minéraux : 1° caractères différentiels (forme, composition chimique, structure, naissance et mort, évolution et accroissement, conservation, reproduction); 2° importance de ces caractères. — II. Comment les Végétaux se distinguent des Animaux : 1° fonctions de nutrition (substance organique, chlorophylle, alimentation, reproduction); 2° fonctions de relation (sensibilité et motilité, mouvements des plantes). — III. Conditions et formes de la vie : 1° conditions (protoplasme, air, eau, température); 2° formes (vie active, vie ralentie). — IV. Variabilité des types végétaux : 1° causes productrices des variétés (influence des milieux, influence du mode de reproduction); 2° fixation de la variété (hérédité, concurrence vitale, sélection naturelle); 3° origine des types végétaux.

Objet et division de ce Cours. — L'Histoire naturelle étudie tous les êtres de la nature. Et comme on distingue, dans la nature, trois principaux groupes d'êtres, les minéraux, les plantes et les animaux, l'Histoire naturelle se divise aussi en trois parties principales, la Minéralogie, la Botanique et la Zoologie. L'Homme, que son âme spirituelle établit roi de toute la création, est l'objet d'une science spéciale, l'Anthropologie.

Dans l'étude des plantes, on peut rechercher soit les traits particuliers qui caractérisent les genres et les espèces, soit les faits généraux de morphologie et de physiologie qui se rencontrent à tous les degrés du règne végétal : dans le premier cas, on fait de la Botanique spéciale ; dans le second, on fait de la Botanique générale. Sous le titre d'*Anatomie et Physiologie végétales*, c'est la Botanique générale seulement que nous étudierons.

Notre cours sera partagé en trois livres. Dans le premier, *Notions générales*, nous apprendrons à connaître : 1° les caractères généraux des plantes, comme leur place dans la nature, les conditions auxquelles leur existence est soumise, leur variabilité ; 2° la constitution chimique qui leur est propre ; 3° leur constitution anatomique, ou le groupement de leurs cellules en tissus ; 4° leur classification, ou le plan suivant lequel les espèces végétales sont distribuées. — Dans le second, nous verrons comment l'individu se conserve par la *nutrition* : après avoir fait l'anatomie des organes de nutrition, racine, tige, feuille, nous dirons comment la vie s'entretient dans la plante. — Enfin, le troisième livre aura pour objet les fonctions de *reproduction* : prenant successivement les principales classes du règne végétal, nous présenterons en autant de tableaux le cycle complet de leur développement.

I. Comment les Végétaux se distinguent des Minéraux. — Il y a sans doute des caractères communs aux Végétaux et aux Minéraux ; ils sont tous formés d'un petit nombre d'atomes ou corps simples ; ils sont tous soumis aux lois générales de la physique et de la chimie, pesanteur, chaleur, affinité, etc... ; tous les phénomènes dont ils sont le théâtre sont provoqués par les forces physico-chimiques, s'opèrent aux dépens de l'énergie physique et s'accusent au dehors par une transformation de cette même énergie. Cependant, même au premier coup d'œil, il est aisé de distinguer une plante d'un minéral.

1° Caractères différentiels. — *La forme.* A l'état amorphe, le minéral ne présente aucune forme régulière, il n'est qu'une poussière ou une pâte plus ou moins durcie ; à l'état de cristal (*fig.* 1), il présente des arêtes vives et des surfaces géométriques. La plante, au contraire, réalise

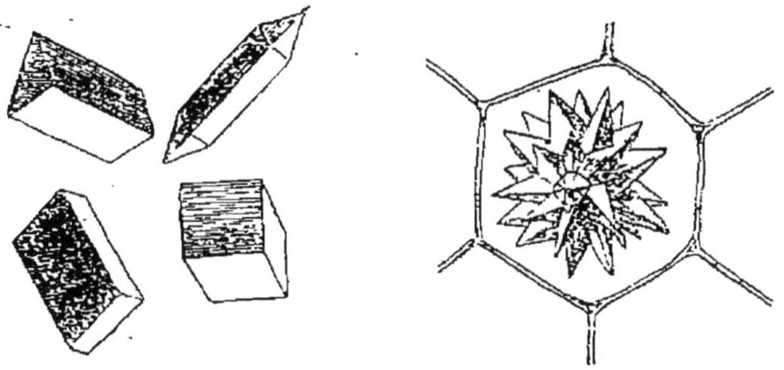

Fig. 1. — Cristaux d'oxalate de chaux, montrant les arêtes vives et les surfaces planes.

toujours un plan régulier, où la ligne courbe domine sans affecter une inflexible raideur (*fig.* 2).

Composition chimique. Tandis que les minéraux sont extrêmement variables dans leur composition et se forment aux dépens de tous les corps simples, les végétaux n'utilisent qu'un petit nombre d'éléments, et ces éléments sont toujours les mêmes. Le carbone est la base indispensable de tous les composés végétaux : l'oxygène, l'hydrogène, l'azote, sont les principaux éléments qui se combinent avec lui.

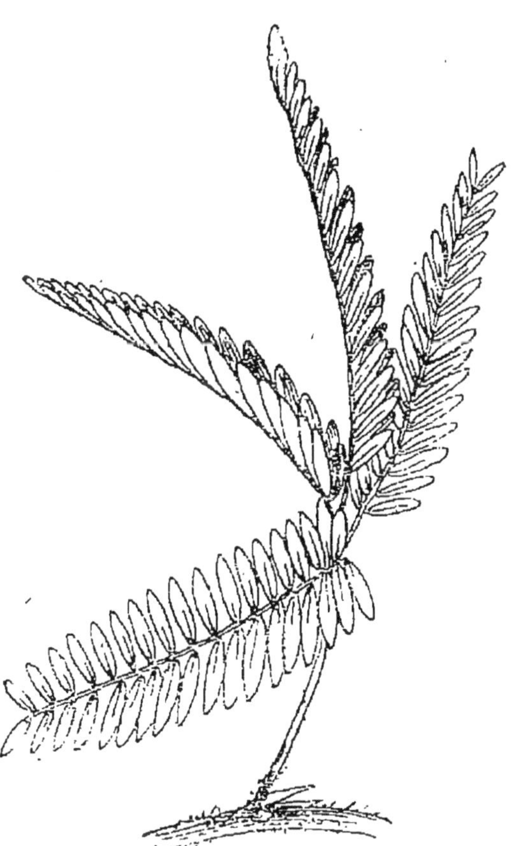

Fig. 2. — Feuille composée (Sensitive), montrant les lignes courbes préférées par les êtres vivants.

La structure. Un corps brut, quel qu'il soit, est homogène : comme toutes les molécules se ressemblent, le plus puissant microscope ne découvre aucune trace d'organisation. Le végétal n'est pas homogène ; une tranche mince examinée au microscope présente un nombre considérable de petites masses ou *cellules* : chaque cellule, quelle que soit sa forme, se compose d'une enveloppe, d'une masse granuleuse semi-fluide et d'un noyau, autant de parties hétérogènes.

La naissance et la mort. Le minéral peut commencer par une combinaison chimique, il peut finir par une décomposition ; mais il ne *naît* pas d'un parent semblable à lui ; il ne *meurt* pas, et d'ailleurs son existence est illimitée. Tout être vivant a son existence enfermée entre ces deux termes, la naissance et la mort ; il provient d'un être déjà vivant, et il *doit* finir.

Évolution et accroissement. Quand un cristal grandit, c'est seulement par le dehors, par juxtaposition de parties nouvelles qui se déposent ; de plus, en grandissant, il n'évolue pas, et son plan garde son inflexible régularité. Quand un végétal grandit, c'est en vertu d'une activité interne, c'est par la division de cellules qui se nourissent par intus-susception ; de plus, à mesure qu'il se développe, il change de forme, il déroule un plan à travers des phases multiples.

Conservation. Dans les minéraux, la conservation de l'être est liée à la stabilité des éléments ; toute décomposition chimique est une destruction de l'être. Dans les végétaux et tous les êtres vivants, la conservation de l'être est liée à l'échange perpétuel d'élements entre la cellule organique et le monde extérieur ; la stabilité complète, l'arrêt du tourbillon nutritif, marque la fin de l'être vivant. Aussi cet échange nutritif est-il considéré comme le signe le plus indiscutable auquel on reconnaît la vie.

Reproduction. Un cristal ne se reproduit pas ; si on le brise, on obtient deux fragments ; si l'un des fragments est plongé dans une dissolution concentrée, il s'accroît sans doute, mais par simple dépôt extérieur. Au contraire, tout être vivant se reproduit, en conférant à une partie de lui-même la puissance de s'accroître et de réaliser une forme semblable à la sienne.

2° Importance de ces caractères. — De tous ces caractères, *le plus important* est celui de l'échange nutritif entre l'être vivant et le milieu qui l'entoure. Dès le premier instant de son existence, l'être vivant se détruit lui-même, rejette au dehors ou immobilise au dedans les substances résultant de cette destruction ; en même temps, il transforme en substance vivante et s'assimile des aliments qu'il puise au dehors ou qu'il prend dans ses réserves. Ce double phénomène de *destruction* et de *création* est ce qui différencie le plus nettement le végétal du minéral.

En effet, dans le cristal, on pourra trouver un certain agencement de la matière simulant l'organisation ; on fera peut-être un jour la synthèse de toutes les substances organiques en partant des éléments minéraux, etc... ; mais la vie seule peut imprimer à une substance organique ce mouvement spécial qui consiste dans l'échange nutritif entre le dedans et le dehors.

Le phénomène, en vertu duquel une substance organique non vivante acquerrait le mouvement vital sous la seule influence des forces physico-chimiques, s'appelle *génération spontanée*. Les anciens, ignorant le mode de formation de certains animaux et de certaines plantes, ont été portés à croire que, sous des influences célestes, la vie pouvait naître spontanément du limon de la terre. Mais, depuis les belles expériences de Pasteur, il est démontré qu'aucune vie ne se produit sans germe, qu'aucun être vivant ne naît autrement que d'un parent.

De là nous concluons, non seulement qu'il existe une distinction nette entre les Minéraux et les Végétaux, mais encore qu'un abîme infranchissable les sépare.

II. Comment les Végétaux se distinguent des Animaux. — Il semble d'abord que de nombreuses différences séparent les Végétaux des Animaux : mais, en les regardant de près, on voit que plusieurs perdent de leur importance et ne sont qu'accidentelles. En effet, dans les fonctions de nutrition, il n'existe aucune différence fondamentale : c'est dans les fonctions de relation, sensibilité et mouvement, qu'il nous faudra chercher une barrière entre les deux règnes.

1° Fonctions de nutrition. — *Substance organique.* La masse vivante, ou protoplasme, est foncièrement la même dans les deux règnes : elle est formée de quatre éléments essentiels : carbone, oxygène, hydrogène et azote. Il est vrai qu'un égal volume de matière animale et de matière végétale contient beaucoup plus de composés ternaires chez les Végétaux que chez les Animaux : mais, ce fait provient de ce que la cellule végétale s'entoure d'une enveloppe de cellulose qui demeure après la mort du protoplasme et constitue le bois, tandis que la celluls animale n'en fabrique point ordinairement.

La chlorophylle, qui colore en vert certains tissus des Végétaux n'est pas un signe absolument caractéristique du règne végétal, car elle manque chez certaines plantes, comme chez tous les Champignons, et elle se rencontre chez quelques animaux, comme les Stentors parmi les Infusoires et l'Hydre verte parmi les Cœlentérés.

Alimentation. En général, les Végétaux se nourrissent de matières minérales, gaz et sels empruntés à l'air ou au sol; les Animaux absorbent des aliments de nature organique, comme les substances ternaires ou quaternaires. Mais cette distinction est toute superficielle, et elle est loin d'être absolue. La règle générale est que tout être vivant muni de chlorophylle peut, sous l'influence de la lumière, faire la *synthèse* des matières organiques, et par conséquent n'emprunte au monde extérieur que des substancces minérales : au contraire, tout être vivant dépourvu de chlorophylle a besoin d'emprunter des éléments organiques qu'il *analyse* pour s'en nourrir. Aussi, parmi les Végétaux, les Champignons et les Bactéries ne peuvent vivre que dans des milieux organiques; parmi les Animaux, plusieurs espèces, ayant de la chlorophylle, se contentent d'aliments minéraux.

Reproduction. Les lois de transmission de la vie sont les mêmes dans les deux règnes.

2° FONCTIONS DE RELATION. — La sensibilité et la motilité autonomes sont généralement appelées *fonctions animales*, non seulement parce qu'elles sont beaucoup plus faciles à saisir chez les Animaux que chez les Végétaux, mais surtout parce qu'elles sont regardées par la philosophie traditionnelle comme la note caractéristique du règne animal.

Nous appelons ici *sensibilité*, non pas la faculté de subir une altération sous le coup d'une impression, mais la faculté de percevoir par un acte de connaissance l'objet qui frappe l'être vivant. L'Homme perçoit le son, la couleur, la pression... ; donc il est sensible. Le chien, le papillon, l'étoile de mer, etc., perçoivent les corps et les connaissent; donc ils sont sensibles. Mais le chêne, la violette, la fougère, la mousse, ne connaissent point, ne perçoivent point; donc ils ne sont pas sensibles.

La motilité autonome est la faculté de produire un mouvement en quelque sorte voulu. Le mouvement autonome est commandé par l'être qui l'exécute; le mouvement automatique n'est pas commandé par l'être qui l'exécute. Or, les Animaux ont à la fois des mouvements qu'ils commandent, comme la recherche de la nourriture et du plaisir, et des mouvements qu'ils ne commandent pas, comme les contractions purement organiques de l'estomac, du cœur et des vaisseaux. Dans les Végétaux, au contraire, les rares mouvements qui se produisent sont tous du genre automatique. S'il en est ainsi, il existe une distinction très réelle entre le règne végétal et le règne minéral; c'est ce que signifie l'adage des anciens : *mineralia sunt, vegetalia sunt et crescunt, animalia sunt, crescunt et sentiunt.*

Pour effacer la distance qui sépare les deux règnes, certains naturalistes ont allégué les raisons suivantes. — 1° Les Végétaux, étant capables, grâce à la chlorophylle, de faire la synthèse des principes organiques, se nourrissent de substances minérales puisées dans le sol et dans l'air : comme ils trouvent partout ces aliments, ils demeurent fixés dans le lieu où ils ont germé. Les Animaux au contraire, devaient posséder des organes qui leur permissent de rechercher et de reconnaître la nourriture organique dont ils vivent. — 2° La sensibilité et le mouvement autonome sont liés au système nerveux : l'Animal connaît et se meut parce qu'il a des nerfs ; le Végétal, manquant de nerfs, ne peut ni connaître ni se mouvoir. — 3° Chez les Végétaux, le mouvement est rendu difficile,

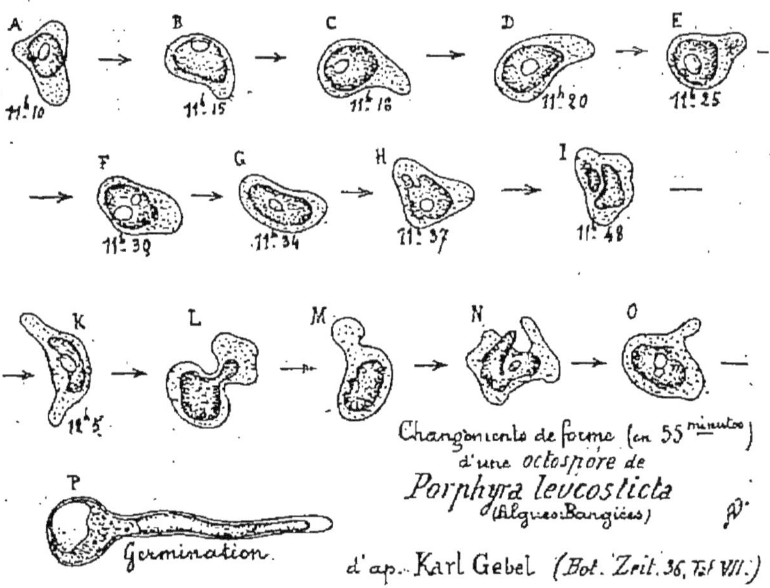

Fig. 3. — Changement de forme et mouvement protoplasmique d'une octospore d'algue.

sinon impossible, par la gaine rigide de cellulose qui enserre les cellules : dès que la cellulose manque et que les masses protoplasmiques peuvent communiquer entre elles, comme dans le pétiole des feuilles de la Sensitive, le mouvement devient aisé. — 4° D'ailleurs, une plus intime connaissance du règne végétal a fait découvrir de très nombreux exemples de mouvement. Les spores des Algues et des Champignons (*fig.* 3) se déplacent, dans l'eau, vers la lumière ou l'aliment convoité : chez les anthérozoïdes des Cryptogames, Claude Bernard avait cru saisir les apparences du mouvement volontaire. Les Navicules, petites algues des eaux douces, en se transportant d'un lieu dans un autre, évitent les obstacles qui s'opposent à leur marche. La motilité est bien plus frappante encore chez les plantes supérieures. La racine et les feuilles effectuent des mouvements en vue de la nutrition. D'autres mouvements semblent plutôt appartenir à la vie de relation : l'enroule-

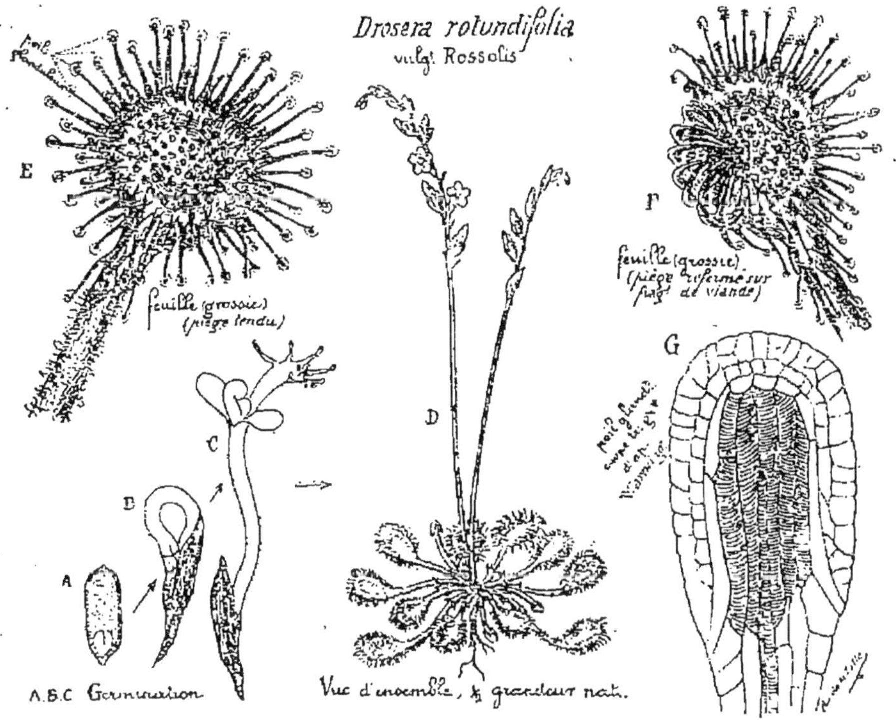

Fig. 4 à 8. — Drosera (plante carnivore) : germination de la plante (A. B. C.); vue d'ensemble (D); feuille grossie (E); feuille avec pièges fermés (F); poil glanduleux (G).

ment des tiges volubiles et des vrilles autour d'un tuteur, la fermeture des feuilles de Sensitive, de Dionée, de Drosera (*fig.* 4 *à* 8), au moindre attouchement, etc., etc.

Tous ces faits ne semblent cependant pas supprimer toute distinction réelle entre les Végétaux et les Animaux. En effet, les mouvements s'expliquant par la communauté du protoplasme dans les deux règnes : la contractilité est une propriété essentielle au protoplasme, et elle est indépendante de la substance nerveuse (*fig.* 9 *à* 15). Partout où il y a protoplasme, le mouvement apparaîtra, à moins qu'il ne soit empêché par les enveloppes rigides de la cellulose : souples dans les feuilles, les fleurs et les vrilles, ces enveloppes sont trop raides dans la plupart des tiges végétales

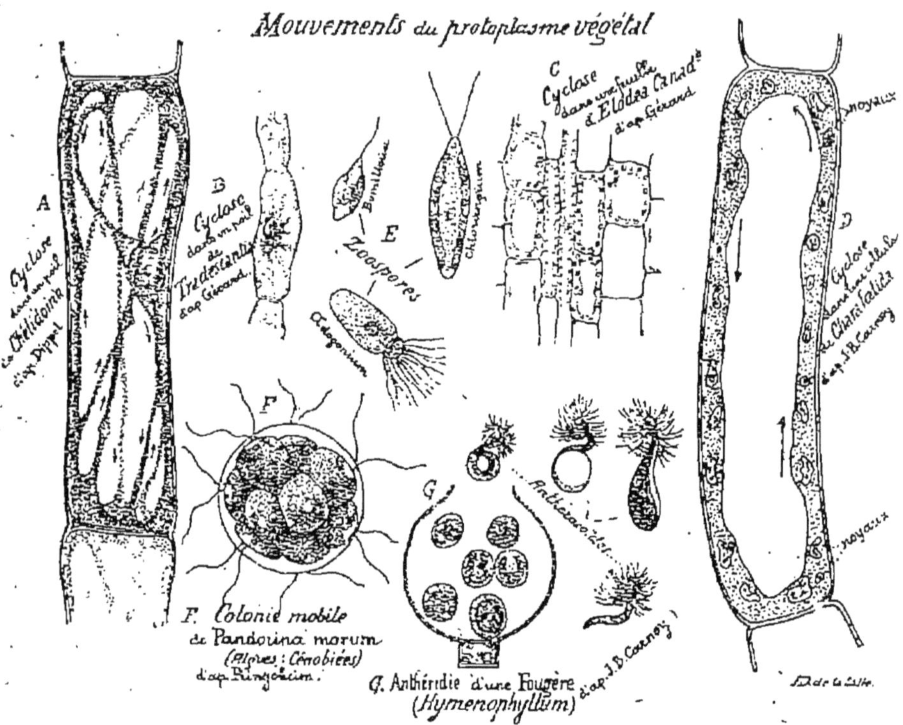

Fig. 9 à 15. — Mouvements du protoplasme végétal, constatés : 1° dans un poil de Chélidoine (A); 2° dans un poil de Tradescantia (B); 3° dans une feuille d'Elodea (C); 4° dans une cellule de Chara (D); 5° dans les Zoospores d'Œdogonium; 6° dans une colonie mobile d'Algues; 7° dans les anthérozoïdes de Fougère.

(*fig.* 16 *à* 18). — Une fois le mouvement expliqué, il reste ce fait important de la connaissance et de l'autonomie du mouvement : très facile à constater chez les Animaux, il ne s'est point manifesté, du moins clairement, chez les Végétaux. Là réside le fondement réel de la distinction des deux règnes.

III. Conditions et formes de la vie. — Que la vie se

manifeste chez un végétal ou dans un animal, elle est soumise à certaines conditions et elle peut revêtir diverses formes que nous signalerons brièvement.

1° Les CONDITIONS de la vie sont de deux sortes : les unes concernent la constitution du corps vivant, les autres regardent le milieu dans lequel il est plongé.

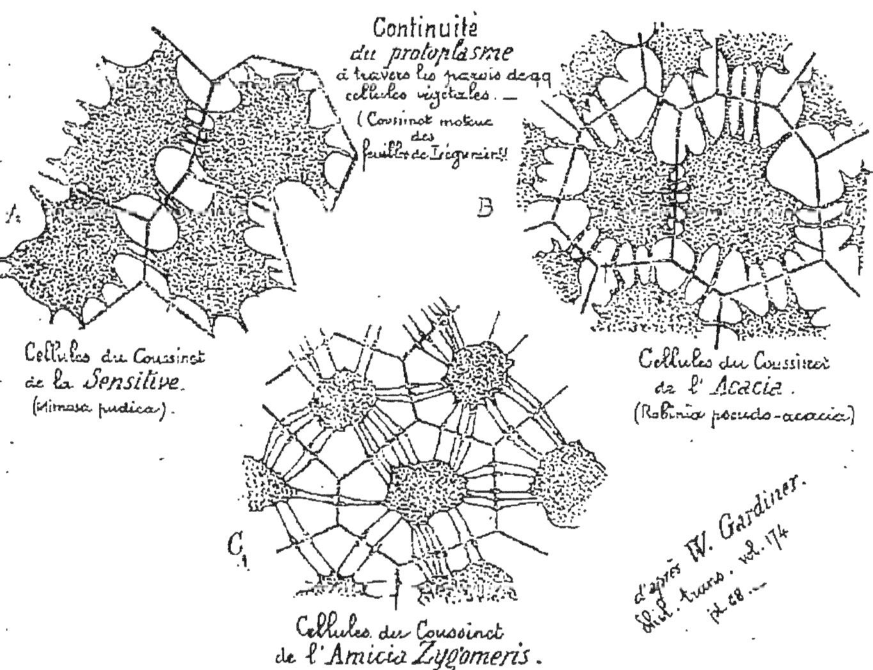

Fig. 16 à 18. — Cellules du Coussinet ou renflement moteur dans trois espèces végétales. Les cellules sont unies par des prolongements protoplasmiques : de la sorte, la contraction provoquée dans l'une peut se communiquer à toutes les autres.

Une masse de matière ne peut vivre qu'à la condition d'être du *protoplasme*. Le protoplasme, substance azotée très complexe dont nous étudierons plus loin les caractères, est seul capable du mouvement vital. Aussi, dans un végétal, n'y a-t-il de vie que là où il existe du protoplasme en activité : les nombreuses cellules de l'écorce et du bois, dont il ne reste plus que l'enveloppe, ne sont donc pas vivantes; les réserves d'amidon, d'huiles, etc., ne sont donc pas non plus des masses vivantes.

Observons ici que jamais aucun chimiste n'a pu faire la synthèse du protoplasme : jamais la nature ne l'a formé non plus en dehors de l'action des êtres vivants. Pour étudier la matière vivante, il faut donc de toute nécessité l'emprunter aux êtres doués de vie : les spores et les œufs offrent les meilleurs objets d'étude.

Au milieu dans lequel il plonge, l'être vivant doit emprunter l'air, l'eau et la chaleur.

L'*air*, par l'oxygène qu'il fournit, est indispensable aux échanges nutritifs qui constituent la vie du protoplasme. Comme les Animaux, les Plantes s'asphyxient lorsqu'elles sont totalement privées d'air. Tantôt, et c'est le cas ordinaire, elles puisent l'oxygène libre dans l'atmosphère ou dans l'eau qui le dissout; tantôt, comme cela arrive surtout pour les ferments et les bactéries, elles empruntent l'oxygène aux substances voisines qu'elles décomposent. — L'*eau* est nécessaire à la manifestation de la plupart des propriétés de la plante : aussi, pour réparer les pertes produites par l'évaporation, la plante doit-elle en absorber dans le sol où pénètrent ses racines. — Enfin, la *chaleur* est la troisième condition externe des manifestions de la vie : car les échanges ne s'opèrent qu'en dépensant une certaine quantité d'énergie empruntée sous forme de chaleur. Sans doute, la vie persiste dans certains êtres à 0° et même au-dessous ; mais elle est peu active alors : c'est entre 10° et 30° que se trouve la température la plus favorable à la végétation. Parce que chaque être a une température *optima*, où sa vitalité se déploie avec le plus d'énergie, on conçoit que la surface du globe soit divisée en zones botaniques : chaque plante a prospéré là où elle a trouvé les meilleures conditions.

2° Les FORMES de la vie sont toutes différentes selon que les conditions qui précèdent sont plus ou moins bien réalisées. La suppression totale de l'oxygène de l'air amène infailliblement et promptement la mort; la diminution, même notable, de l'eau et de la chaleur, ne fait que ralentir la vie.

La vie revêt en effet deux formes principales : l'*état de vie active*, l'*état de vie latente* ou ralentie.

L'*état de vie active* est facile à reconnaître : les échanges nutritifs se produisent par la combustion et l'assimilation; la plante croît ou du moins garde les signes de la vie. Cette activité demeure tant que les conditions externes sont toutes réalisées autour du protoplasme.

L'*état de vie ralentie* est aussi nommé *vie latente* ou cachée, parce que les phénomènes de l'échange nutritif sont tellement affaiblis qu'ils cessent d'être perceptibles. Remarquons que cet échange nutritif existe toujours : sa suppression complète serait le signal de la mort. La combustion ou destruction interne est notablement diminuée : et, lorsque la plante ne fait aucun emprunt au monde extérieur, cette combustion lente consume les réserves accumulées dans le corps de l'être vivant, et elle se continue jusqu'à ce que ces réserves soient épuisées. Mais, dans cet état de ralentissement, la consommation est si faible que la vie peut demeurer très longtemps dans cette suspension apparente.

A part les Oiseaux, presque toutes les classes d'êtres vivants nous offrent des exemples de vie latente. Certains mammifères, comme les Loirs et les Marmottes; les Reptiles, les Batraciens, traversent l'hiver dans un état de sommeil hivernal. Les Poissons immobilisés dans les glaces de l'hiver revivent au printemps. Les Tardigrades et les Rotifères persévèrent dans un état de dessiccation où les échanges gazeux sont absolument inappréciables. — Parmi les Végétaux, nous voyons les arbres perdre leurs feuilles, ralentir leur vie et consommer leurs réserves durant les mois d'hiver : là où la sècheresse est excessive, c'est au contraire pendant l'été que les plantes sommeillent. Nulle part autant que dans les graines sèches le ralentissement de vie n'est remarquable; car on sait que des grains de blé et de haricots, trouvés dans les tombeaux des vieux Pharaons, ont pu germer après plusieurs siècles de dessiccation.

Cet état de vie latente est d'autant plus intéressant qu'il

facilite la conservation de la vie à la surface du globe. Grâce à cette facilité de subir des alternatives d'activité et de ralentissement, les plantes peuvent traverser sans dommage les périodes les plus défavorables. C'est aussi ce qui explique comment, dans des circonstances propices, la vie pullule tout-à coup là où paraissait régner la mort.

IV. **Variabilité des types Végétaux.** — Les conditions au milieu desquelles grandit l'être vivant étant extrêmement variables, il ne peut pas manquer d'en subir le contrecoup. Faisant effort pour conserver sa vie dans des milieux divers, il se modifie pour s'y accommoder. Que les Végétaux jouissent d'une grande plasticité de forme, il faut peu de temps pour s'en convaincre. Les graines recueillies sur une même plante ne donnent point des individus absolument semblables; les différences de taille, de forme, de structure entre les individus issus d'une même plante sont ce qu'on nomme des *variétés*. Nous examinerons ici quelles influences déterminent l'apparition des variétés, comment ces variétés se fixent par l'hérédité, et quelles conséquences l'évolutionnisme en tire relativement à l'origine des espèces.

1° CAUSES PRODUCTRICES DES VARIÉTÉS. — 1. *Influence des milieux.* Ou bien un même végétal est soumis à l'action de milieux différents, ou bien un même milieu subit des variations de composition autour d'une même plante.

Milieux différents. Quand un même végétal émet plusieurs tiges, que les unes soient dirigées dans l'*air* et les autres maintenues dans le *sol*, on verra des différences notables entre les unes et les autres. Les tiges aériennes acquièrent des fibres de soutien que n'ont pas les autres; à la place de ces fibres de soutien, les tiges souterraines développent un parenchyme abondant, riche en réserves. Tandis que la symétrie est axiale dans la tige aérienne, elle devient bilatérale dans les rhizomes ou tiges souterraines.

Les feuilles changent de structure suivant qu'elles poussent dans l'*air* ou dans l'*eau*. Dans les feuilles submergées, le parenchyme en palissade disparaît, les vaisseaux et les fibres de soutien diminuent, les stomates n'existent plus. La forme change de même (*fig.* 19 *et* 20).

Variation de composition d'un même milieu. La structure de deux plantes semblables présente des différences, dès que leurs racines plongent dans des *milieux nutritifs* différents, par exemple dans une solution minérale bien proportionnée ou dans l'eau distillée.

Comme *l'humidité* de l'air favorise le développement des

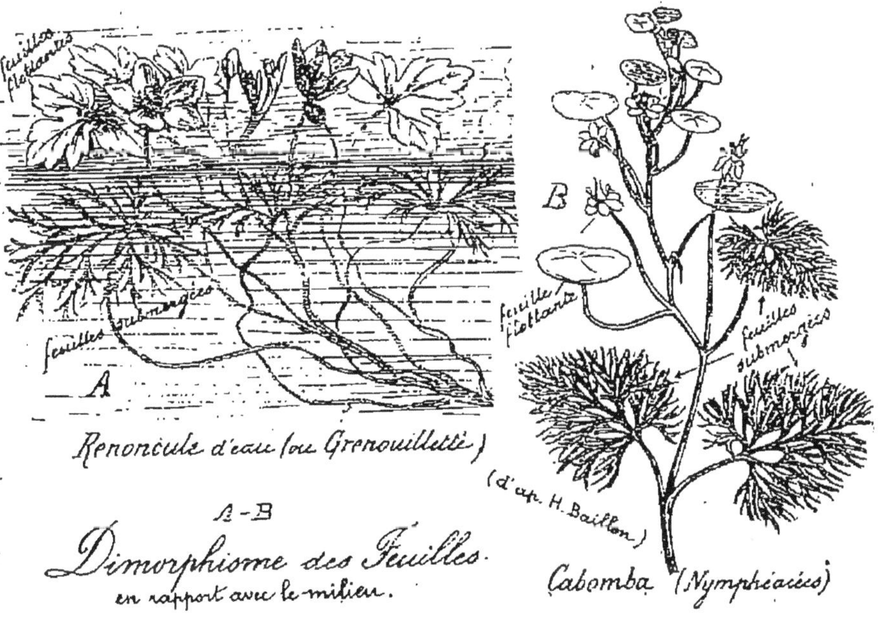

Fig. 19 et 20. — Différence de développement dans les feuilles, suivant qu'elles poussent dans l'eau ou dans l'air.

organes aériens, les plantes ont des feuilles touffues dans les régions chargées de vapeur d'eau, et, dans les régions sèches, elles réduisent le plus possible les surfaces de transpiration. En effet, chez les Cactées, arbustes épineux de la zone tropicale, l'épiderme est recouvert d'une cuticule épaisse et d'un duvet assez fourni, les feuilles sont petites, les stomates se font rares, le parenchyme, peu développé, est épaissi par des gommes et des mucilages qui retiennent l'eau. Chez d'autres, comme les Chénopodées, les tissus sont gorgés de sels de soude qui leur permettent de résister à l'évaporation.

Les variations de la *lumière* et de la *chaleur* provoquent aussi des efforts d'adaptation. Ainsi, dans les lieux sombres et dans les régions polaires, où la lumière est peu abondante ou de courte durée, les végétaux ont une palissade épaisse et riche en chlorophylle, de sorte que la multiplication du travail végétatif supplée à son défaut d'activité en chaque point. Dans une espèce végétale déterminée, les feuilles tournent leur limbe perpendiculairement ou obliquement à la direction des rayons lumineux, suivant qu'elles poussent à l'ombre ou en plein soleil.

Ce fait général de l'adaptation des plantes à leur milieu nous explique comment, malgré l'immense variété des espèces, les végétaux d'une même région présentent des caractères de structure et de forme assez ressemblants. C'est ce qui a permis aux naturalistes de distinguer des *zones botaniques* et de créer des *flores régionales*.

2° *Influence de la reproduction*. La reproduction se fait par des spores et par des œufs chez les plantes inférieures, par des œufs seulement chez les plantes supérieures. L'œuf est le résultat de la fusion en une même cellule de deux cellules organiques ayant des aptitudes différentes. Ces deux cellules peuvent avoir été formées dans la même fleur et sur la même plante, ou provenir de deux végétaux séparés et plus ou moins différents. Or, cette combinaison cellulaire amène la création de variétés nombreuses dans le règne végétal.

Même lorsque les deux cellules, l'ovule et le pollen, ont poussé sur le même pied et dans le calice de la même fleur; les individus qui naissent de plusieurs graines ne sont pas absolument semblables. Mais lorsque les cellules combinées ont poussé sur des individus séparés, les plantes nées de ces graines sont d'autant plus portées à diverger des individus-parents, que ces individus-parents étaient eux-mêmes plus dissemblables entre eux. Quand les parents sont de la même espèce, la plante issue du croisement est dite un *métis* : quand les parents appartiennent à des espèces différentes, la plante issue est dite un *hybride*. Dans les deux cas, les plantes obtenues sont intermédiaires entre leurs parents pour la taille, la forme, la couleur et les autres caractères.

En général, il y a avantage à croiser les variétés d'une même espèce ; ainsi, dans le volubilis, le poids des graines récoltées est de 100 pour les métis et de 83 seulement pour les descendants directs ; dans le chou, le poids des tiges est de 100 pour les métis et de 87 pour les descendants directs. Le croisement des espèces différentes n'offre d'ordinaire aucun avantage ; en effet, ou bien les hybrides obtenus sont stériles, ou bien ils retournent bientôt à la forme des parents.

2° Fixation de la variété. — Sous quelque influence qu'une variété ait été produite, elle tend à se fixer par l'*hérédité*. L'hérédité est la faculté qu'ont les êtres vivants de transmettre à leurs descendants les caractères anatomiques et les aptitudes physiologiques qu'ils possèdent. Non seulement ils transmettent les traits et les instincts qu'ils tiennent eux-mêmes de leurs ancêtres, mais encore les caractères accidentels qu'ils ont acquis dans le cours de leur existence.

Un caractère nouveau ainsi fixé dans une lignée produit une *race*. Les horticulteurs n'ont pas mis moins de soin à former des races végétales que les éleveurs de bestiaux à former des races animales. En sacrifiant les variétés désavantageuses, en réservant pour la graine les variétés les plus heureuses, ils ont créé, grâce à cette *sélection artificielle*, les beaux types végétaux qui enrichissent nos jardins ou qui ornent nos parterres. Les formes si nombreuses de Bégonia, de Fuchsia, de Géranium, etc..., ont ont été obtenues par ce procédé et se sont ensuite conservées par la multiplication dite végétative.

Des innombrables variétés que produit la nature ou que provoque l'art, un petit nombre seulement se conserve. En effet, une lutte terrible s'engage entre toutes les plantes ; car la terre est trop petite et le sol trop pauvre pour nourrir tous les germes qui éclosent. Du défaut de place et d'aliment naît ce qu'on appelle la *concurrence vitale.* Cette concurrence est d'autant plus forte que des individus sont plus voisins de constitution, parce qu'ils ont les mêmes besoins ; entre deux individus d'espèces disparates, la lutte est moins vive, parce qu'ils ne satisfont point leurs besoins par les mêmes moyens.

Dans cette lutte, les individus doués d'un caractère avantageux survivent et les autres périssent. De cette sorte, il s'opère fatalement un choix, que Darwin appelait *sélection naturelle.* Donnons des exemples. Dans le même sol, des plantes nouvelles peuvent se substituer aux plantes anciennes ; ainsi le hêtre était autrefois inconnu dans les forêts du Danemarck, de l'Angleterre ; il y a désormais pris la place du chêne, du pin et du bouleau ; c'est que le hêtre se développe à l'aise sous un couvert épais, tandis que le chêne et le bouleau demandent plus de lumière ; dès lors, si les graines de hêtre et de chêne tombent en même temps sur un même sol, le hêtre deviendra plus vigoureux que le chêne et celui-ci disparaîtra.

Depuis que le commerce s'est ouvert un chemin dans l'Amérique du Sud, le chardon d'Europe s'est établi dans ces régions où il était inconnu ; des prairies primitivement très fertiles ont été envahies et rendues inutiles, etc... .

3° Origine des types végétaux. — Certains naturalistes, à la suite de Lamarck et de Darwin, ont cru que les faits précédents étaient capables de jeter quelque jour sur la nature et l'origine des espèces vivantes, soit végétales, soit animales. Suivant leur théorie, les espèces ne seraient pas des entités fixes, douées seulement d'une faible variabilité ; elle seraient des variétés issues d'ancêtres communs, d'abord peu différentes les unes des autres, puis séparées de plus en plus par la divergence des caractères acquis, isolées par la disparition des types moins avantagés qui auraient péri dans la lutte pour la vie. Ce que nous appelons races serait des espèces en voie de formation ; les espèces seraient des races plus éloignées les unes des autres ; les traits qui distinguent les genres et les familles n'auraient été autrefois que des différences spécifiques, lorsqu'ils étaient moins accentués.

La science, dans l'état où elle est, ne peut rien établir d'assuré touchant l'origine des espèces, car l'expérience et l'observation n'ont surpris aucune formation d'espèce nouvelle. Ce que nous pouvons affirmer, c'est que l'ordre et la beauté qui règnent visiblement dans la nature nous révèlent clairement un ordonnateur intelligent. Mais comment Dieu a-t-il produit cet ordre? est-ce en formant de toutes pièces chacune des formes vivantes? est-ce en tirant chaque espèce d'une espèce antérieure par voie de modification lente? est-ce en donnant au premier protoplasme créé la puissance de s'épanouir en des millions d'espèces variées sous la poussée des forces extérieures? voilà ce qu'il n'est point possible de déterminer encore.

CHAPITRE II

CONSTITUTION CHIMIQUE DES VÉGÉTAUX

I. Eléments minéraux, simples et composés. — II. Principes organiques : 1° principes albuminoïdes ; 2° principes féculents ou hydrates de carbone ; 3° corps gras ; 4° carbures d'hydrogène. — III. Protoplasme : 1° propriétés physiques ; 2° propriétés chimiques ; 3° propriétés physiologiques (nutrition, contractilité).

Quoique le chimiste découvre de grandes analogies entre la constitution des Animaux et celle des Végétaux, nous croyons utile d'indiquer ici les éléments qui entrent dans la composition des plantes ; car, plusieurs sont propres au règne végétal et le caractérisent. Les uns sont purement *minéraux* ; les autres sont de nature *organique* ; de leurs combinaisons résulte la substance vivante, le *protoplasme*.

I. Éléments minéraux. — L'analyse qualitative ne révèle qu'un petit nombre de corps *simples* dans les végétaux, une douzaine environ. Les uns sont *essentiels* à la formation du protoplasme : le *carbone*, l'*oxygène*, l'*hydrogène*, l'*azote*. Peut-être le *soufre* et le *phosphore* sont-ils indispensables à la substance vivante ; du moins, on les rencontre ordinairement dans la constitution de ses produits. Il en est d'autres sans lesquels la végétation est empêchée ou du moins languit : le *potassium*, le *calcium*, le *fer*, le *chlore*, le *silicium*, le *manganèse*. Enfin, le sodium, le brôme, l'iode, le zinc, le magnésium, le barium sont purement accessoires.

Aucun de ces corps simples ne se trouve dans les plantes à l'état de liberté. Cependant, dans les lacunes et les méats, dans le suc cellulaire, l'oxygène absorbé par la respiration est libre, soit à l'état gazeux, soit à l'état de dissolution. Mais il n'est pas encore devenu partie intégrante du végétal.

C'est à l'état de combinaison qu'on rencontre des composés de nature minérale. L'*eau* y entre pour une part considérable ; en effet, la vie est d'autant plus active que l'eau est plus abondante, parce que l'eau dissout les substances nutritives et permet leur circulation. L'*acide carbonique* emprunté à l'air est destiné à fournir à la plante le carbone dont elle a besoin pour fabriquer les composés organiques.

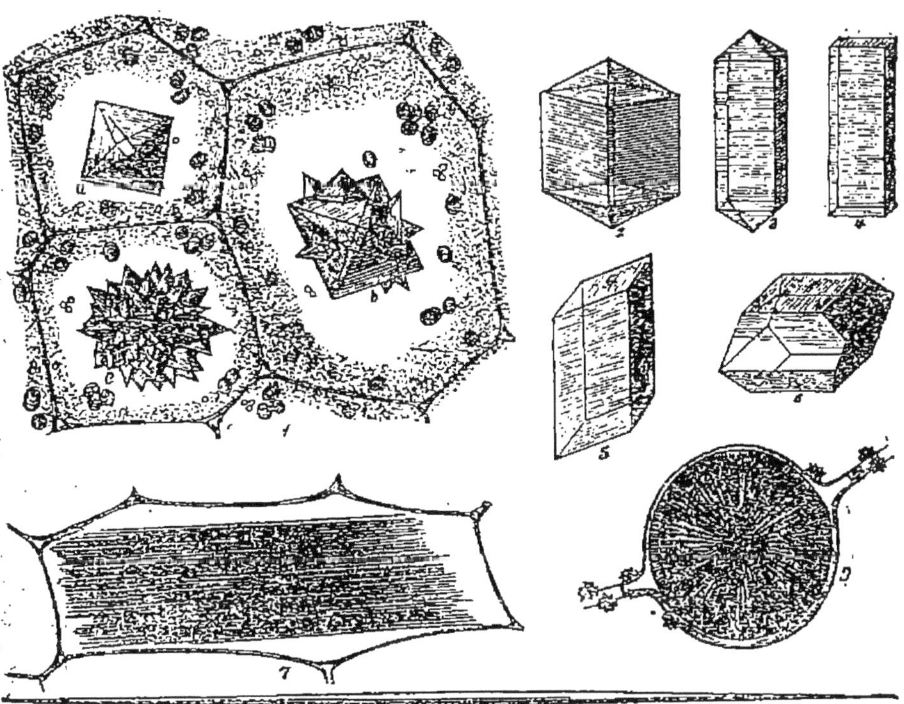

Fig. 21. — Diverses formes que l'oxalate de chaux prend dans les cellules végétales.

Avec la sève circulent les *sels* que les racines ont puisé dans le sol ; les sulfates, les phosphates, les chlorures, les azotates donnent le soufre, le phosphore, l'azote, le chlore et les éléments de sels emmagasinés dans les tissus végétaux. Parmi ces corps que la plante garde à l'état solide, nous en citerons spécialement trois : la *silice*, qui donne à certaines plantes, aux graminées par exemple, la consistance de leur tige ; l'*oxalate de chaux* (*fig.* 21) qui. dans les parois cellulaires, revêt des formes cristallines très variées ; le *carbonate de chaux*, qui, à l'état d'incrustations finement granuleuses, donne à certaines membranes celluleuses une consistance pierreuse.

II. **Principes organiques.** — Sous le nom de *principes organiques*, nous désignons les substances qui sont comme le produit spécifique de la substance vivante. Ce n'est pas que le chimiste n'ait pu faire la synthèse de plusieurs de ces composés ; mais, dans la nature, ils ne sont réalisés que par l'activité de l'être vivant. Les uns sont des éléments que le végétal prépare pour son entretien ; les autres sont des éléments qui résultent du déchet de sa nutrition. En tout cas, il faut bien se garder de les confondre avec la matière vivante ou protoplasme.

1° Principes albuminoïdes. — Les principes albuminoïdes sont les plus importants, parce qu'ils entrent dans la constitution de la matière vivante. Ils tirent leur nom de leur analogie avec l'albumine du blanc d'œuf. Quatre éléments simples concourent à leur formation : le carbone, l'oxygène, l'hydrogène et l'azote. Le rapport des éléments constituants est aussi variable qu'il est complexe.

Les albuminoïdes se rencontrent dans le règne végétal sous les trois formes d'albumine, de fibrine et de caséine. Dans les céréales, la fibrine abonde à l'état de *gluten* ; elle entre pour une part importante dans les grains du blé, du seigle, de l'avoine, etc... Les graines des légumineuses, pois, haricot, etc..., sont riches en caséine végétale ou *légumine* ; dans certains pays la légumine est pressée en fromages ; elle donne aux pois et aux lentilles leur grand pouvoir nutritif. Dans les poils glanduleux des Drosera et dans le latex du Figuier, les albuminoïdes se trouvent à l'état d'albuminoses ou peptones.

A l'état de vie active, les albuminoïdes constituent la matière semi-fluide du protoplasme ou sont dissous dans la sève en circulation. A l'état de vie ralentie, dans les graines par exemple, les albuminoïdes forment des réserves en grains d'*aleurone* (*fig.* 22) : tantôt ils sont intimement mélangés ; tantôt ils sont séparés, et alors, sur les grains d'aleurone, on distingue de petits corps en forme de cristaux, nommés *cristalloïdes protéiques*.

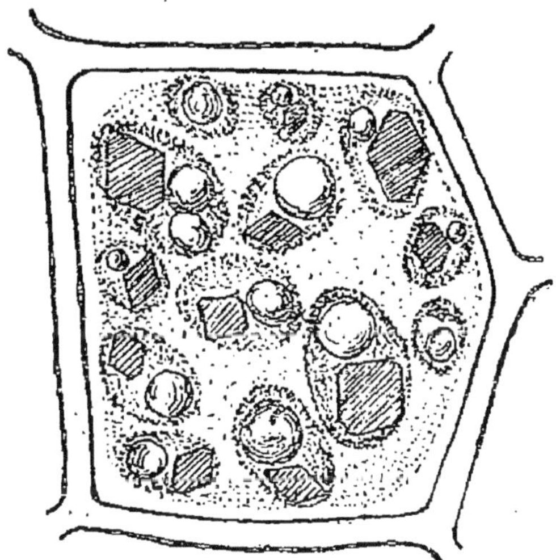

Fig. 22.— Grains d'aleurone, avec cristalloïdes protéiques, dans une cellule du Ricin.

2° Principes féculents ou hydrates de carbone. — Les hydrates de carbone sont des composés ternaires de carbone, d'oxygène et d'hydrogène : leur formule oscille autour de $C^{12} H^{10} O^{10}$ (amidon) et de $C^{12} H^{11} O^{11}$ (sucre ou glycose). Toutes les plantes munies de chlorophylle fabriquent elles-mêmes leurs principes féculents sous l'influence des radiations solaires. Ces produits abondent dans le règne végétal, et ils se laissent ramener à deux groupes principaux.

Le premier groupe a pour formule $C^{12} H^{10} O^{10}$ et comprend la cellulose, l'amidon, la dextrine, l'inuline. La *cellulose* est l'enveloppe superficielle de toutes les cellules et de toutes les fibres ; elle est surtout développée dans le ligneux et le liber ; dans certaines graines, comme celle du Dattier, elle est à l'état de réserve pour être consommée à la reprise de la végétation. L'*amidon*, très répandu à l'état de granules de diverses formes (*fig.* 23, 24, 25), entre pour une part considérable dans la pomme de terre, le blé, le riz, le pois. Ces grains, insolubles dans l'eau froide, se gonflent dans l'eau bouillante et forment la pâte connue sous le nom d'empois d'amidon. La *dextrine* est un état isomère de l'amidon ; l'amidon est

Fig. 23. — Grains d'amidon de la Pomme de terre.

transformé en dextrine soit par l'ébullition avec des acides, soit par l'action de

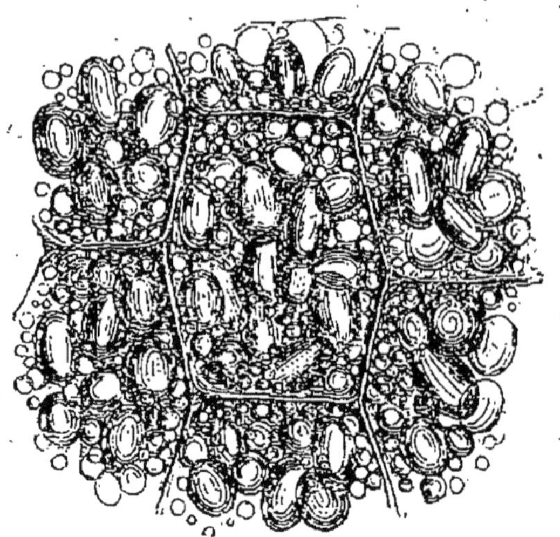

Fig. 24. — Grains d'amidon dans les cellules du Blé

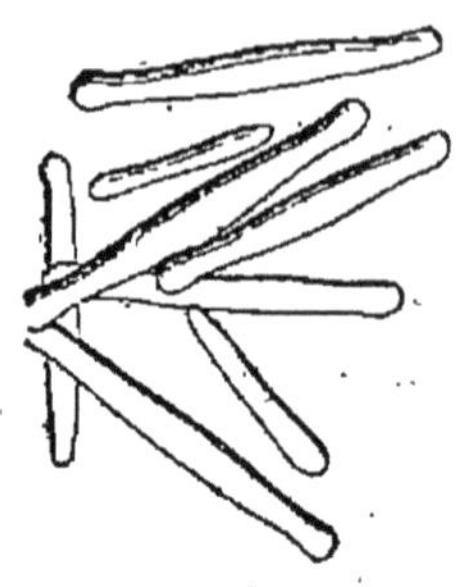

Fig. 25. — Grains d'amidon en bâtonnets (Euphorbe).

diastases ou ferments solubles analogues à celui de la salive. L'*inuline* (*fig.* 26), est en dissolution dans le suc cellulaire de plusieurs plantes comme le Dahlia et le Topinambour ; on la montre en la faisant cristalliser par la dessiccation ou par l'influence de l'alcool.

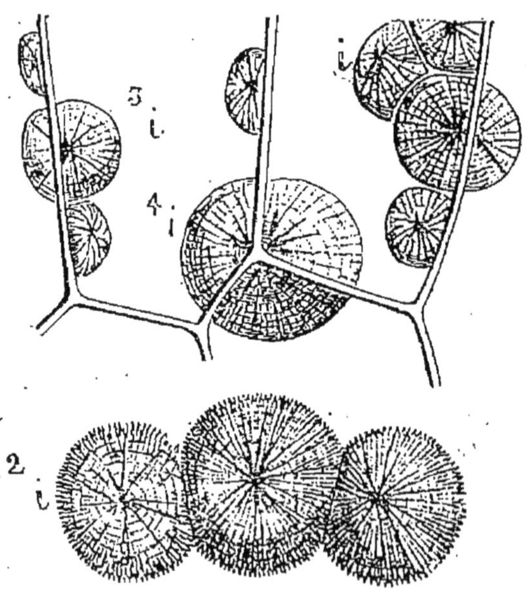

Fig. 26 — Sphéro-cristaux d'inuline. En 2, ils sont complets et adhérents les uns aux autres; en 3 et 4, ils sont divisés par des parois cellulaires.

Le deuxième groupe, celui des sucres, a pour formule $C^{12}H^{11}O^{11}$. On distingue le glucose ordinaire ou sucre de raisin, et le saccharose ou sucre de canne. Les sucres se rencontrent abondamment dans la

Betterave, la Carotte, l'Érable, la Canne à sucre, les écailles du bulbe d'Oignon. Il y est dissous à l'état de réserve.

3° Corps gras. — Les corps gras sont également ternaires, composés de carbone, d'oxygène et d'hydrogène. Grâce à la pauvreté de ces corps en oxygène, ils sont très combustibles, à cause de l'avidité du carbone et de l'hydrogène pour ce gaz. Les corps gras, graisses, suifs, huiles, beurre, cire, résultent du mélange de plusieurs substances, la *stéarine*, la *margarine* et l'*oléine*. Chacune de ces substances est un sel où la base est toujours la glycérine et l'acide variable. Plus un corps gras renferme de stéarine, plus il est consistant ; plus il renferme d'oléine, plus sa consistance est huileuse.

Or, presque tous les organes végétaux en état de vie ralentie contiennent des matières grasses. Cependant elles abondent principalement dans certaines graines, comme celle du Lin, de la Noix, du Cacao, du Ricin, etc. La présence de la matière grasse se révèle aisément : il suffit d'écraser, sur une feuille de papier blanc, une graine qui en contienne, pour qu'il se produise une tache qui ne disparaît point à la chaleur.

Les corps gras étant solubles dans l'éther et dans le sulfure de carbone, on peut les extraire à l'aide de ces réactifs. On appelle *huiles*, les substances grasses extraites des graines de Lin, de Pavot, de Noix, de Chanvre, de Ricin, de Hêtre, de Colza, de Moutarde et des Olives. Les huiles sont dites siccatives lorsqu'elles s'épaississent à l'air, comme celles de Lin, de Noix, etc... On nomme *beurres* les corps gras plus épais qui se tirent du Laurier, de la Muscade, de la noix de Coco, des graines de Cacao. — Les *cires*, plus consistantes encore, forment un revêtement épidermique sur certains végétaux (*fig*. 27).

4° Carbures d'hydrogène. — Les carbures d'hydrogène, formés de carbone et d'hydrogène seulement, sont très combustibles, à cause de leur grande avidité pour l'oxygène. Ce sont en général des produits d'excrétion inutiles à la plante, mais non rejetés au dehors. Les résines lè camphre, le caoutchouc, l'essence de térébenthine peuvent servir d'exemples. Dans les Conifères, comme le Pin, le Sapin, le Mélèze, le Genièvre, se trouvent principalement les résines ; les Ombellifères (persil) et les Labiées (lavande, thym) sont riches en huiles essentielles.

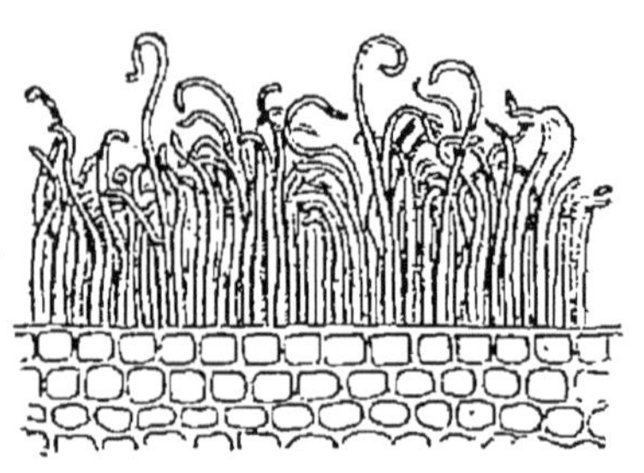
Fig. 27. — Cire en bâtonnets sur l'épiderme de la Canne à sucre.

III. **Protoplasme.** — La partie vivante de tout végétal est le *protoplasme*. A cette partie essentielle se rapportent tous les éléments qui précèdent ; ou bien ils sont nécessaires à sa constitution, comme les albuminoïdes ; ou bien ils sont indispensables à l'exercice de sa vie, comme l'eau et les féculents ; ou bien ils sont le résidu de sa nutrition et le produit de son travail, comme les carbures d'hydrogène.

Pour bien connaître le protoplasme, il faut en étudier les propriétés physiques, les propriétés chimiques et les propriétés physiologiques.

1° Propriétés physiques. — Au point de vue physique, le protoplasme est une substance semi-fluide, visqueuse, transparente, dans les mailles de laquelle sont des gouttelettes liquides avec de fines granulations (*fig.* 28). Suivant que les mailles en sont plus ou moins serrées, la consistance en est plus ou moins ferme : dans les cellules vivantes, les mailles se pressent surtout à la périphérie où elles forment une enveloppe. Le protoplasme est perméable à l'eau, sans pourtant se mélanger avec elle : il est le théâtre des phénomènes intimes de la nutrition.

2° Propriétés chimiques. — Le protoplasme n'est pas à proprement parler un composé chimique, mais plutôt un groupement de substances albuminoïdes. Comme il est sans cesse en voie de transformation, il n'est point susceptible d'être exprimé par une formule. Dans une cellule vivante déterminée, il ne faut pas confondre le protoplasme vivant avec les substances diverses qui doivent le nourrir ou qui sont le déchet de sa nutrition.

Étant de nature albuminoïde, le protoplasme présente les réactions des substances azotées : les acides, l'alcool,

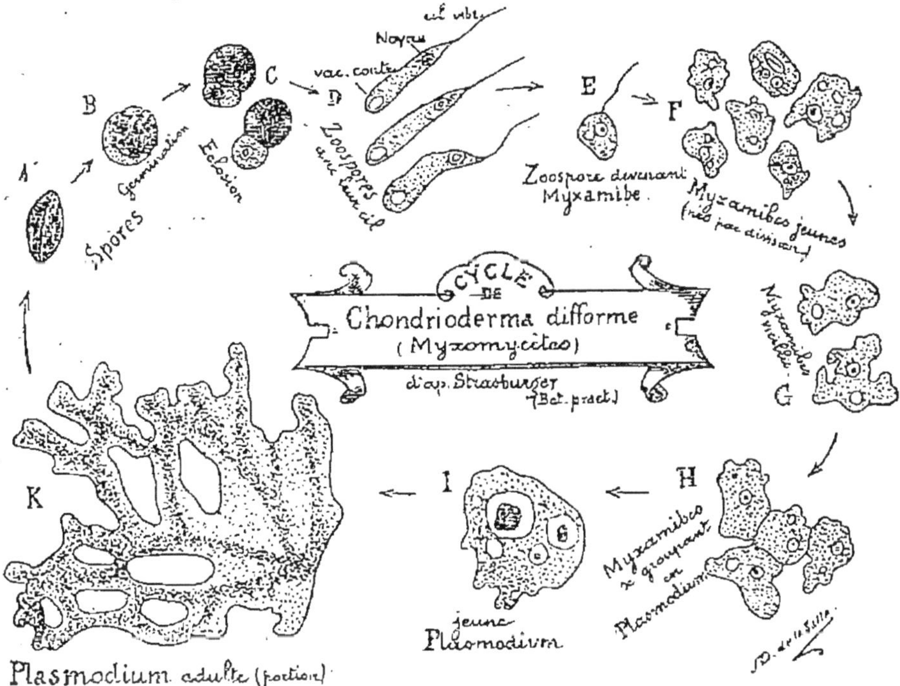

Fig. 28. — *Protoplasma végétal.* Le protoplasme est représenté en K tel qu'il se rencontre dans la nature comme dernier terme de l'évolution d'une spore de Myxomycète. De A en K, les divers stades du végétal sont représentés. Sur le protoplasme K se forment de nouvelles spores qui recommencent le même style.

la chaleur le font coaguler; l'iode le colore en jaune; chauffé en présence de la potasse, il dégage des vapeurs ammoniacales.

3° Propriétés physiologiques. — Les deux principales propriétés du protoplasme sont le mouvement nutritif et la contractilité : le mouvement nutritif est favorisé et activé par la contractilité.

La *nutrition* consiste dans l'échange d'éléments entre la substance vivante et le milieu ambiant. Elle ne s'opère réellement que dans l'unité cellulaire, par l'activité immédiate du protoplasme. Les mouvements d'ensemble d'un être vivant, les déformations que subissent les cellules à parois souples pour englober la nourriture, les courants qui s'établissent au sein même de l'unité cellulaire, n'ont pour but que de mettre le protoplasme en contact avec les éléments qu'il doit s'assimiler.

La *contractilité* est la faculté que possède tout protoplasme de se raccourcir sous un excitant naturel ou artificiel. Elle existe dans le règne végétal aussi bien que dans le règne animal. Dans le règne animal, les mouvements sont beaucoup plus sensibles, parce que le protoplasme n'est point enveloppé dans une gaine rigide de cellulose; mais, dans le règne végétal, les mouvements sont rares et toujours lents, à cause de l'enveloppe cellulosique. Dès que cette enveloppe devient moins résistante, comme dans le pétiole de la Sensitive et autour des anthérozoïdes, le mouvement devient plus appréciable. Lorsque l'enveloppe ne permet point les déplacements de la cellule, le protoplasme produit du moins des courants intérieurs : il est aisé de les constater, surtout après l'apparition des vacuoles (*voir fig.* 9 *à* 15 *et fig.* 16 *à* 18).

Derrière ces propriétés qui se révèlent au physicien, au chimiste et au physiologiste, se dérobe une cause, mystérieuse sans doute, mais aussi réelle que ce qui frappe nos sens. Cette cause inconnue, qui constitue la *vie*, avait reçu dès anciens le nom de *principe vital*. Si nous ne pouvons en saisir la nature intime, du moins n'avons-nous pas le droit d'en nier l'existence. Car, il faut une raison suffisante à ce mouvement vital si constant et si uniforme à travers toutes les générations d'êtres vivants; or, les lois de la mécanique ne contiennent pas la formule de ce mouvement. Nous ne dirons pas qu'une entité, une sorte d'esprit préside à cette régulière succession de phénomènes vitaux : mais nous pensons que la cause suprême, en imprimant à une certaine masse de matière l'impulsion vitale, établit une *force directrice* plus élevée que les forces mécaniques, qui pût présider aux fonctions et à la transmission de la vie.

CHAPITRE III

CELLULES ET TISSUS

OU

STRUCTURE ANATOMIQUE DES VÉGÉTAUX

§ 1. *Cellules végétales.* — I. Parties constitutives de la cellule : le protoplasme, les leucites, la membrane, le noyau, les vacuoles. — II. Croissance et multiplication cellulaire : rénovation, fusion, division (cloisonnement ou bourgeonnement). — III. Différenciation cellulaire : 1° du protoplasme; 2° de la membrane cellulaire : modifications de la forme physique; modifications de la composition chimique; 3° différenciation dans le groupement des cellules : méats et lacunes, tubes ou vaisseaux, canaux sécréteurs.

§ 2. *Tissus végétaux.* — I. Formation des tissus. Méristème : cloisonnement, croissance intercalaire. — II. Classification des tissus adultes : 1° les parenchymes (chlorophyllien, de réserve, secréteur); 2° tissus à fonction mécanique (épiderme, liège, endoderme, collenchyme et sclérenchyme, tissus vasculaires). — III. Appareils : tégumentaire, de soutien, conducteur, conjonctif.

Une portion de plante, examinée au microscope, apparaît formée d'une multitude d'unités différentes quant à la forme, mais presque identiques quant à la constitution. Ces unités sont appelées *cellules*, *globules*, *organites*, *phytoblastes*, etc... On peut les étudier isolément ou dans les groupes divers qu'elles forment. C'est pourquoi nous diviserons ce chapitre en deux parties : dans la première, nous considérerons la composition et la structure, la formation et la différenciation des individualités cellulaires; dans la seconde, nous verrons comment les cellules s'agencent et se combinent pour constituer les tissus végétaux et les appareils de la plante.

§ 1er. — CELLULES VÉGÉTALES

I. Parties constitutives de la cellule. — La cellule vivante, à son maximum de complication, présente au microscope : une masse semi-fluide de protoplasme, de petits corpuscules appelés leucites ou plastides, une membrane d'enveloppe, un noyau ovoïde, des vacuoles pleines de suc cellulaire (*fig.* 29).

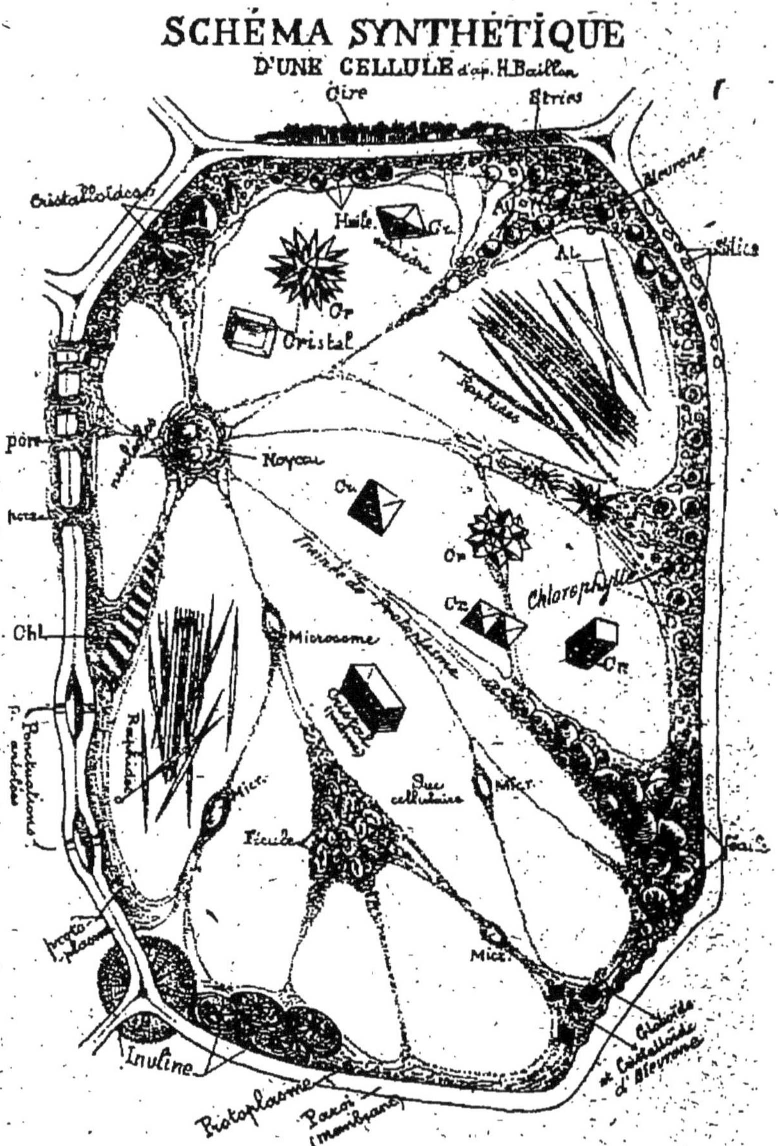

Fig. 29. — Cellule schématique, montrant la plupart des objets qui se rencontrent dans les diverses cellules végétales.

1° Le PROTOPLASME, dont nous avons énuméré les propriétés au chapitre précédent, est l'élément fondamental de la cellule; il est le siège de la vie. Toute cellule est morte dès que le protoplasme y fait défaut; tout protoplasme mécaniquement isolé se constitue promptement en cellule en s'enveloppant d'une membrane.

La distribution du protoplasme varie suivant l'âge de la cellule. Les cellules jeunes sont exactement remplies par une masse continue au milieu de laquelle plonge un noyau très volumineux. En vieillissant, les cellules croissent en volume, sans que le protoplasme augmente en quantité : il ne peut alors occuper tout l'espace intra-cellulaire. Il se dispose principalement le long des cloisons, laissant au centre des *vacuoles* ou cavités pleines de liquide. D'abord les vacuoles sont nombreuses; le noyau est au centre de la cellule, et il est relié à l'enveloppe par des bandes protoplasmiques. Puis, tout le protoplasme s'amassant sur les parois avec le noyau, le centre devient une vacuole unique. Enfin, dans les cellules très âgées, le protoplasme et le noyau disparaissent, l'enveloppe reste seule, et la cellule morte n'a plus qu'un rôle passif à jouer (*fig.* 30).

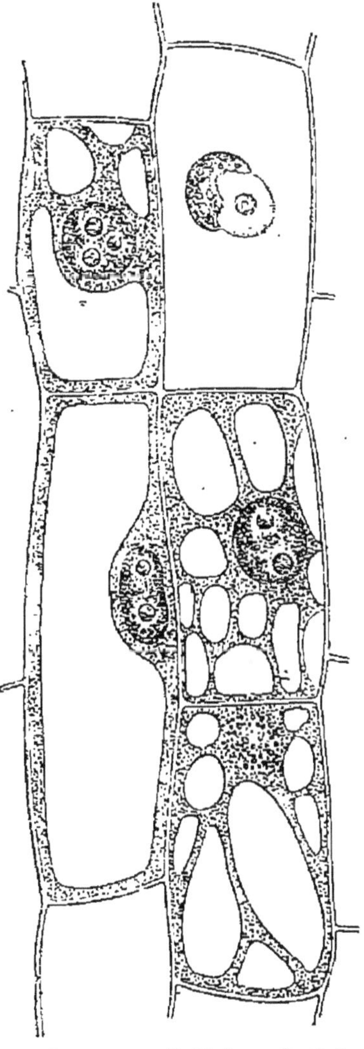

Fig. 30.— Cellules végétales de divers âges. Les plus anciennes sont celles où les vacuoles ont pris le plus d'importance.

2° Les LEUCITES sont de petits corpuscules, sphériques, ovoïdes ou allongés en fuseau : ils sont inclus dans le protoplasme dont ils dérivent et dont ils possèdent plusieurs caractères. Ils sont susceptibles de se multiplier en s'étranglant en leur milieu, comme des cellules où s'opère la scissiparité.

On en distingue de plusieurs sortes. — Les *amyloleucites*, composés ternaires, ont pour rôle de fabriquer de l'amidon aux dépens des substances contenues dans le protoplasme. — Les *chloroleucites*, tout en produisant de l'amidon, se colorent en vert par sécrétion de la *chlorophylle*, et ils exercent une fonction capitale dans la nutrition. — Les *hydroleucites* ont, dans la cellule jeune, l'aspect des simples corpuscules au milieu du protoplasme; mais bientôt ces corpuscules se creusent d'une cavité ou vacuole, où l'eau s'accumule. La multiplication des hydroleucites amène la multiplication des vacuoles; à la fin, ces vacuoles se fusionnent en donnant un seul hydroleucite qui refoule sur les parois de la cellule le protoplasme et le noyau (*fig.* 31).

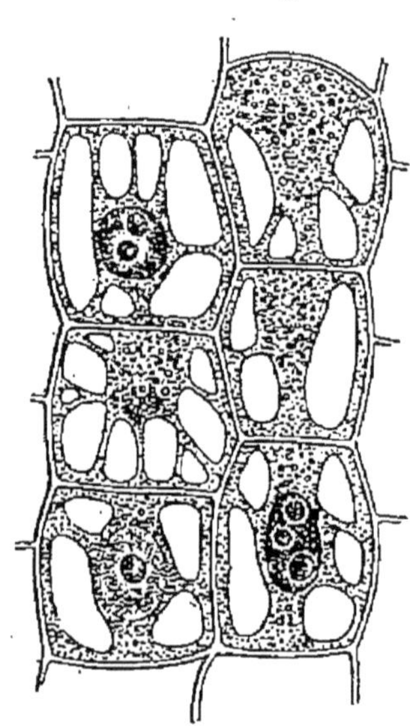

Fig. 31. — Cellules diverses, montrant la formation des vacuoles par le développement des hydroleucites.

3° La cellule végétale s'entoure d'une MEMBRANE. Lorsque la cellule est jeune, cette membrane est d'abord exclusivement azotée : elle est due à l'épaississement du protoplasme à sa périphérie. Peu à peu se forme une membrane externe où domine la cellulose; on la nomme *celluloso-pectique*, parce qu'elle renferme d'ordinaire des composés pectiques avec la cellulose. Cette membrane manque de souplesse; si elle met obstacle au mouvement chez les végétaux, elle contribue du moins à leur consistance solide.

Nous avons indiqué précédemment la composition et les caractères de la cellulose. Tant qu'il reste du protoplasme, la cellulose peut s'accroître; elle demeure définitivement fixée comme une carapace, lorsque le protoplasme n'existe plus.

4° Le NOYAU apparaît d'abord comme une masse homogène ; mais, sous une fine enveloppe, le microscope découvre un filament enroulé sur lui-même comme une pelote de ficelle. De nature albuminoïde comme la protoplasme, ce filament nucléaire s'en distingue pourtant parce qu'il résiste à l'action des dissolvants acides. Dans les interstices laissés libres entre les replis de la *nucléine*, on remarque un liquide ou *suc nucléaire* et des corpuscules arrondis ou *nucléoles*. C'est la division du noyau qui détermine la multiplication de la cellule.

5° Les VACUOLES, ou espaces libres entre les bandes protoplasmiques, sont formées, nous l'avons dit, par les hydroleucites ; ces petits corps, semblables à des ballons qui se gonflent peu à peu, entourent les vacuoles d'une membrane albuminoïde. Le *suc cellulaire* remplit les vacuoles ; d'abord il subsiste seul dans la cellule morte par résorption du protoplasme, puis il fait place à des gaz. Il consiste en une dissolution de substances élaborées par l'hydroleucite, acides végétaux, hydrates de carbone, matières colorantes, peptones et diastases, sels divers...

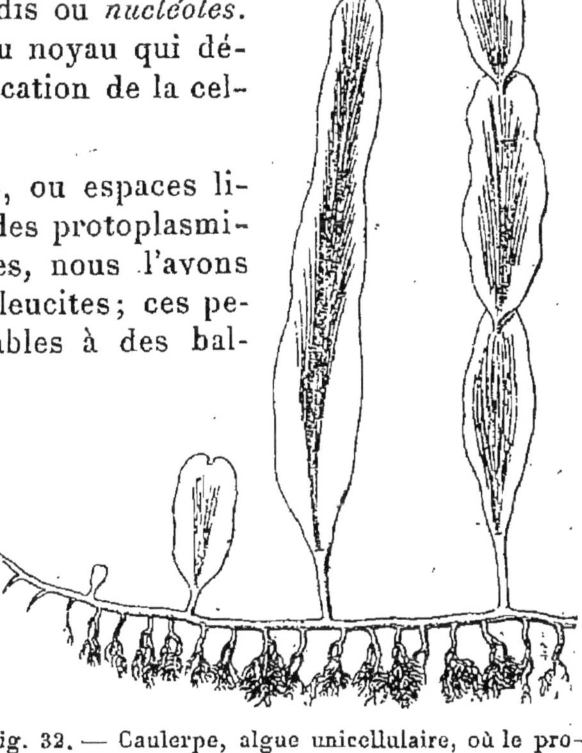

Fig. 32. — Caulerpe, algue unicellulaire, où le protoplasme se développe sans se cloisonner.

II. Croissance et multiplication cellulaire. — Quand une masse protoplasmique grandit, deux cas peuvent se présenter : ou bien le protoplasme demeure continu sans se partager en cellules séparées par une enveloppe, ou bien le protoplasme se divise en portions isolées par des cloisons membraneuses. Le premier cas est rare; il se présente dans certaines Algues (*fig.* 32), comme les Vauchéries et les Caulerpes. Le second cas est le plus ordinaire; aussi avons-nous dit que toute portion végétale se montre au microscope formée d'unités cloisonnées. Entre la structure continue et la structure cloisonnée existe une structure intermédiaire où les cloisons sont peu nombreuses.

Que la cellule protoplasmique soit très dilatée ou qu'elle soit réduite par le cloisonnement, elle devra tôt ou tard se multiplier. Or la multiplication cellulaire se fait de trois façons : ou bien par rénovation, ou bien par fusion, ou bien par division.

1° La multiplication par RÉNOVATION existe chez les Vauchéries, dont nous venons de parler. Après que ces Algues ont étendu leur protoplasme en longs filaments plus ou moins ramifiés, sans le cloisonner en cellules, on voit se former, vers l'extrémité d'un filament adulte, une cloison qui sépare une certaine quantité de protoplasme; bientôt ce protoplasme isolé s'échappe et se transforme en une spore munie de cils vibratiles : après avoir nagé dans l'eau, cette spore se fixe, perd ses cils et s'allonge en nouveaux filaments (*fig.* 33). Il peut arriver que cette masse protoplasmique se divise en plusieurs fragments et qu'il y ait ainsi deux modes de multiplication.

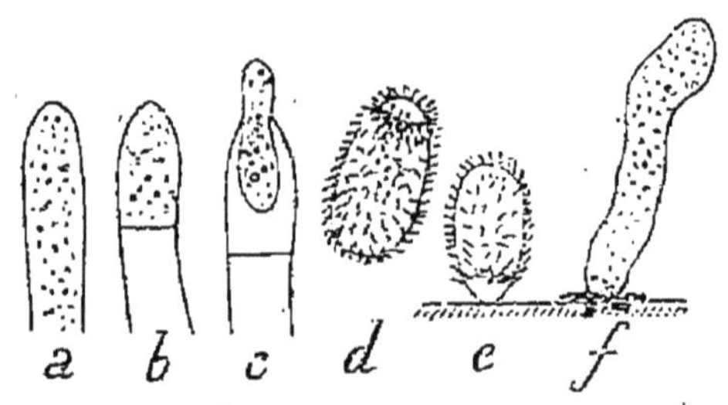

Fig. 33. — Rénovation d'un filament de Vauchérie. A l'extrémité du filament *a* se forme une cloison isolant une partie du protoplasme en *b*; en *c*, le protoplasme s'échappe, donne une spore *d*, qui se fixe en *e* et germe en *f*.

2° La multiplication par FUSION apparaît, au premier abord, moins comme une multiplication que comme une contraction. Mais cette fusion, étant le point de départ d'une division cellulaire très active, est regardée à juste titre comme un vrai phénomène de multiplication.

Nous prendrons pour exemple ce qui se passe dans les Spirogyres (*fig.* 34). Ce sont des Algues filamenteuses très répandues dans les ruisseaux et les rivières. Pendant longtemps, les filaments s'allongent par cloisonnement cellulaire. Mais, lorsque la nutrition diminue d'intensité, deux filaments voisins s'envoient mutuellement des prolongements qui se soudent entre eux. Dans les cellules soudées deux à deux, le protoplasme se contracte, la cloison de séparation se résorbe, les cavités cellulaires, communiquent. Alors l'une des masses protoplasmiques va se mêler à l'autre : il en résulte une cellule unique qui sera une spore, ou plutôt un œuf de Spirogyre.

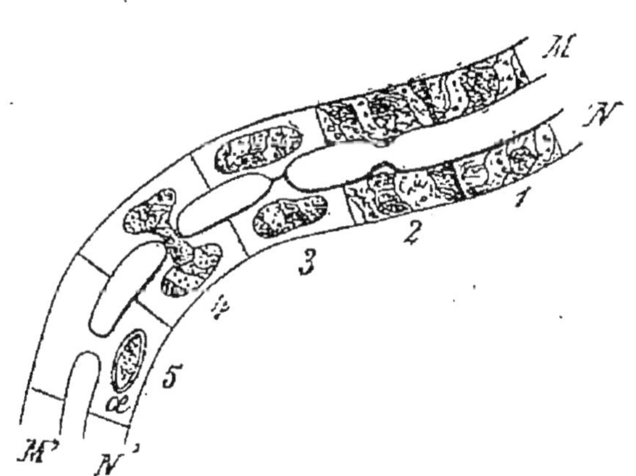

Fig. 34. — Fusion chez la Spirogyre. Deux filaments de Spirogyre sont côte à côte : en 1, les cellules sont parfaitement isolées ; en 2, elles se gonflent l'une vers l'autre ; en 3, elles se soudent ; en 4, les deux protoplasmes se fondent ; en 5, l'œuf *æ* est formé, prêt à germer.

3° Les phénomènes de rénovation et de fusion appartiennent principalement à la reproduction ; la multiplication par DIVISION cellulaire constitue le vrai mode de croissance d'une même plante. La division est *totale* ou *partielle ;* totale, quand toute la masse est divisée ; partielle, quand la division ne porte que sur une partie du contenu cellulaire.

Division totale ou *cloisonnement* (*fig.* 35). Le noyau prend une part importante au phénomène. La membrane qui l'enveloppe disparaît, le filament écarte ses replis et se fragmente en tronçons ayant la forme de V. En même temps, deux petites sphères directrices se placent à deux extrémités de la cellule : elles déterminent deux pôles vers lesquels le protoplasme se dirige en dessinant des stries en forme de fuseau. Les fragments nucléaires, d'abord rangés en plaque vers le centre, se fendent en deux parties égales : puis ils glissent le long des traînées protoplasmiques et se dirigent vers les pôles. Là chacun des groupes s'organise et reforme un noyau à filament enchevêtré. Enfin,

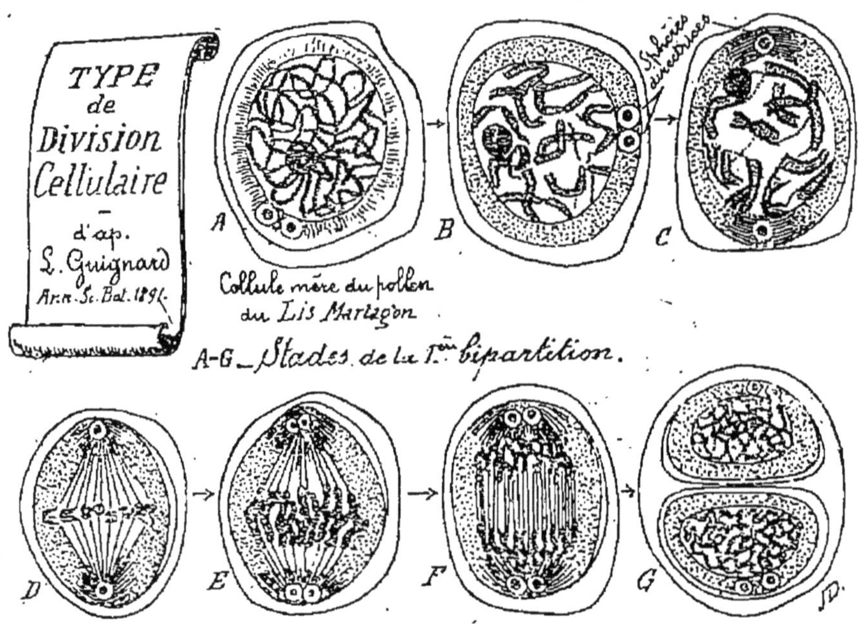

Fig. 35. — Divers stades de la division totale, ou cloisonnement. (Voir le texte à côté.)

une cloison se forme au milieu, perpendiculairement à la ligne des pôles, et elle sépare définitivement les deux cellules-filles.

Ce phénomène, appelé karyokinèse, se passe sans cesse dans les parties jeunes des bourgeons, des extrémités des racines et des tiges.

Division partielle ou *bourgeonnement* (*fig.* 36 à 39). Il y a bourgeonnement, quand la division d'une cellule se fait en deux parties inégales : c'est le cas de la levûre de bière.

Remarquons qu'il peut arriver que le corps d'un végétal,

au lieu de se former par cloisonnement, soit le résultat de la soudure de cellules indépendantes : mais la division a toujours été le mode d'origine de ces cellules. Le cas se présente pour la plasmodie des Myxomycètes (voir *fig.* 28).

III. **Différenciation cellulaire.** — La structure des êtres vivants est tantôt homogène, tantôt hétérogène. —

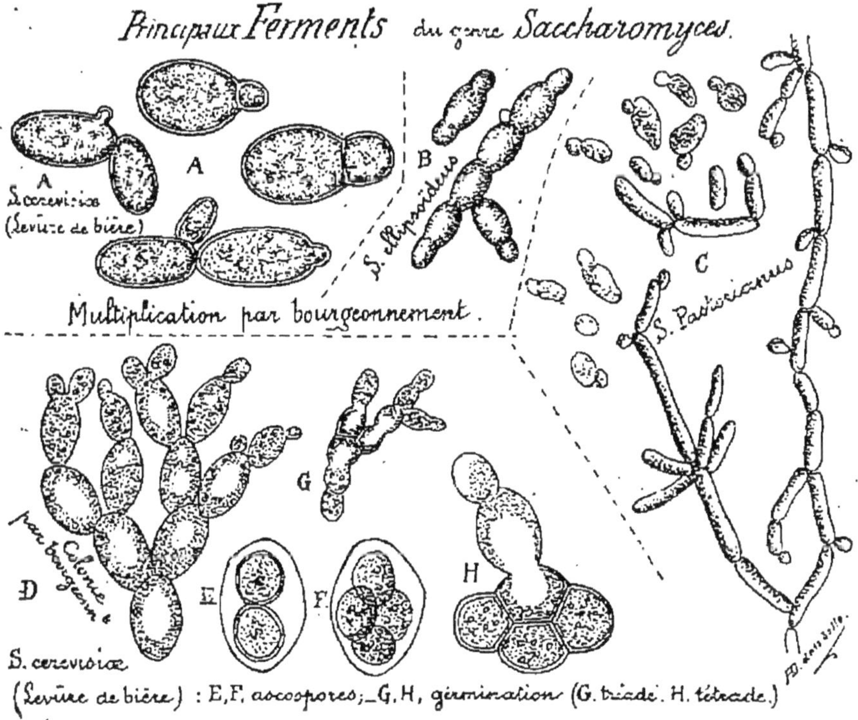

Fig. 36 à 39. — Divers exemples de division, ou reproduction par bourgeonnement.

La structure *homogène* est celle où les parties se ressemblent et exercent les mêmes fonctions : elle se rencontre dans les êtres où il n'existe aucune division du travail, où toutes les cellules sont également aptes à se nourrir et à se reproduire. Les Spirogyres dont nous avons parlé en offrent un exemple. — La structure *hétérogène* est celle où les parties n'ont pas une parfaite ressemblance et sont appliquées à des fonctions diverses ; elle se rencontre dans les êtres où existe la division du travail, où chaque cellule n'a qu'une part d'action dans la vie totale de l'individu. Cette complication, déjà commencée dans les Algues et les Champignons, est portée à son maximum dans les Dicotylédones.

Pour que les cellules nées d'une même cellule initiale se spécialisent dans des fonctions diverses, elles ont besoin de subir une *différenciation.* Cette différenciation peut porter soit sur le protoplasme, soit sur l'enveloppe d'une même cellule, soit sur le mode de groupement des cellules entre elles.

1° Différenciation du protoplasme. — C'est dans le protoplasme assurément que la différenciation se fait avec le plus d'activité. Mais il n'y a guère lieu d'en parler longuement ici, soit parce que nous étudierons les modifications qu'il subit en décrivant les divers organes de la plante, soit parce que ses produits, réserves ou déchets, feront l'objet du chapitre spécial consacré à la nutrition. Entre tous les corps qui dérivent de lui, aucun n'a plus d'importance que la chlorophylle.

2° Différenciation de la membrane cellulaire. — Cette membrane, formée d'une mince couche azotée, puis d'une enveloppe plus ou moins épaisse de cellulose, subit de grandes variations dans les jeunes cellules. Elle est susceptible de se modifier dans sa forme physique et dans sa composition chimique.

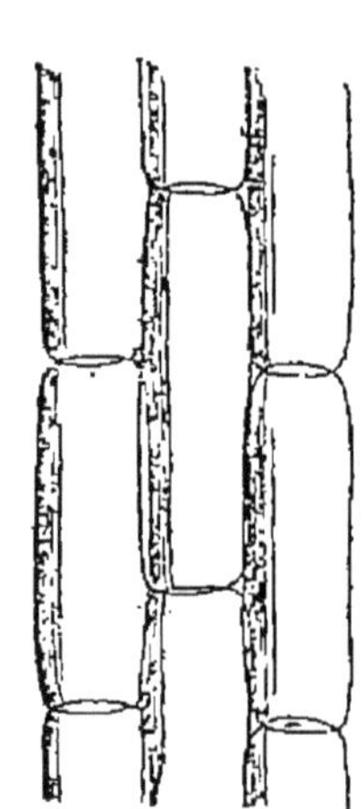

Fig. 40.—Cellules allongées.

Modifications de la forme physique. Sans doute la cellulose, inerte par elle-même, ne peut se modifier seule : mais constamment dépendante du protoplasme, elle peut changer de forme par la disparition ou l'apparition de certaines particules.

L'activité du protoplasme est rarement égale dans toutes les portions de la cellule : aussi la cellule a-t-elle rarement une configuration uniforme. Si le développement prédomine en deux points opposés, la cellule devient allongée (*fig.* 40); s'il se fait en plusieurs points à la fois, la cellule devient étoilée. Ces inégalités de nutrition sont causées d'ordinaire par les relations plus ou moins gênantes entre cellules voisines.

L'épaississement de la membrane produit de notables différences qui servent à caractériser certaines parties du végétal. Assez faible dans les parties molles des feuilles et dans les organes charnus (fruits et tubercules), l'épaississement devient très considérable dans le bois. S'il est uniforme dans quelques cas (spores, grains de pollen), l'épaississement est d'ordinaire inégal.

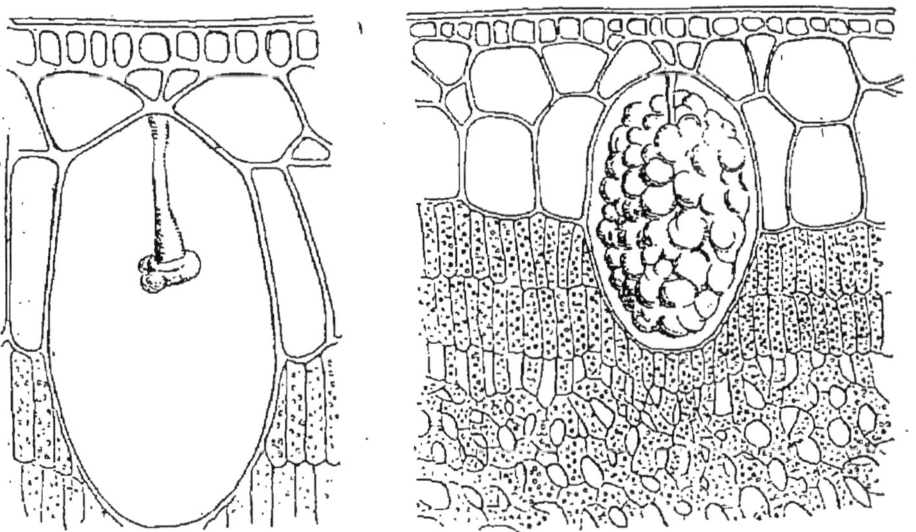

Fig. 41 et 42. — Cystolites du Figuier, représentés à deux stades différents. Un point de l'épiderme s'épaissit et se charge de carbonate de chaux, en forme de pendentif.

Tantôt la membrane s'épaissit en un point seulement (*fig.* 41 et 42) (cystolites du Figuier), tantôt suivant les angles de la cellule (*fig.* 43) (collenchyme de Bégonia), tantôt en lignes parallèles semblables aux barreaux d'une échelle (cellules scalariformes des Fougères), tantôt suivant des anneaux et des spirales (cellules annelées, spiralées) (*fig.* 44 et 45).

Quand l'épaississement s'est fait sur toute la surface, il reste des points non épaissis qui permettent les échanges nutritifs (cellules scléreuses). Selon que les surfaces non épais-

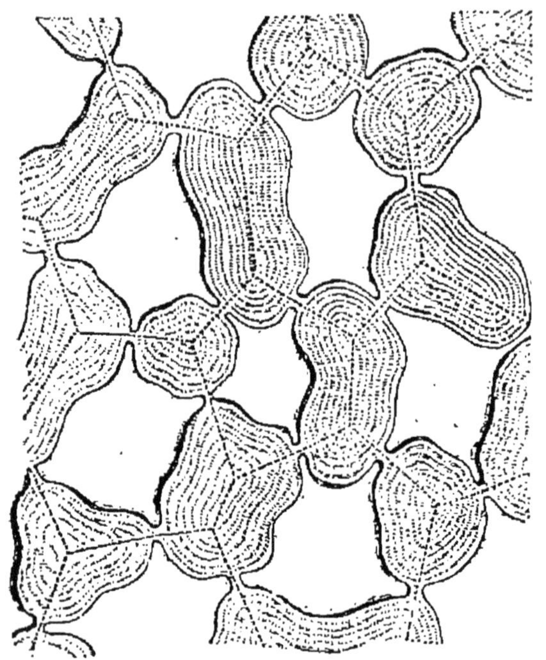

Fig. 43. — Collenchyme de Bégonia. Les cellules se sont épaissies, principalement à leurs angles.

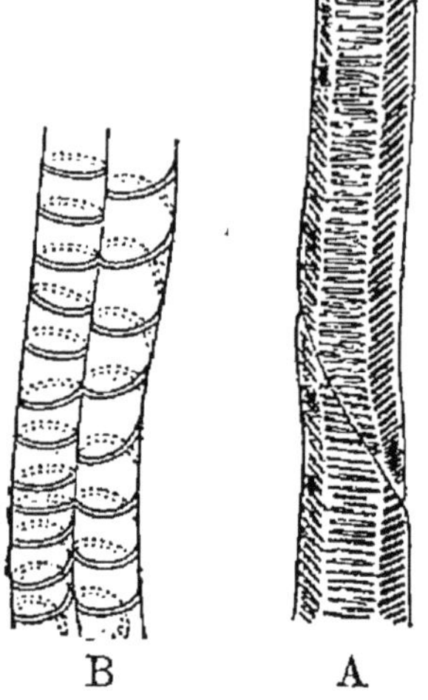

Fig. 44 et 45. — Cellule scalariforme de Fougère, A; cellule spiralée, B.

sies sont de petits cercles, des raies, des bandes croisées parallèles, ou une bande unique spiralée, les cellules

Fig. 46 à 50. — Cellules à dessins divers, dus à des épaississements inégaux de la membrane cellulosique. A, cellule ponctuée. — B, cellule rayée. — C, cellule réticulée. — D, cellule annelée. — E, cellule spiralée.

sont dites ponctuées, rayées, réticulées, annelées ou spiralées (*fig.* 46 à 50).

Dans les Conifères (Pin, Sapin), la ponctuation est aréolée. Les ponctuations placées sur les parois des cellules leur permettent de communiquer entre elles (*fig.* 51). Vue en coupe, la membrane forme par son épaississement deux sortes de clochettes à bords opposés. Une mince cloison, légèrement renflée au milieu, sépare les deux cellules et laisse filtrer les substances liquides.

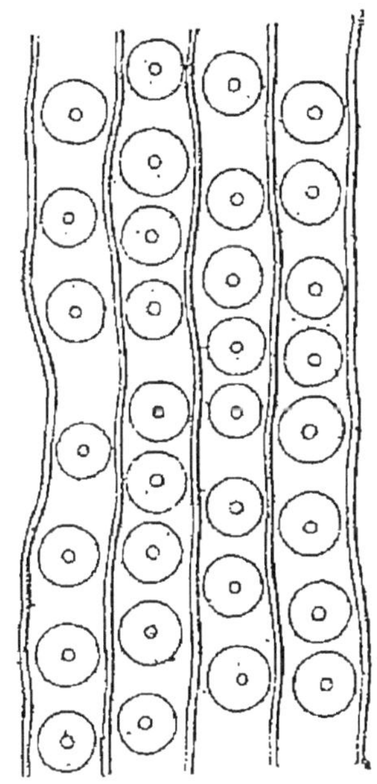

Fig. 51. — Cellules à ponctuations aréolées, vues de face sur la coupe d'une tige de Pin.

Modifications dans la composition chimique. Les cellules à chlorophylle et les cellules de la moelle, gardant d'ordinaire une paroi mince, ne subissent point de modifications chimiques dans leur membrane : mais les cellules du bois et des couches superficielles, exposées à l'action des agents externes, sont le théâtre d'importantes modifications chimiques.

Cutinisation et *subérification*. Dans les cellules superficielles du corps de la plante, la cellulose épaissie se transforme en *cutine* ($C^{12} H^{10} O^2$), substance très pauvre en oxygène, qui se distingue de la cellulose par ses réactions : l'ensemble des couches cutinisées d'une membrane constitue la *cuticule* qui recouvre la surface des cellules épidermiques (*fig.* 52). — Les couches de cellules situées au-dessous de l'épiderme subissent la subérification : la cellulose y est transformée en *subérine*, dont les propriétés sont analogues à celles de la cutine. Plusieurs couches de cellules subérifiées forment le liège.

Les membranes cutinisées ou subérifiées jouent un *rôle protecteur :* elles sont imperméables aux liquides et aux gaz, inattaquables par le ferment de la putréfaction des végétaux (Bacillus Amylobacter). L'épiderme est protégé par la cuticule ; le liège préserve les cellules actives sous-jacentes. Dès qu'une blessure est faite à une plante, les tissus exposés à l'air se cutinisent et se subérifient.

Lignification. Une substance, appelée *lignine* ($C^{19}H^{12}O^{10}$), plus riche en carbone que la cellulose pure, incruste les parties internes qui constituent le bois. Elle est dure, cassante, de couleur jaune ou brune : elle est perméable aux liquides et aux gaz. Inattaquable par le Bacillus Amylobacter, elle échappe à la putréfaction ; par sa dureté, elle donne au bois une grande solidité.

Gélification. La membrane, ayant subi dans ses composés pectiques une modification encore mal connue, peut, au contact de l'eau, se gonfler et

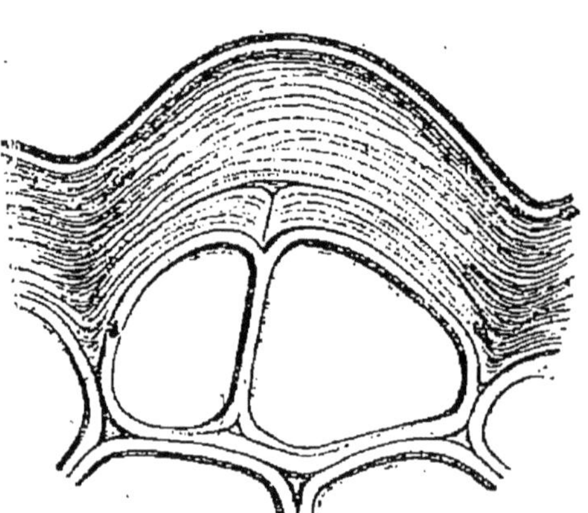

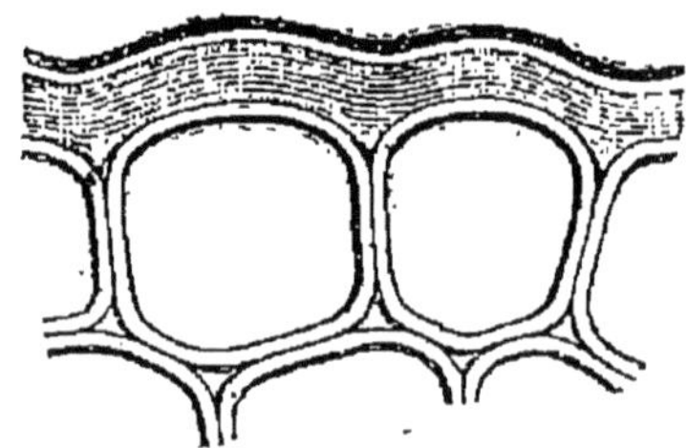

Fig. 52. — Cellules de l'épiderme du Gui à divers âges. La paroi extérieure, libre, s'est beaucoup plus épaissie que les autres, grâce à la cutinisation.

constituer une gelée claire et abondante, comme on l'observe dans les cellules de la surface des graines de Lin, de Coignassier, dans les filaments de certaines Algues.

Liquéfaction. Enfin une dernière transformation permet à la membrane cellulaire de se liquéfier, et, par suite, d'être résorbée. Cette modification permet la communication entre cellules voisines : ou bien la liquéfaction est totale, et un vaisseau ouvert se forme ; ou bien la liquéfaction se fait par points, et la membrane devient une sorte de crible (vaisseaux criblés).

3° Différenciation dans le groupement des cellules. — Des modifications que nous venons d'exposer résultent nécessairement des modes divers de relations entre les cellules. Nous allons décrire les principales formes d'agencement qu'elles présentent.

a) Espaces intercellulaires : méats et lacunes. Les jeunes cellules sont adhérentes les unes aux autres, et la membrane indivise qui les sépare ne laisse aucun vide. Mais, à mesure qu'elles croissent, la membrane se dédouble, devient plus raide ; les cellules, de forme polyédrique, sont séparées, dans les angles, par de petits espaces libres remplis d'air ; ce sont les *méats* (*fig.* 53). Les méats intercellulaires peuvent s'agrandir, des cellules même peuvent être

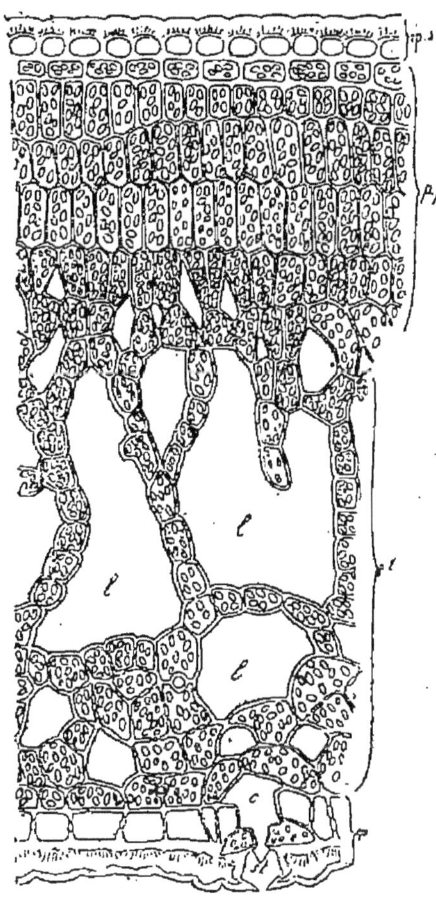

Fig. 54.— Lacunes. Coupe d'une feuille de Houx (d'après Mangin), montrant l'épiderme supérieur *ep. s*, le parenchyme palissadique *p. p*, le parenchyme lacunaire *p. l*, l'épiderme inférieur *ep*, un stomate *st* avec la cavité *c* correspondante.

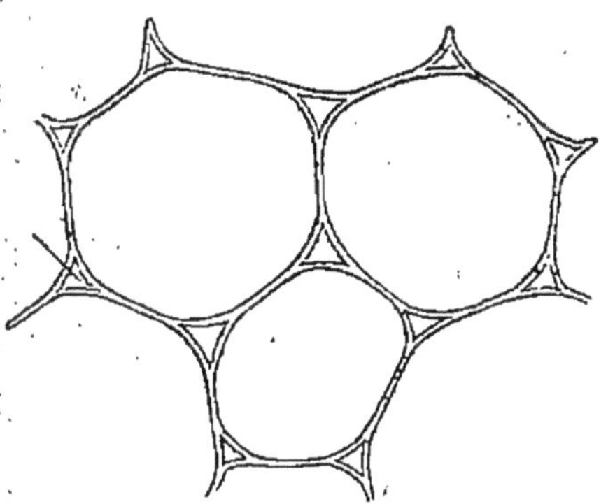

Fig. 53. — Méats intercellulaires. Cellules de l'écorce d'une tige de Pomme de terre laissant entre elles des méats.

détruites, et ainsi se forment des espaces de plus grande dimension : ce sont les *lacunes* (*fig.* 54).

Les méats et les lacunes se trouvent dans toutes les plantes et dans toutes les parties de chaque plante. Cependant ils sont principalement développés dans les feuilles et dans les parties végétales submergées. Tandis que dans les feuilles et les tissus aquatiques, les lacunes sont dues à la dissociation des cellules, dans les tiges des Graminées (Foin), au contraire, elles proviennent de déchirures que les parties centrales subissent par le fait du développement des parties extérieures.

b) Tubes et vaisseaux. Des vaisseaux ou tubes étaient nécessaires pour le transport des matières nutritives à travers les grandes plantes aériennes. Dans les végétaux

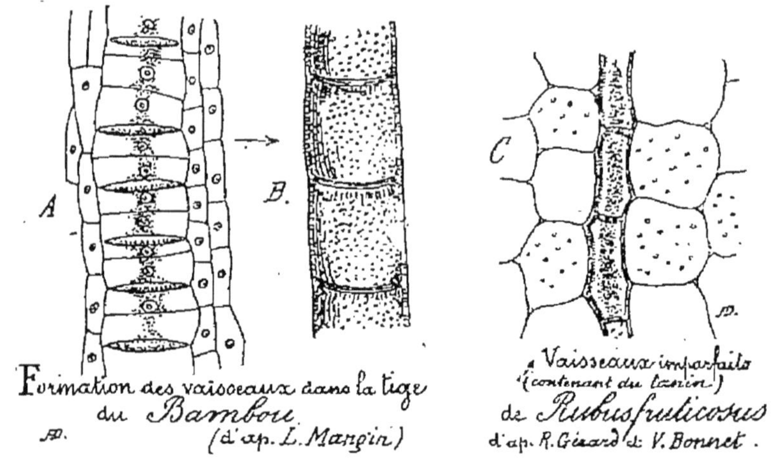

Fig. 55 et 56. — A et B, formation des vaisseaux parfaits ou ouverts dans la tige du Bambou. — C, vaisseau imparfait ou fermé.

de petite taille ou submergés, les aliments peuvent filtrer de cellule à cellule à travers les parois : mais ce mode de circulation serait insuffisant pour des plantes très développées.

Formation des vaisseaux. Un procédé assez général préside à cette formation. Des cellules se disposent bout à bout et se développent surtout en longueur ; elles sont d'abord indépendantes ; mais bientôt les cloisons se gonflent, subissent la gélification et la liquéfaction : et aussitôt s'établit la communication entre les cavités cellulaires (*fig.* 55 et 56). Tantôt les cloisons se résorbent totalement, et les tubes sont largement ouverts ; tantôt les cloisons ne se détruisent que par points, et la communication se fait par des pores ou des fentes (*fig.* 57 à 59).

Il peut arriver que les cloisons transversales des cellules alignées ne se résorbent aucunement; comme, du moins, elles restent minces, la diffusion des substances alimentaires se fait par filtration à travers les membranes.

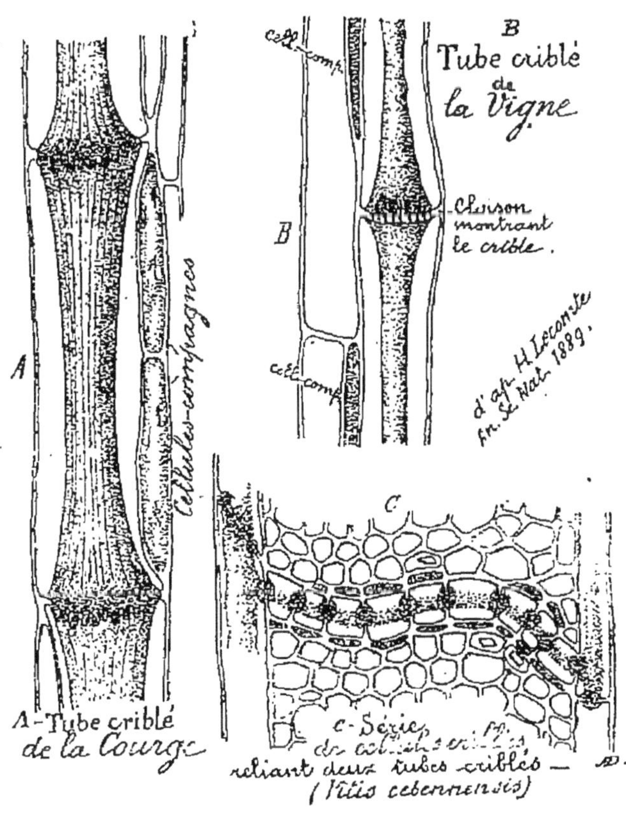

Fig. 57 à 59. — Tubes criblés de la Courge et de la Vigne.

En tout cas, le protoplasme disparaît, les cellules meurent, et les vaisseaux ne sont que des tubes sans vie destinés à la transmission des aliments.

Diverses sortes de vaisseaux. D'après les remarques précédentes, on en distingue trois espèces : les vaisseaux ouverts, les vaisseaux criblés, les vaisseaux fermés.

Les vaisseaux *ouverts* sont ceux du ligneux : toujours incrustés de lignine et ornés de sculptures diverses, ils servent au transport de la sève ascendante, de l'eau et des matières minérales. Suivant l'aspect qu'ils présentent, ils sont dits annelés, spiralés, rayés, ponctués, scalariformes.

Les vaisseaux *criblés* sont formés de cellules dont les parois transversales ou obliques permettent la communication des liquides par des orifices étroits semblables à ceux d'un crible; ils se rencontrent surtout dans le liber où circulent en été des matières azotées.

Les vaisseaux *fermés* sont ceux où les parois minces des

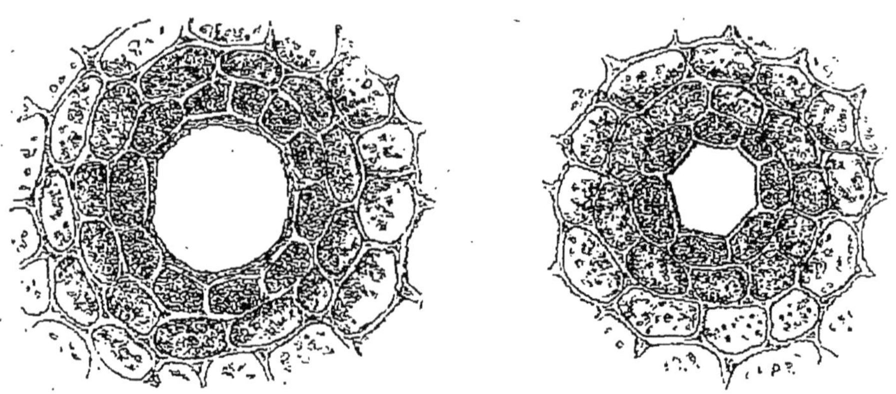

Fig. 60 et 61. — Canaux sécréteurs de résine dans les Conifères.

cellules sont demeurées intactes, mais permettent la circulation des liquides par filtration; ils se rencontrent surtout dans le bois. Les plus intéressants sont formés des cellules à ponctuations aérolées dont nous avons déjà fait mention et qui se trouvent surtout chez les Conifères (voir *fig.* 51).

c) Canaux sécréteurs. Bien différents des vaisseaux qui précèdent sont les tubes destinés à contenir les résidus de la nutrition, comme la gomme, les résines, le latex. Tantôt ces canaux sont de simples lacunes intercellulaires où les cellules déversent le produit sécrété; ces canaux se distinguent des vaisseaux, parce qu'ils sont bordés de cellules vivantes, tandis que les vaisseaux sont bordés de cellules mortes; dans cette catégorie rentrent les canaux résineux des Conifères (*fig.* 60 et 61). Tantôt ces canaux sont formés par des associations de cellules où séjournent les produits de sécrétion (*fig.* 62); dans cette catégorie rentrent

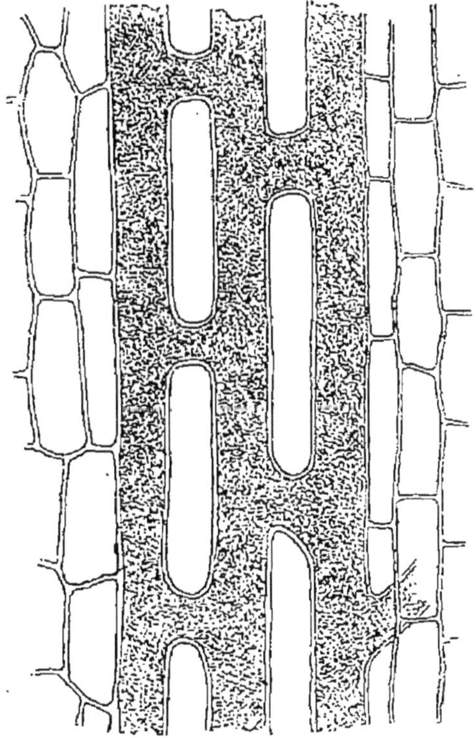

Fig. 62. — Vaisseaux laticifères de la *Laitue vireuse.*

les canaux laticifères du Caoutchouc, de la Laitue, des Salsifis.

§ 2. — TISSUS VÉGÉTAUX

La différenciation des cellules a pour but de les préparer à remplir des fonctions diverses. L'ensemble des cellules ayant subi la même différenciation et jouant le même rôle dans la plante, porte le nom de *tissu*. Dans l'étude des tissus, nous pouvons considérer soit leur formation, soit leur classification, soit leur groupement en appareils.

I. Formation des tissus. — Pour saisir sur le fait la formation des tissus, il faut les étudier quand ils sont jeunes. On appelle *tissus jeunes* ceux qui se rencontrent dans les parties végétales en voie de croissance, c'est-à-dire au sommet d'une tige ou à l'extrémité d'une racine.

Une coupe longitudinale pratiquée au sommet d'une tige de Fougère, par exemple, présente une multitude de cellules, petites, appliquées les unes contre les autres, sans aucun espace intercellulaire. Ce groupe serré de cellules porte le nom de *méristème*, parce qu'elles possèdent la propriété de se diviser par cloisonnement, au moins pendant quelque temps.

Il faut distinguer deux temps dans la croissance du méristème : celui du cloisonnement et celui de la croissance intercalaire.

Le *cloisonnement* se fait sous l'influence de la *cellule initiale*. On appelle ainsi une cellule pyramidale placée au sommet du méristème : à mesure qu'elle grandit, elle se cloisonne suivant des plans parallèles à ses différentes faces. Cette multiplication au *point végétatif* détermine l'allongement de la tige et de la racine.

La *croissance intercalaire* est l'augmentation de volume que subissent les cellules dérivées de la cellule initiale et arrivées au terme du cloisonnement. Cet accroissement de volume des cellules déjà formées contribue aussi à l'allongement de la plante. Ainsi les tiges et les racines s'allongent à la fois par la multiplication et le grossissement des cellules du méristème.

Nous verrons, à l'occasion de chacun des appareils de la plante, comment s'opère la différenciation dans les cellules semblables du méristème.

II. Classification des tissus adultes. — Les tissus adultes ou durables sont ceux en qui la différenciation cellulaire est achevée. Ou bien un tissu est composé de parois minces, avec un protoplasme qui est le siège de transformations chimiques actives; ou bien la membrane est épaissie, le protoplasme a complètement ou partiellement disparu, et le rôle de la cellule est principalement mécanique. Les tissus *à fonction chimique* prédominante sont les *parenchymes* (chlorophyllien, de réserve, sécréteur).

Les tissus à *fonction mécanique* prédominante sont l'épiderme, le suber, le collenchyme, le sclérenchyme, le tissu vasculaire.

1° Les Parenchymes. — Le parenchyme est un tissu mou, conjonctif, *coulé entre* les différents autres tissus pour les relier. On en distingue trois espèces, où les cellules sont le siège d'opérations chimiques très intenses.

Le *parenchyme chlorophyllien*, dont les cellules renferment un grand nombre de grains de chlorophylle, est particulièrement répandu dans les feuilles vertes. Il présente deux aspects différents. Il est *palissadique*, ou composé de plusieurs assises de cellules allongées en forme de palissade, sous l'épiderme supérieur. Au delà, et près de l'épiderme inférieur, il est *lacuneux*, parce que les cellules y sont séparées par de grandes lacunes pleines d'air (voir *fig*. 54).

Le *parenchyme de réserve* est celui dont les cellules sont plus particulièrement gorgées de matières alimentaires : ce sont les cellules des cotylédons, de l'albumen des graines, des bulbes et des tubercules.

Le *parenchyme sécréteur* est constitué par les cellules vivantes destinées à conserver les résidus ou les produits non éliminés de la nutrition (huiles essentielles, résines, gommes...) : tantôt ces cellules versent ces produits dans un milieu lacunaire, tantôt elles les gardent dans leur enveloppe, comme nous l'avons dit à propos des canaux sécréteurs (voir *fig*. 60, 61 et 62).

2° Tissus a fonction mécanique. — Tandis que les tissus parenchymateux sont formés de cellules vivantes et actives, les tissus à fonction mécanique sont en général des tissus morts et sans protoplasme.

L'*épiderme* est un tissu essentiellement *protecteur*. Il recouvre le thalle des végétaux inférieurs, la tige et les feuilles des végétaux supérieurs. Les cellules épidermiques forment une *assise unique;* cependant elles se divisent parfois. Elles sont aplaties. Leur surface externe est transformée en cutine imperméable. Tantôt cette membrane cutinisée est incrustée de cire (Canne à sucre), tantôt elle est incrustée de silice (Graminées), tantôt elle porte au dedans des cystolites de carbonate de chaux (Figuier). (Voir *fig.* 41 et 42.) Le protoplasme a presque entièrement disparu dans l'épiderme.

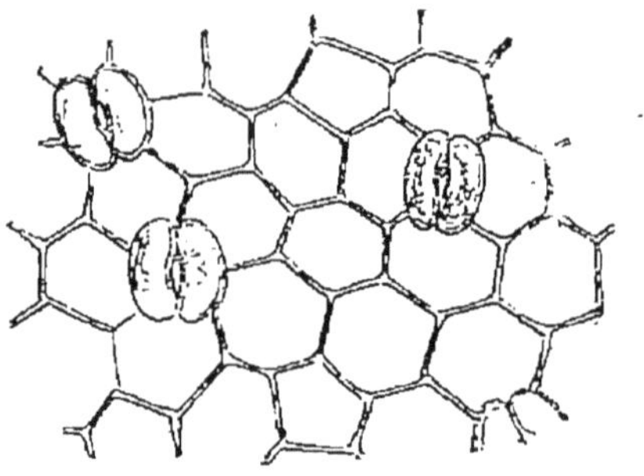

Fig. 63. — Stomates sur l'épiderme inférieur des feuilles.

La surface de l'épiderme est parfois hérissée de *poils*, ou interrompue par des ouvertures appelées *stomates* (*fig.* 63). Le rôle des stomates est considérable dans le renouvellement de l'atmosphère interne des végétaux.

Le *liège*, ou *tissu subéreux*, est aussi *protecteur*. Il consiste en une ou plusieurs assises de cellules dont les parois sont imprégnées de subérine. Il recouvre toute la racine, sauf l'extrémité; dans les tiges jeunes, il forme l'assise subéreuse sous-épidermique; si une tige adulte se déchire, par suite d'un accident ou de l'accroissement de volume, une couche subéreuse cicatrise la plaie et met la plante à l'abri. Les cellules du liège, demeurées longtemps vivantes, finissent par se dessécher et se remplissent d'air.

Fig. 64. — Cellules scléreuses lignifiées, dont l'ensemble forme le sclérenchyme, vrai squelette des végétaux.

L'endoderme est l'assise de cellules qui recouvre intérieurement l'écorce des arbres et exerce une fonction protectrice autour du cylindre central.

Collenchyme et sclérenchyme. Ces tissus, qui forment la charpente des plantes aériennes, sont des organes de *soutien*; ils s'y trouvent à l'état de zones plus ou moins étendues.

Le *collenchyme* (voir *fig.* 43) se développe surtout dans les organes en voie de croissance : la cellulose s'accumule dans la membrane des cellules vivantes. C'est un tissu d'aspect blanchâtre, gélatineux, répandu dans la tige et les feuilles d'un petit nombre de végétaux.

Le *sclérenchyme* (voir *fig.* 64) se développe dans les organes dont la croissance est terminée : tandis que la cellule meurt par résorption du protoplasme et du noyau, la membrane s'épaissit et se lignifie. Le sclérenchyme est le véritable squelette des végétaux.

Les tissus *vasculaires* ou *conducteurs* des matières nutritives sont composés de cellules mortes; ils se rencontrent dans les Phanérogames et les Cryptogames vasculaires

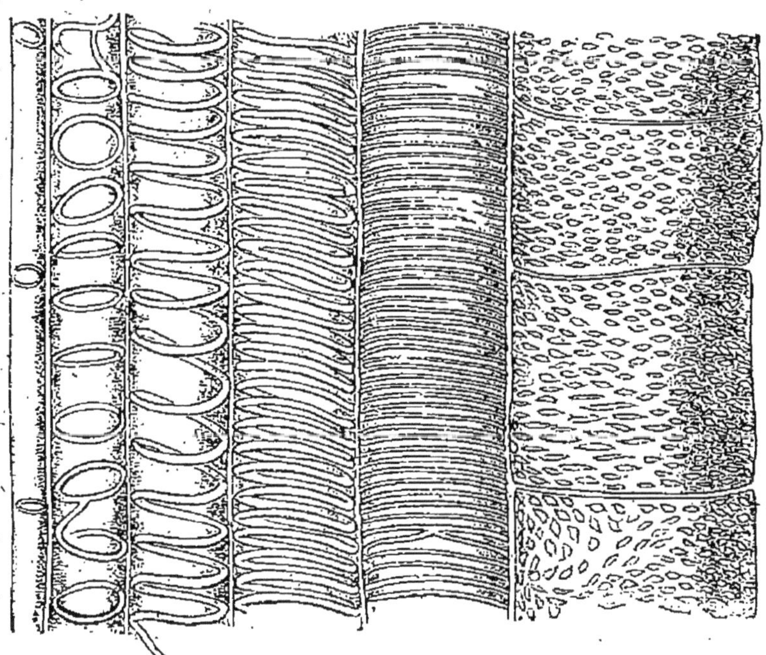

Fig. 65. — Coupe longitudinale d'un vaisseau ligneux (Cucurbita pepo), montrant la disposition des vaisseaux conducteurs. A partir de la gauche, deux vaisseaux annelés, puis deux vaisseaux spiralés, un vaisseau réticulé et un vaisseau ponctué.

(Fougères). Les vaisseaux du ligneux, soit fermés, soit ouverts, sont lignifiés (*fig.* 65); ils puisent la sève dans le sol et la transmettent jusqu'aux feuilles. Les vaisseaux du liber, qui sont criblés (*fig.* 66 à 68), ont une membrane en simple cellulose : ils conduisent la sève descendante.

III. Appareils. — Les différents tissus, dont nous venons d'indiquer la structure et les fonctions, s'associent pour former les *appareils* de l'organisme végétal. La distinction des appareils n'existe point chez les Algues et les Champignons ; elle est à peine esquissée chez les Mousses

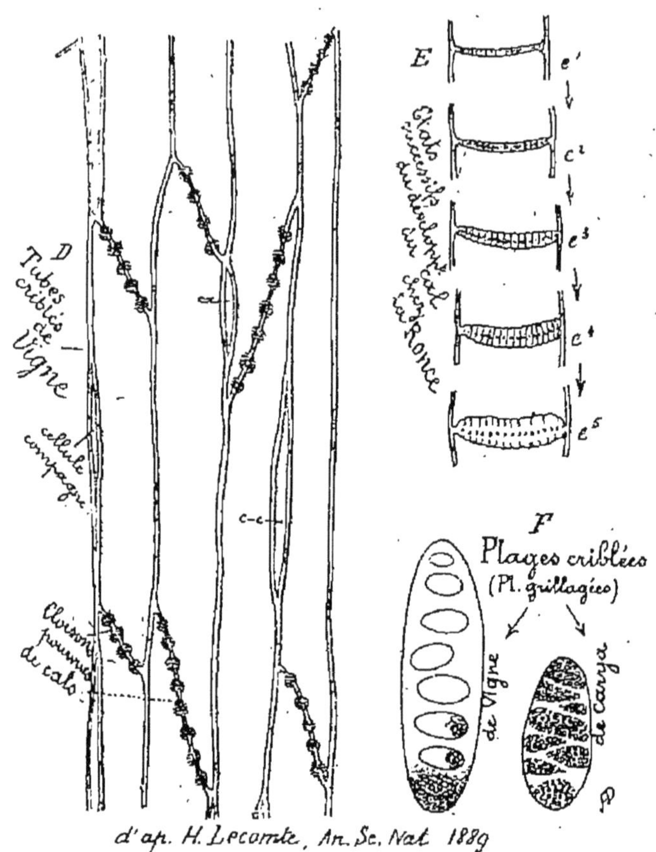

Fig. 66 à 68. — Vaisseaux criblés et plages grillagées.

et les Hépatiques ; elle est très nette chez les Fougères et tous les Phanérogames.

Nous distinguerons quatre sortes d'appareils : l'appareil tégumentaire, l'appareil de soutien, l'appareil conducteur, l'appareil conjonctif.

L'appareil *tégumentaire* ou *protecteur* est formé : de l'épiderme, pour la tige et les feuilles ; du liège, pour suppléer l'épiderme absent (racine) ou altéré (blessures); de l'endoderme, autour du cylindre central.

L'appareil de *soutien*, formé de collenchyme, et surtout de sclérenchyme, consiste en piliers parallèles et en manchons cylindriques ou cannelés : il est très développé dans les tiges aériennes.

L'appareil *conducteur*, vaisseaux du bois, tubes criblés du liber, s'appuie sur l'appareil de soutien et est soustrait de la sorte à tout affaissement.

L'appareil *conjonctif*, ou parenchyme, remplit l'espace circonscrit par l'épiderme ou le liège dans la tige, les feuilles et la racine : il unit les parties des appareils précédents. Là où se trouve la chlorophylle, il est assimilateur; ailleurs il sert de réserve et opère les sécrétions.

CHAPITRE IV

CLASSIFICATION DES VÉGÉTAUX

Principe de la division du travail. — I. Confusion des fonctions. — II. Première division du travail : appareil nutritif, appareil reproducteur. — III. Division du travail nutritif : tige, feuilles, racine, vaisseaux. — IV. Perfectionnement de l'appareil reproducteur : œufs et spores, fleurs et graines. — V. Grandes divisions du règne végétal : Thallophytes, Muscinées, Cryptogames vasculaires, Phanérogames. — Tableau résumé.

Pour distribuer suivant un ordre naturel les formes si variées qui composent le règne végétal, nous aurons recours au principe de la *division du travail* : c'est là en effet le signe le plus assuré de leur degré de perfection.

Quelle que soit la complexité d'un végétal, qu'il soit uni-

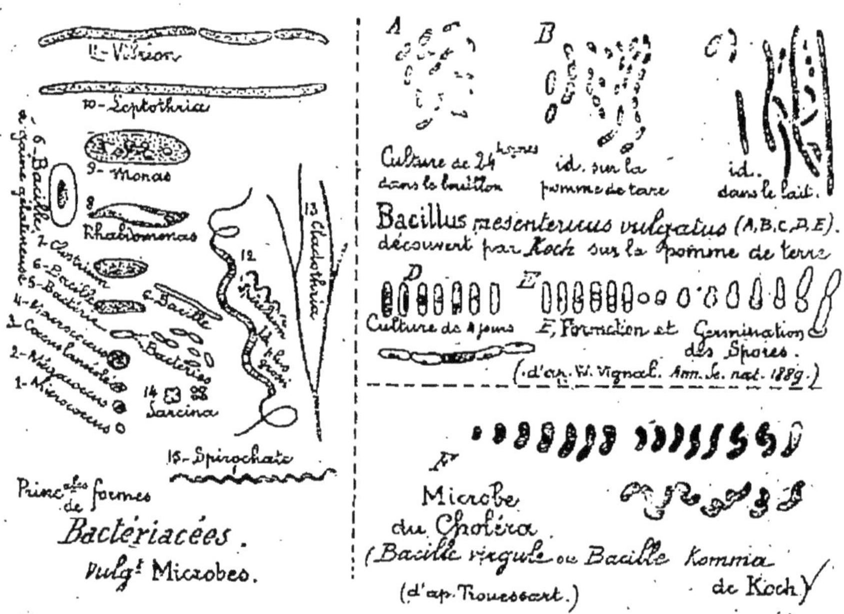

Fig. 69 à 71. — Microbes, ou végétaux unicellulaires. — A gauche, principales formes des Bactéries. — A droite, A, B, C, D, E, le *Mesentericus vulgatus*, qui transforme l'amidon en glucose. — F, microbe du choléra.

cellulaire, comme les Bactéries (*fig.* 69 à 71), ou pluricellulaire, comme les Champignons ; qu'il soit une colonie de cellules identiques, ou une association de cellules différenciées, il est soumis à une double nécessité : il doit se *nourrir* pour conserver son existence propre, il doit se *reproduire* pour étendre et conserver son espèce.

Chez certaines plantes, ces deux fonctions sont dévolues à la même partie du végétal ; chez la plupart, elles sont accomplies par des organes distincts. Dans ce dernier cas, une première série de progrès est réalisée dans les organes de nutrition, une seconde dans les organes de reproduction.

I. **Confusion des fonctions.** — Dans les végétaux les plus élémentaires, de petite taille, les fonctions de nutrition et de reproduction sont exercées par toutes les parties ; chaque cellule se nourrit et se reproduit indépendamment des autres. Les Levûres, les Bactéries, les Spirogyres peuvent servir d'exemples.

Qu'une cellule de Levûre (voir *fig.* 36 à 39) soit mise dans un liquide nutritif, elle se nourrit, se développe ; quand elle a atteint sa grandeur maximum, elle se multiplie par bourgeonnement en produisant des chapelets de cellules nouvelles ; ces cellules, isolées à leur tour, feront de même. Si le milieu devient impropre à la nutrition, la Levûre cesse de croître ; alors le protoplasme de chaque cellule se partage en deux ou quatre masses sphériques qui se révêtent d'une membrane : ce sont les corps reproducteurs ou *spores*. Dès que le milieu redevient propice à la nutrition, chacune de ces spores brise la membrane, germe, et donne des cellules semblables aux premières.

Il y a donc des végétaux unicellulaires et des végétaux pluricellulaires où chaque cellule est susceptible de remplir toutes les fonctions de la vie.

II. **Première division du travail.** — Dès les classes les plus infimes, le corps des végétaux se compose de cellules différenciées : les unes servent exclusivement à la nutrition, les autres sont destinées au travail de la reproduction. On en trouve des exemples parmi les Champignons et les Algues.

L'Agaric, ou champignon comestible, se compose d'un appareil nutritif et d'un appareil sporifère. L'appareil nutritif, le *blanc de champignon* ou *mycélium* (*fig.* 72), consiste en nombreux filaments blancs, enchevêtrés comme les fils d'un tissu, et cachés dans le milieu nutritif, le fumier de culture ou les souches de vieux arbres. L'appareil reproducteur consiste dans cette masse arrondie en forme de chapeau et portée sur un pied assez épais : c'est ce qu'on appelle vulgairement le Champignon (*fig.* 73).

Fig. 72. Mycélium, ou blanc de champignon de l'Agaric.

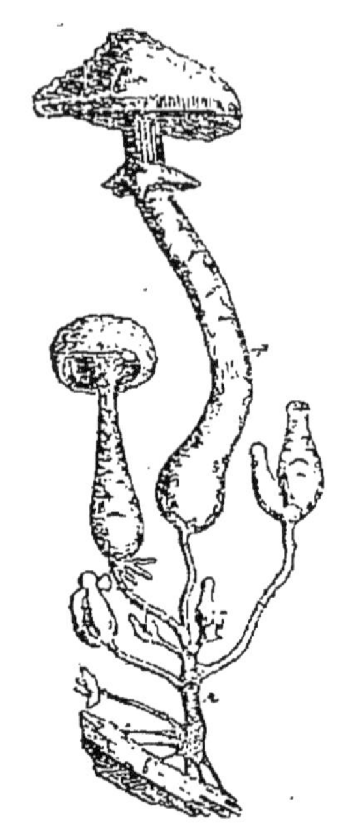

Fig. 73. — Appareil reproducteur de l'Agaric.

A la face inférieure du chapeau sont de nombreuses lamelles qui se dirigent du centre jusqu'au bord. Sur ces lames se forment les cellules reproductrices : chacune d'elles est une *spore*. La spore, quand elle est mûre, tombe sur le sol et peut développer une nouvelle plante. Alors on voit le pied et le chapeau du champignon se détruire ; le blanc cependant demeure vivant et reste capable de former un nouvel appareil reproducteur.

Parmi les Algues, nous citerons la Moisissure blanche (Mucor mucedo) qui envahit le bois humide dans les caves. Une spore donne en germant un filament ramifié, ou *mycélium*, qui pénètre dans les substances en décomposition : c'est l'organe fixateur et absorbant (*fig.* 74). Si la Moisissure est vigoureuse, le mycélium émet vers l'extérieur des tubes sporangifères, qui peuvent atteindre jusqu'à 15 centimètres de longueur ; au sommet de ces tubes se forme une sphère dont le protoplasme se divise en une multitude de spores. Si la Moisissure vient à manquer d'air et d'humidité, deux cellules voisines du mycélium se

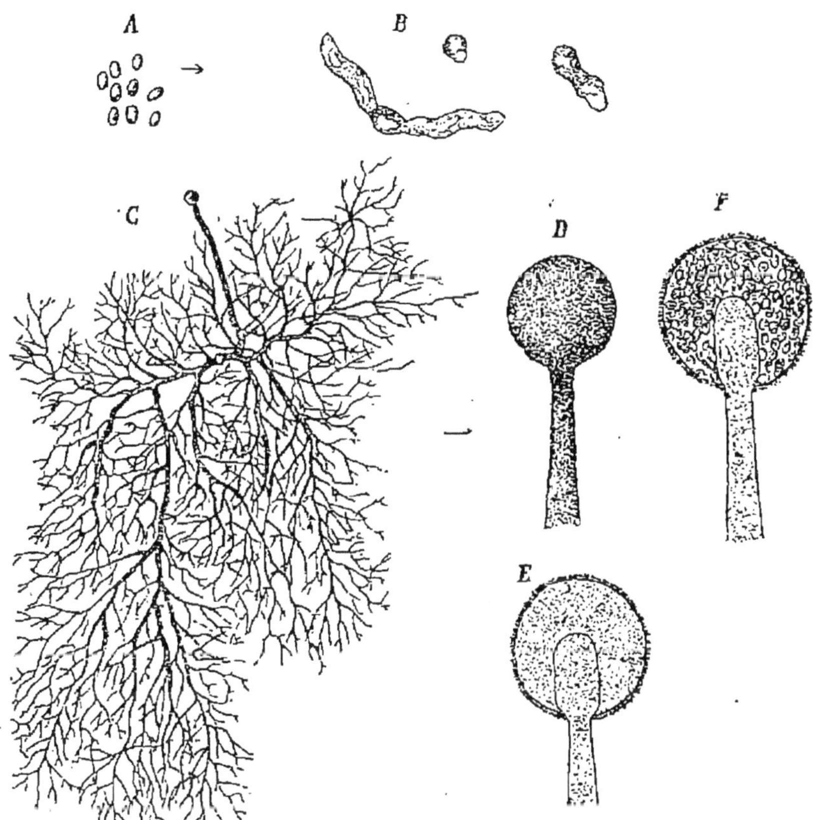

Fig. 74. — *Mucor mucedo*, ou Moisissure blanche. Reproduction par spores. — A, spores libres. — B, spores en germination. — C, thalle, ou mycélium unicellulaire rameux, issu d'une spore. — D, E, F, divers états d'un sporange formé sur le thalle, et d'où sortiront les spores d'une nouvelle génération.

fusionnent en une *zygospore* par résorption de la cloison commune (*fig.* 75) ; l'œuf ainsi formé germe dans l'air humide et donne un nouveau mycélium.

Dans les plantes ainsi différenciées, l'appareil nutritif porte le nom de *thalle* ; l'appareil reproducteur vit temporairement comme un parasite sur le thalle. Le mycélium du Champignon et de la Moisissure en constituent le thalle.

III. **Division du travail nutritif.** — Si le thalle ou appareil végétatif est peu différencié dans les Algues et les

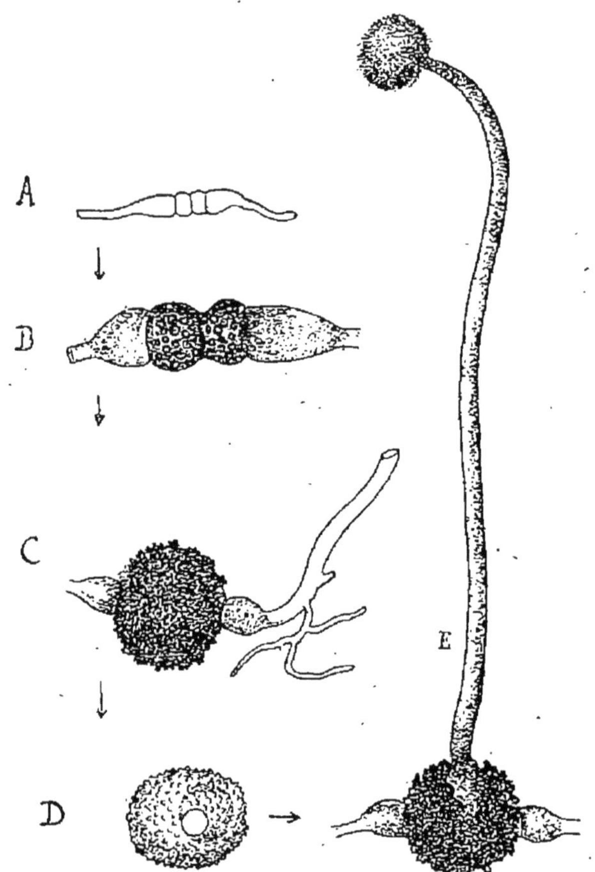

Fig. 75. — *Mucor mucedo.* — Reproduction par un œuf. — A, mise en contact de deux rameaux et séparation des deux cellules destinées à former l'œuf. — B, fusion des deux cellules en une zygospore. — C, zygospore mûre et enveloppée de la membrane des cellules conjuguées. — D, zygospore isolée. — E, zygospore germant dans l'air humide.

Champignons, il cesse d'être simple dans la majeure partie des végétaux.

Chez les Muscinées, le thalle se divise en deux parties : un axe ordinairement vertical appelé *tige*, et des *feuilles* nombreuses, petites et serrées (*fig.* 76) ; la tige est fixée au sol par des poils ou rhizoïdes. La plante ainsi formée se compose d'un appareil fixateur et légèrement absorbant (poils), d'un appareil de soutien (tige), d'un appareil nutritif puisant dans l'air les gaz utiles (feuilles). Une section de la tige examinée au microscope montre un massif de cellules allongées préparant les vaisseaux qui s'ouvriront dans les végétaux plus élevés (*fig.* 77).

Fig. 76. — Muscinée : tige et feuilles.

Dans les Fougères apparaît un appareil nouveau : la racine. Tandis que les poils ou rhizoïdes des Mousses ne puisaient dans le sol que peu de matières nutritives, les racines des Fougères et de toutes les plantes supérieures absorbent abondamment à l'état de dissolution tous les sels nécessaires à la nutrition. En même temps que les racines, apparaissent les vaisseaux destinés à conduire les liquides absorbés dans toutes les parties de la plante.

Pour établir une division entre les plantes vasculaires munies d'une tige, de feuilles et de racines, il nous faudra recourir aux perfectionnements réalisés dans l'appareil reproducteur.

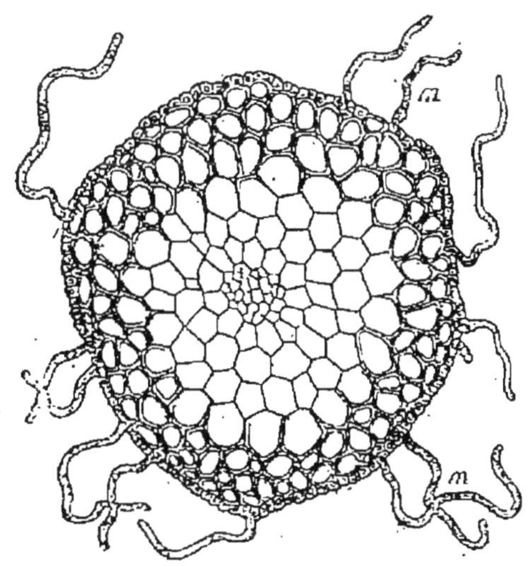

Fig. 77. — Mousse : coupe transversale de la tige. Certaines cellules de l'épiderme s'allongent en poils.

IV. Perfectionnement de l'appareil reproducteur. — Chez les plantes inférieures, la reproduction se fait par *œufs ou par spores,* souvent par les deux à la fois.

Tant que la végétation est active, la plante produit des spores; si la végétation se ralentit, des œufs se forment par conjugaison cellulaire. Ainsi, chez les Algues et les Champignons, les œufs et les spores se produisent très irrégulièrement.

Chez les Mousses et les Fougères, les œufs et les spores *alternent* : il y a, l'une après l'autre, une génération par des spores et une génération par des œufs.

Chez les plantes vasculaires plus élevées que les Fougères, la reproduction se fait par des *graines* issues de fleurs.

La graine est un œuf issu d'une fleur (*fig.* 78). La

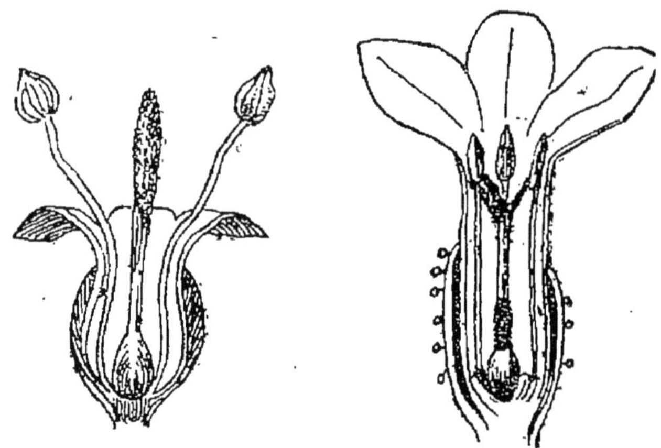

Fig. 78. — Fleurs de Phanérogames.

fleur se compose d'un ensemble de feuilles modifiées, les unes pour être organes de reproduction, les autres organes de protection. Les feuilles devenues organes de protection constituent les sépales du calice et les pétales de la corolle. Les feuilles devenues organes de reproduction constituent les étamines de l'androcée et les carpelles du pistil.

Dans l'anthère de chaque étamine se développe la poussière du *pollen* ; à la base du carpelle est l'ovaire, qui contient les petites cellules nommées *ovules*. Quand la fleur est épanouie, le pollen de l'étamine se fusionne avec l'ovule. De cette fusion résulte l'œuf.

L'œuf ainsi formé s'organise en plantule, s'entoure d'une réserve de nourriture et forme la *graine*.

Ou bien les graines sont enfermées dans une enveloppe close (Lin, Pois, Haricot, Lis...) : c'est le cas des *Angiospermes*; ou bien les graines ne le sont pas (Pin, Sapin): c'est le cas des *Gymnospermes*.

Quant aux Angiospermes, ou bien la plantule est accompagnée de deux cotylédons, ou réservoirs d'aliment, fixés à la tigelle (Lupin, Pois...); ou bien la plantule est enveloppée dans un seul cotylédon (Blé, Maïs...). De là la distinction des Angiospermes en *Dicotylédones* et en *Monocotylédones*.

V. Grandes divisions du Règne végétal. — Nous basant sur les considérations qui précèdent, nous diviserons le règne végétal en quatre embranchements.

1° Thallophytes. — Ce groupe comprend un nombre de plantes extrêmement variées : les différences y sont tellement accusées, soit dans la forme et la structure, soit dans la reproduction et le développement, qu'il est difficile d'en marquer les traits généraux. Ces végétaux ne possèdent ni racines, ni tiges, ni feuilles, mais seulement un *thalle* généralement peu différencié. La reproduction se fait par des spores et des œufs.

On distingue deux classes principales : 1° les *Champignons*, qui sont absolument dépourvus de chlorophylle, et empruntent leur carbone à des composés organiques résultant de plantes vertes ; 2° les *Algues* (Spirogyres, Vauchéries, Laminaires), qui ont de la chlorophylle et font la synthèse de leurs principes organiques. Les *Lichens*, étant une association d'une Algue et d'un Champignon, ne constituent pas une classe spéciale.

2° Muscinées. Ce groupe comprend les plantes qui ont une tige et des feuilles, et dont les racines ne sont représentées que par des poils ou rhizoïdes. Dans la tige, les vaisseaux ne sont pas encore ouverts. La reproduction se fait alternativement par des œufs et des spores.

Les Muscinées comprennent deux classes : 1° les *Hépatiques* (Marchantia, Anthoceros) (*fig.* 79 et 80), où le corps végétatif adulte est tantôt un thalle rampant et aplati, tantôt une tige rampante à deux ou trois rangs de feuilles et à

Fig. 79 et 80. — Hépatique (*Marchantia polymorpha*). — Les tiges dressées sur le prothalle représentent les organes reproducteurs : en haut, les anthéridies; en bas, les archégones.

symétrie bilatérale; 2° les *Mousses*, où le corps végétatif adulte est toujours une tige feuillée, dressée et à symétrie bilatérale.

3° Cryptogames vasculaires. — Ce groupe comprend les plantes dont le système végétatif est différencié en racine, tige et feuilles, et muni de vaisseaux conducteurs allant de la racine aux feuilles et retournant des feuilles à la racine, — et dont l'appareil reproducteur donne alternativement des spores et des œufs, mais des œufs qui ne proviennent jamais de fleurs.

Cet embranchement comprend trois classes principales : 1° les *Filicinées*, ou Fougères (*fig.* 81), ont les feuilles très développées, avec une ramification latérale isolée; 2° les *Equisétacées*, ou Prêles, ont des feuilles rudimentaires, et une ramification verticillée; 3° les *Lycopodinées*, ou Lycopodes, ont les feuilles petites, avec une ramification dichotomique.

Fig. 81. — Fougères, montrant les sores linéaires à la face inférieure des frondes.

4° PHANÉROGAMES. — Ce groupe comprend les plantes dont l'appareil végétatif est vasculaire et différencié en racine, tige et feuilles, — et dont l'appareil reproducteur consiste en graines provenant de fleurs (*fig.* 82 et 83). Ou bien les graines sont nues, ou bien elles sont enfermées dans un ovaire. De là deux classes : les *Gymnospermes* et les *Angiospermes*. Celles-ci, à leur tour, se subdivisent en deux sous-classes : les *Dicotylédones* et les *Monocotylédones*.

D'autres divisions du règne végétal sont parfois présentées. Certains auteurs distinguent les plantes *non vasculaires* (Thallophytes, Muscinées), et les plantes *vasculaires* (Cryptogames vasculaires et Phanérogames). — D'autres partagent le règne végétal en *Cryptogames*, ou plantes sans fleurs (Thallophytes, Muscinées, Cryptogames vasculaires), et en *Phanérogames*, ou plantes à fleurs (Gymnospermes, Angiospermes).

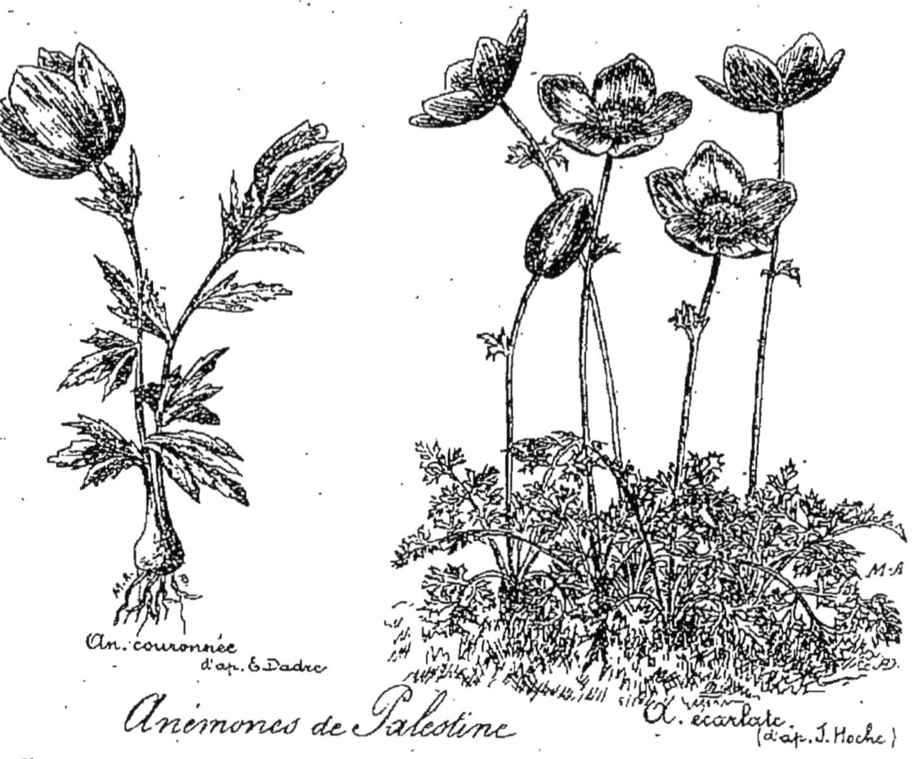

Fig. 82 et 83. — Anémones, montrant la forme générale des Phanérogames.

TABLEAU RÉSUMANT LA CLASSIFICATION

Thallophytes.	Corps formé d'un thalle peu différencié.		CHAMPIGNONS.	Levûre, Agaric, Moisissure
			ALGUES	Spirogyre, Laminaire
Muscinées	Corps formé de tiges et de feuilles ; pas de racines, pas de fleurs.		HÉPATIQUES	*Marchantia*, *Anthoceros*
			MOUSSES	*Bryum*, Sphaignes
Cryptogames vasculaires.	Corps formé de tiges, de feuilles, de racines ; pas de fleurs.		FILICINÉES	Fougères
			EQUISÉTACÉES	Prêles
			LYCOPODINÉES	*Lycopod.*
Phanérogames.	Tige, feuilles, racines, fleurs, graines.	Graines nues. GYMNOSPERMES	*Conifères*	Pin, Sapin
		Graines enveloppées. ANGIOSPERMES	*Monocotylédones*	Lin, Blé, Maïs...
			Dicotylédones.	Pois, Ronce...

LIVRE SECOND

FONCTIONS DE NUTRITION

CHAPITRE PREMIER

LA RACINE

§ 1. *Morphologie de la racine.* — I. Morphologie externe de la racine : 1° où s'insèrent les racines (racine principale, racines latérales); 2° diverses régions de la racine (la coiffe, la région d'accroissement, la région des poils absorbants, la région de ramification) ; 3° ramification (racines pivotantes, racines fasciculées). — II. Morphologie interne de la racine : 1° structure primaire de la racine (assise pilifère, écorce, cylindre central); 2° région de croissance et développement de la racine en longueur (croissance subterminale et intercalaire, méristème, cellules initiales); 3° origine et développement des radicelles ; 4° structure secondaire et accroissement en épaisseur (assise libéro-ligneuse, assise génératrice du liège).

§ 2. *Physiologie de la racine.* — I. Influence des conditions extérieures sur la croissance (température, humidité, pression, lumière, pesanteur). — II. Fonctions de la racine : 1° organe fixateur; 2° organe d'absorption (oxygène, liquides, matières solides); 3° organe conducteur; 4° organe de réserve. — Résumé des caractères de la racine.

Idée générale de la racine. — La racine est la partie de la plante qui s'enfonce sous le sol ou dans tout milieu incapable de nuire à son développement. Elle pousse à la base ou sur les côtés de la tige, dont elle n'est qu'un appendice.

Nous savons déjà que les végétaux ne sont pas tous pourvus de racines. Les Thallophytes (Algues et Champignons) sont d'ordinaire entièrement plongés dans le milieu nutritif, et ils en absorbent les éléments par toutes les cellules de leur thalle : les liquides absorbés à la surface pénètrent de proche en proche par imbibition. Cependant, chez certaines Algues et chez les Muscinées, le thalle se différencie à sa partie inférieure et donne naissance à des poils ou rhizoïdes qui servent à la fois de crampons et de suçoirs. En arrivant aux Cryptogames vasculaires, Prêles et Fougères, nous trouvons les racines proprement dites dont les poils ne sont que des appendices. En même temps que l'organe absorbant prend une importance considérable, un système de vaisseaux conducteurs se creuse dans la racine, la tige et les feuilles.

Nous étudierons successivement la morphologie et la physiologie de la racine. Nous ne manquerons pas de signaler les différences qui distinguent les racines des Cryptogames des racines des Phanérogames.

§ 1er. — MORPHOLOGIE DE LA RACINE

I. **Morphologie externe de la racine.** — Sans chercher encore quelle est la structure intime des racines, nous examinerons les divers objets d'étude qu'elles présentent au dehors : où elles sont insérées sur la tige, combien de régions on distingue en elles, comment elles se ramifient.

1° OU S'INSÈRENT LES RACINES. — En suivant une plante depuis la germination de la plantule jusqu'à l'état adulte, on constate l'apparition de deux sortes de racines, qui diffèrent et par leur origine et par leur mode d'insertion : la racine *principale*, et les racines *latérales*.

La *racine principale* occupe toute la base de la tige où elle s'insère au *collet* (*fig.* 84). Elle commence à pousser pendant la maturation de la graine ; mais jusqu'à la germination, elle demeure entièrement cachée sous l'épiderme commun de la plantule. Au moment de la germination, elle brise les enveloppes, épiderme ou assises de parenchyme (dans le blé), et s'enfonce verticalement dans le sol : à mesure qu'elle avance, des poils absorbants se développent sur les parties latérales placées au-dessus de la coiffe.

Les *racines latérales* sont insérées sur les côtés de la tige. Les unes sont dites régulières, parce que leur position est nettement déterminée par rapport à une feuille ou à un bourgeon ; les autres sont dites irrégulières ou *adventives*, parce qu'elles naissent en un point quelconque de la tige.

Celles de la première espèce se rencontrent dans les

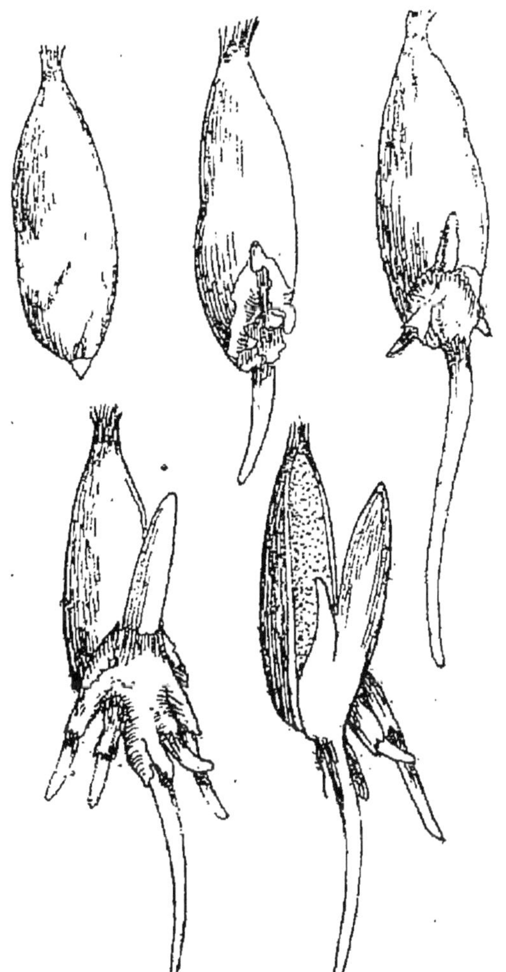

Fig. 84. — Formation de la racine durant la germination de la graine.

Orchidées, dans le Cresson, dans le Crosne du Japon, dans le *Tradescantia*. Tantôt elles naissent au-dessous des feuilles ; tantôt elles naissent de chaque côté, par paires ; tantôt elles occupent une position symétrique par rapport au bourgeon placé à l'aisselle d'une feuille.

Celles de la seconde espèce se rencontrent dans les rhizomes d'Iris, de Carex, de Sceau-de-Salomon, dans les tiges aériennes des Fougères, des Graminées, du Saule, du Laurier-Rose, du Lierre (*fig.* 85). — La culture provoque utilement le développement des racines latérales adventives. Ainsi le *roulage* des Céréales, du blé en particulier, met les jeunes tiges au contact du sol, afin que des

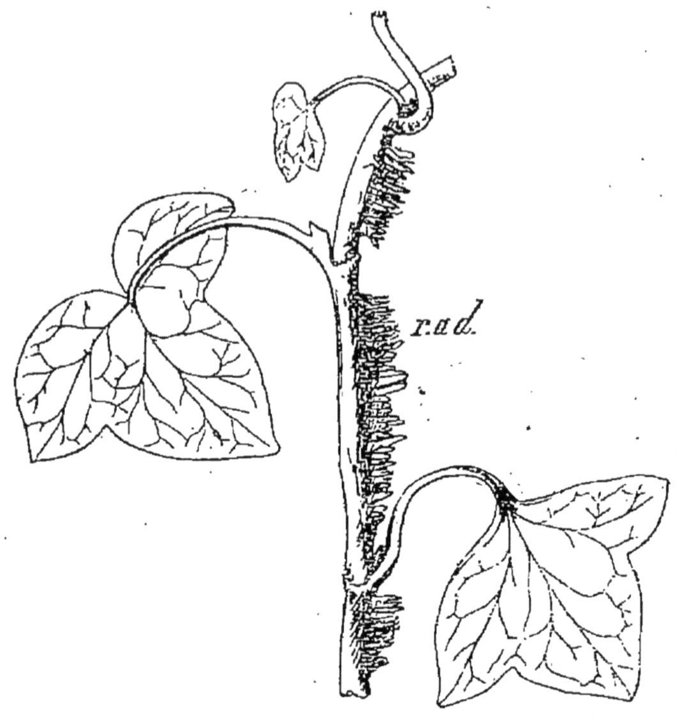

Fig. 85. — Tige de Lierre, avec racines adventives, *r. ad.*

racines plus nombreuses assurent une plus abondante nutrition. Le *butage* du maïs conduit au même résultat. Le *marcottage* et le *bouturage* ont pour but de former des racines adventives sur une branche détachée (bouture) ou non détachée (marcotte) de la tige.

2° Diverses régions de la racine. — La racine présente, de la pointe à la base, quatre régions distinctes : la coiffe, la région d'accroissement, la région des poils absorbants, la région de ramification.

a) La *coiffe* est une sorte de capuchon ou doigt de gant

qui protège l'extrémité de la racine. Quand on retire une racine du sol, la coiffe s'aperçoit aisément : comme elle ne sert point à l'absorption, les particules terreuses n'y adhèrent pas. Disposée comme un étui à l'extrémité de la région d'accroissement, elle préserve des frottements contre le sol cette partie délicate qui s'allonge. Dans les plantes aquatiques, elle protège les cellules *initiales* contre les petits êtres vivant dans l'eau et contre l'exosmose des principes solubles (*fig.* 86).

b) *La région d'accroissement*, où se fait sentir la crois-

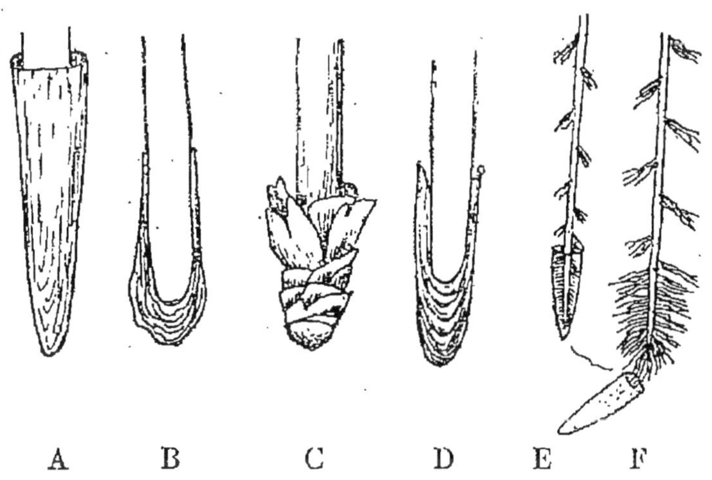

Fig. 86. — Divers exemples de coiffe. — A, dans la Pontédérie, vue de l'extérieur; B, dans le Vaquois, coupe longitudinale; C, dans le Calle, vue de l'extérieur; D, dans le Scindapse, coupe longitudinale; E, racine d'Azolle, en voie d'allongement; E, la même, la coiffe tombe, l'allongement étant terminé.

sance en longueur, est située entre la coiffe et les poils absorbants : elle est très variable, depuis quelques millimètres jusqu'à 10 centimètres. Elle n'a qu'un centimètre dans la racine du Pois, de la Fève ; elle en a 7 dans les Orchidées, 10 dans la Vigne.

c) *Les poils absorbants* sont les vrais organes d'absorption. Très courts près de la pointe des racines, ils s'allongent peu à peu et peuvent atteindre un centimètre dans la partie la plus éloignée. Ils règnent sur une longueur très variable : cependant cette longueur n'est pas indéfinie, car, tandis que de nouveaux poils naissent près du sommet, les anciens se détruisent. Ils ne peuvent pousser qu'au delà de la région de croissance : tant que l'accroissement se fait, les cellules superficielles ne peuvent engendrer les poils. Quand on arrache du sol une racine, les poils n'y paraissent point, parce qu'ils sont restés attachés aux particules de terre : si pourtant l'arrachage s'est fait avec précaution, surtout dans les terrains meubles, les poils entraînent avec eux de petits manchons terreux et sablonneux (*fig.* 87).

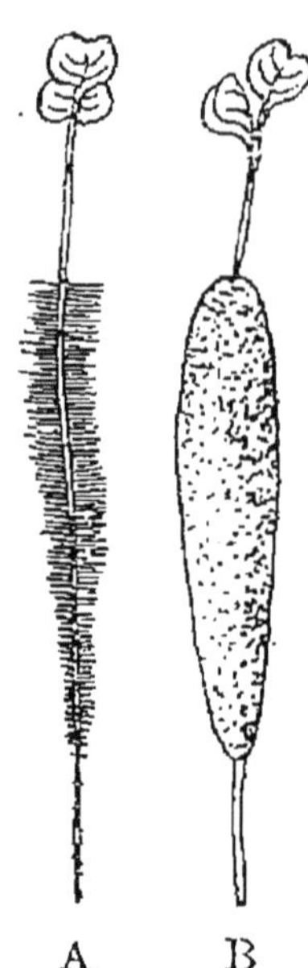

Fig. 87. — Les poils de la racine. — A, les poils apparaissent, parce qu'ils ont été dégagés des particules terreuses. — B, les poils sont couverts par les particules de terre.

d) *La région de ramification* comprend tout l'espace qui s'étend des poils jusqu'au collet. De couleur jaune ou brunâtre, elle est revêtue d'une couche de liège dont les cellules se sont subérifiées à mesure que les poils tombaient. Il n'existe point d'épiderme comme autour de la tige. Cette région est caractérisée par ce fait qu'elle porte les *radicelles* émises par la racine principale (*fig.* 88).

3° Ramification. — La racine principale et les racines latérales sont susceptibles de se ramifier. Cette ramification est généralement latérale, et, tandis que la tige se ramifie près de son sommet, les racines se ramifient assez loin de leur extrémité, dans la région qui suit celle des poils absorbants.

Les *radicelles*, ou *racines secondaires*, sont insérées sur des lignes déterminées.

Le nombre des rangées longitudinales de radicelles est variable d'une espèce végétale à une autre espèce, mais il est invariable pour une même espèce : deux rangées pour le Radis et la Betterave, trois rangées pour le Pois, quatre rangées pour la Carotte, cinq rangées pour la Fève, six rangées pour l'Aulne, etc...

Les radicelles de premier ordre émettent des radicelles de deuxième ordre; celles de deuxième ordre émettent des radicelles de troisième ordre, et ainsi de suite...

L'appareil radical présente des différences notables suivant l'importance relative de la racine principale, des radicelles et des racines latérales : il est *pivotant* ou *fasciculé*.

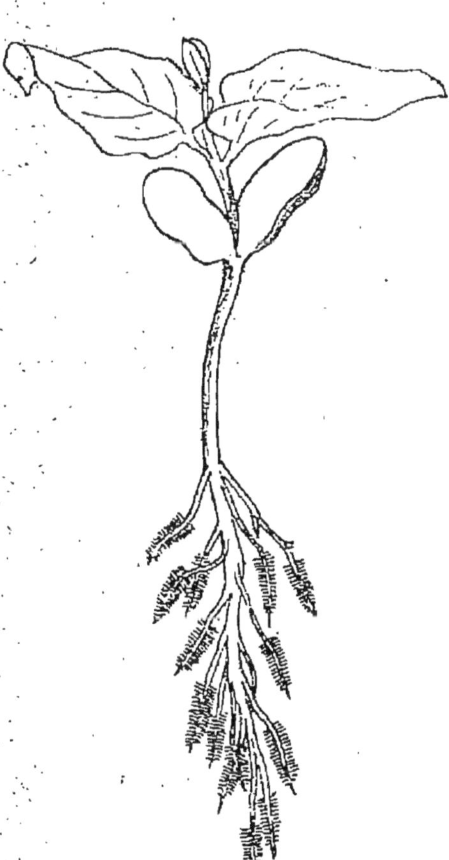

Fig. 88. — Racine avec nombreuses radicelles.

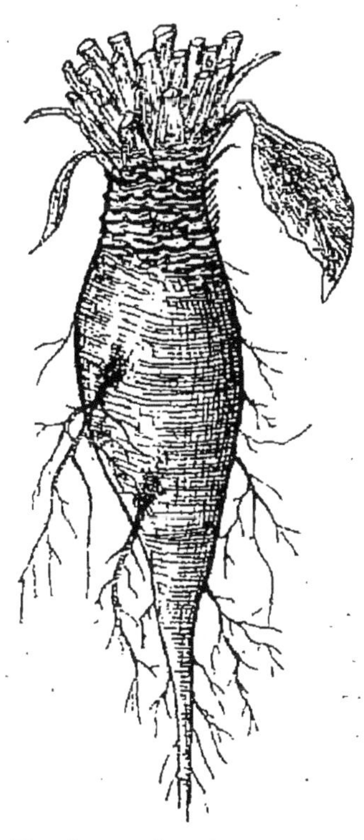

Fig. 89. — Système pivotant de la Betterave.

Le système radiculaire *pivotant* (*fig.* 89) se compose d'une racine principale qui se ramifie peu et seulement vers son extrémité : les racines latérales sont peu développées. Ce système est *ordinaire* dans la Fève, le Haricot, le Lupin; il devient *exagéré* dans le Radis, la Carotte, la Betterave.

— Le système radiculaire *fasciculé* (*fig.* 90) a une racine principale peu importante, des radicelles et des racines latérales très développées. Il est *ordinaire* dans les Céréales (Blé, Orge...) et les Graminées ; il est *exagéré* dans le Dahlia, où les racines adventives sont des réservoirs d'alimentation.

Fig. 90. — Système fasciculé du Blé.

La racine pivotante s'enfonce profondément, la racine fasciculée s'étale sur une grande surface et à une faible profondeur. Il faut s'en souvenir dans la culture ; après que la Betterave, la Carotte et le Navet ont épuisé le sol en profondeur, il faut semer le Blé, qui l'épuise en surface. On nomme *assolements* ces alternances si bien pratiquées par nos cultivateurs. L'arboriculteur doit aussi tenir compte du même principe.

II. Morphologie interne de la racine. — La morphologie interne de la racine, ou disposition des cellules différenciées de la racine, doit être étudiée sur des coupes transversales et longitudinales examinées au microscope. — La structure *primaire* indique l'état histologique de la racine jeune : une coupe transversale dans la région des poils absorbants montre la première disposition de tous les éléments ; une coupe longitudinale dans la région d'accroissement permet d'étudier la croissance en longueur ; une coupe transversale dans la région de ramification fait assister à la naissance des radicelles. — La structure *secondaire* est celle de l'âge adulte : elle est mise en évidence par l'étude de l'accroissement en épaisseur.

1° Structure primaire de la racine. — Examinons d'abord, sur une jeune Dicotylédone, une coupe transversale faite au niveau des poils absorbants. Nous remarquons, de l'extérieur à l'intérieur, une assise pilifère, l'écorce et le cylindre central (*fig.* 91).

a) L'*assise pilifère* est la plus extérieure : elle est formée d'une couche unique de cellules. Quelques-unes de ces cellules s'allongent en forme de poils, perpendiculaire-

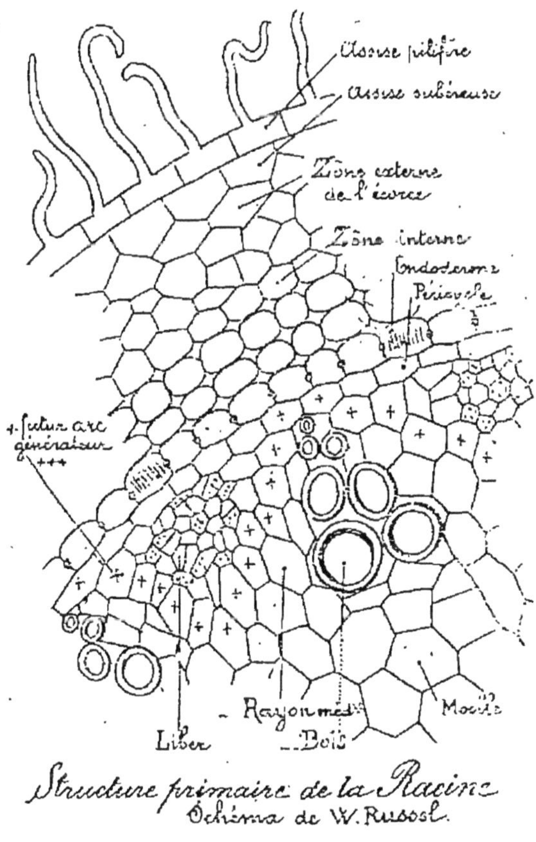

Fig. 91. — Coupe transversale schématique de la racine, durant sa première période de développement.

ment à la surface de la racine. Le noyau et le protoplasme se portent vers l'extrémité du poil, tandis que le suc cellulaire remplit le reste de l'organite.

b) L'*écorce* se compose de plusieurs parties.

La *couche subéreuse* est la plus extérieure ; la paroi de ces cellules est subérifiée, au moins du côté externe. Cette paroi est quelquefois plissée ; d'autre fois, chez le Géranium, elle s'épaissit en bourrelet. Cette assise protégera la racine après la chute des poils.

L'*assise corticale externe* est formée de cellules irrégulières ; au contraire, les cellules de l'*assise corticale interne* sont régulièrement disposées en direction radiale. Ces deux assises, comprenant de six à dix rangées de cellules, constituent le parenchyme cortical, organe de réserve. Quand les racines se développent à la lumière, les couches les plus externes acquièrent des grains de chlorophylle.

L'*endoderme* est la couche interne de l'écorce. Les cellules de l'endoderme sont très adhérentes entre elles, et elles se lignifient de bonne heure sur les parois radiales. Ces parois lignifiées se plissent, et, grâce à ces plissements, les cellules voisines engrènent les unes avec les autres.

Ainsi, les assises corticales sont protégées au dehors et au dedans, par la couche subéreuse et par l'endoderme.

c) *Le cylindre central* contient l'appareil conducteur de la racine. On distingue un parenchyme conjonctif, des faisceaux ligneux et des faisceaux libériens.

Le *parenchyme conjonctif* comprend le péricycle, les rayons médullaires et la moelle. — Le *péricycle* est une couche cellulaire, unique en général, multiple cependant chez certaines plantes (Noyer, Haricot) ; il est situé en dehors des faisceaux libériens et ligneux. On lui donne parfois le nom d'*assise rhyzogène*, parce que c'est là que les radicelles prennent naissance. — La *moelle* est la portion cellulaire située au dedans de ces mêmes faisceaux. — Les *rayons médullaires* sont les rangées radiales de parenchyme séparant les vaisseaux et unissant la moelle centrale avec le péricycle.

Les *faisceaux ligneux*, ou faisceaux du bois, sont des cordons longitudinaux, formés de vaisseaux à parois lignifiées et entremêlés de cellules conjonctives. Des vaisseaux annelés et spiralés occupent la région externe ; des vaisseaux rayés et ponctués occupent la partie interne. Les premiers sont étroits et fermés, les seconds larges et ouverts.

Les *faisceaux libériens*, formés de tubes criblés, alternent avec les faisceaux ligneux.

La structure d'une jeune racine est à peu près la même dans toutes les plantes. Les différences ne portent que sur le nombre des faisceaux : ce nombre est d'ailleurs variable dans les diverses racines d'une même plante. Il y a deux paires de faisceaux dans l'Ail (*fig.* 92), trois dans le Pois, cinq dans la Renoncule, de six à douze dans la Courge (*fig.* 93). Tandis que cette structure primaire est permanente chez les Monocotylédones et les Cryptogames vasculaires, elle se modifie chez les Dicotylédones et les Gymnospermes; ces modifications seront étudiées plus loin sous le nom de structure secondaire.

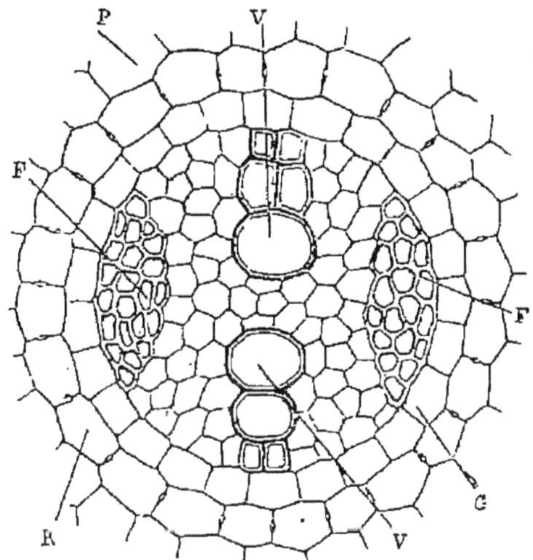

Fig. 92. — Coupe transversale d'une jeune racine d'Ail, ayant deux paires de faisceaux. — V, faisceau ligneux. — F, faisceau du liber. — G, péricycle. — R, endoderme. — P, parenchyme cortical.

2° Régions de croissance et développement de la racine en longueur. — Si l'on pratique une coupe longitudinale passant rigoureusement par l'axe de la racine, on reconnaît que la région voisine

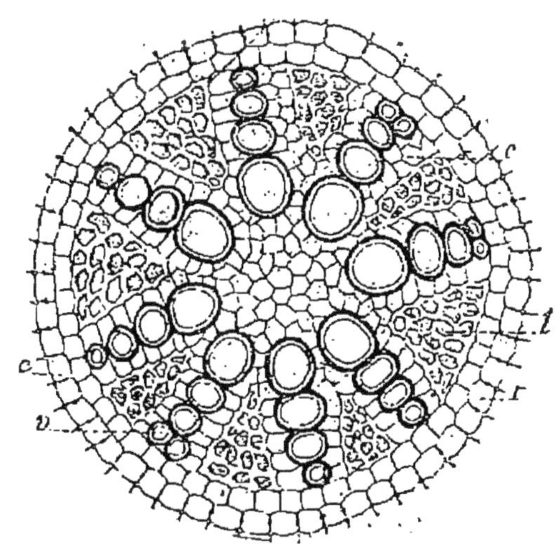

Fig. 93. — Racine à faisceaux multiples. — *v*, faisceaux ligneux. — *l*, faisceaux du liber. — *c*, rayon médullaire. — *e*, péricycle. — *r*, endoderme.

du sommet est formée de trois parties : le stèle ou cylindre central, l'écorce et la coiffe ou épiderme. C'est là que se produit la multiplication cellulaire d'où résulte l'allongement de la racine.

L'ensemble de ces trois parties constitue ce qu'on appelle le méristème primitif. Le méristème primitif, composé d'une masse de cellules non encore différenciées, subit deux sortes d'accroissement : l'un est dit *subterminal*, l'autre *intercalaire*.

A l'endroit où le stèle, l'écorce et la coiffe se rencontrent, se trouve un point, le *point végétatif*, où la multiplication cellulaire est très active. Ce point végétatif est formé de *cellules initiales* dont le *cloisonnement* rapide accroît sans cesse le méristème. Cet accroissement dans le nombre des cellules est dit *subterminal*, parce qu'il s'opère près de l'extrémité, immédiatement au-dessus de la coiffe.

Les cellules nées de ce cloisonnement subterminal acquièrent peu à peu leur maximum de grandeur et leur forme définitive : cette *croissance intercalaire* s'opère dans la région située immédiatement au-dessous des poils.

Tandis que le corps de la racine grandit, grâce à l'accroissement du cylindre central et de l'écorce, la coiffe garde sensiblement le même volume : la coiffe, en effet, se désorganise sans cesse à sa région extérieure. Cependant, à mesure que la racine avance, l'assise la plus interne de la coiffe demeure attachée à l'écorce pour y devenir l'assise pilifère.

Cloisonnement des initiales (*fig.* 94 à 96). La multiplication cellulaire présente quelques différences, suivant qu'il s'agit des Dicotylédones et des Gymnospermes, des Monocotylédones, ou des Cryptogames.

Chez les *Dicotylédones* et les *Gymnospermes*, il y a trois cellules initiales (I^1, I^2, I^3), l'une pour le cylindre central, l'autre pour l'écorce, l'autre pour la coiffe. La cellule initiale du cylindre central se divise suivant les trois faces rectilignes, en haut et sur les côtés, jamais suivant la surface courbe, en bas : les segments résultants s'orientent en files longitudinales et se divisent à leur tour longitudinalement et transversalement. La cellule initiale de l'écorce se partage parallèlement à ses faces latérales seulement : les cellules résultantes se partagent à leur tour en manchons emboîtés : la couche interne se différencie en endoderme, la couche externe en assise subéreuse. La cellule initiale de la coiffe se divise parallèlement à ses faces latérales et à sa surface courbe externe. Les couches succes-

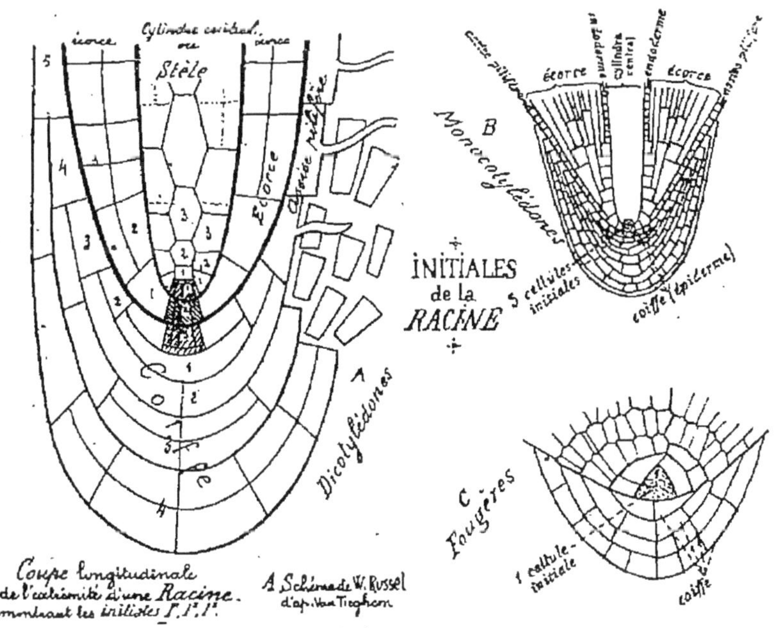

Fig. 94 à 96. — Étude des initiales et formation des diverses régions de la racine dans les Dicotylédones, les Monocotylédones et les Cryptogames vasculaires (Fougères).

sives se superposent comme des calottes : la couche externe se détruit à peu près avec la même vitesse que la couche interne se forme.

Chez les *Monocotylédones,* l'assise pilifère, au lieu de se former aux dépens de l'assise la plus interne de la coiffe, se forme aux dépens de l'assise la plus externe de l'écorce.

Chez les *Cryptogames vasculaires,* quelques classes (Lycopodes, Isoètes) ont trois cellules initiales ; mais la plupart (Fougères, Prêles et quelques Lycopodinées) n'ont qu'une seule cellule initiale. Elle est de forme pyramidale, placée sous la coiffe : son sommet est dirigé du côté du corps de la racine. Les cloisonnements se font suivant des plans parallèles aux quatre faces. Le cloisonnement parallèle à la base donne un segment en verre de montre d'où la coiffe tire son origine par des divisions consécutives. Le cloisonnement suivant les trois faces latérales donne le méristème du corps de la racine.

Allongement de la racine. Par le fait de la croissance subterminale que nous venons d'analyser, et de la croissance intercalaire qui la suit, la racine avance dans le sol.

L'expérience de Sachs, pratiquée sur la Fève, permet de déterminer la région précise de croissance en longueur. L'extrémité d'une racine est partagée, par des traits rouges, en centimètres et en millimètres. Au bout de vingt-quatre heures, le centimètre le plus proche du sommet a seul grandi ; les autres sont restés tels. En regardant les divisions de ce premier centimètre, on voit qu'elles n'ont point subi le même allongement ; la première tranche, celle de la coiffe, n'a pas sensiblement varié ; la deuxième, la troisième et la quatrième tranches se sont le plus allongées ; l'allongement diminue jusqu'à la dixième tranche. La croissance ne s'étend qu'exceptionnellement au delà du premier centimètre.

L'allongement des racines est extrêmement variable : il atteint plusieurs mètres en quelques mois (Betterave, Blé) ; il peut aller jusqu'à 10 (Vigne) et 40 mètres (Figuier des Banyans).

3° Origine et développement des radicelles. — C'est dans la région de ramification, au-delà des poils absorbants, qu'il faut pratiquer des coupes pour saisir sur le fait la formation des radicelles. Dans toutes les plantes, les radicelles se forment aux dépens des couches profondes, du péricycle chez les Phanérogames, de l'endoderme chez les Cryptogames (*fig.* 97 à 99).

Chez les *Phanérogames*, le péricycle renferme, à l'état de *plaques rhizogènes*, les cellules qui deviendront les initiales des radicelles.

Quand la racine a plus de deux faisceaux ligneux, il y a autant de plaques rhizogènes que de faisceaux ligneux, et elles sont disposées en face des faisceaux. Quand il n'y a que deux faisceaux ligneux (racine de l'Ail), les plaques rhizogènes sont au nombre de quatre, et disposées entre les faisceaux ligneux et libériens.

Le développement est assez simple. La plaque rhizogène, composée de quatre ou cinq cellules, se divise par

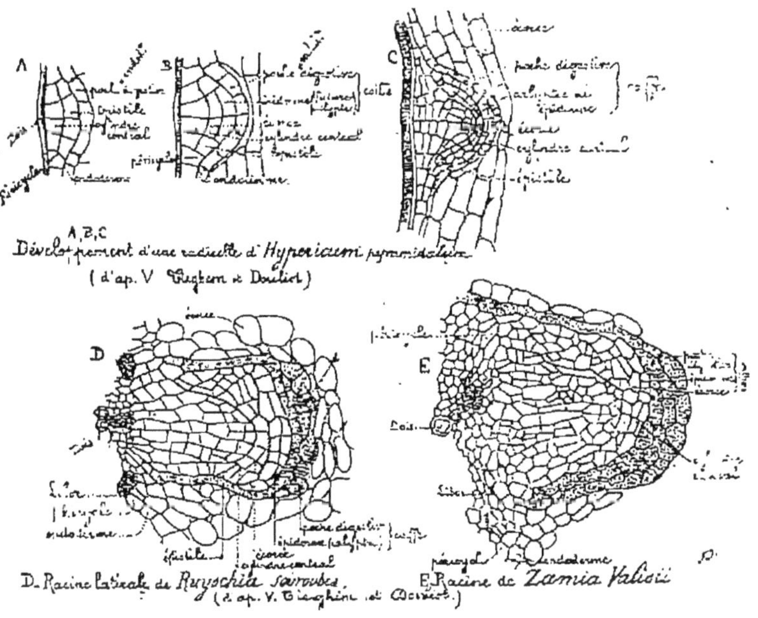

Fig. 97 à 99. — Développement des radicelles et des racines latérales dans diverses plantes.

des cloisonnements successifs : il en résulte un méristème secondaire d'où sortiront le cylindre central, l'écorce et l'épiderme. Ce méristème fait peu à peu saillie sous l'écorce : il se différencie, digère par des liquides diastasiques l'enveloppe corticale de la racine, et apparaît enfin à l'état de radicelle.

Comme la racine, la radicelle comprend : un cylindre central, dont les faisceaux ligneux et libériens se raccordent avec ceux de la racine ; une écorce dont l'endoderme est en continuité avec celui de la racine ; une coiffe terminale.

Chez les *Cryptogames vasculaires*, la radicelle se forme aux dépens d'une celulle initiale unique, empruntée à l'endoderme : les cloisonnements de cette cellule sont semblables à ceux de la racine principale. Les radicelles sont toujours en face des faisceaux de la racine : les faisceaux des radicelles se raccordent avec ceux de la racine par des trouées faites à travers le péricycle.

Ce que nous venons de dire de l'origine des radicelles s'applique aussi aux racines secondaires, régulières ou adventives, qui poussent sur la tige.

4° Structure secondaire et accroissement en épaisseur. — Comme nous l'avons déjà fait remarquer, les racines des Cryptogames et des Monocotylédones gardent la structure primaire tant qu'elles durent. Il est vrai qu'elles ne durent pas toujours aussi longtemps que la plante; mais alors de nouvelles racines latérales se developpent pour remplacer les anciennes.

Les racines des Dicotylédones et des Gymnospermes, ayant d'ordinaire une durée égale à celle de la plante, modifient leur structure primaire par l'apparition de formations secondaires. Ces formations secondaires se font aux dépens d'initiales généralement groupées en assises continues, et nommées *assises génératrices*.

On distingue deux assises génératrices : l'une, *libéro-ligneuse* ou *cambium*, est située dans le cylindre central; l'autre, *génératrice du liège*, est plus ou moins profondément placée dans l'écorce. Toutes deux concourent à l'*accroissement en épaisseur*.

a) Assise génératrice *libéro-ligneuse* ou *cambium*. Cette assise interne, placée dans le cylindre central, affecte, sur une coupe transversale, la forme d'une étoile à plusieurs branches. (Voir *fig.* 91.) C'est qu'elle fait des contours, de manière à enfermer les faisceaux ligneux et à laisser en dehors les faisceaux libériens.

Dans cette assise, une série de cellules jusqu'alors comparables aux autres cellules du parenchyme conjonctif grandissent et se cloisonnent à la manière des cellules initiales. Le résultat de cette active prolifération donne deux feuillets : l'un, interne, comprend les larges vaisseaux ponctués, des cellules différenciées et des fibres, et forme le bois secondaire ; l'autre, externe, comprend des tubes criblés, des cellules très actives et des fibres de soutien, et forme le liber secondaire. (*Fig*. 100 et 101.)

Cette assise libéro-ligneuse, origine du nouveau bois et du nouveau liber, ne garde pas longtemps l'aspect étoilé ;

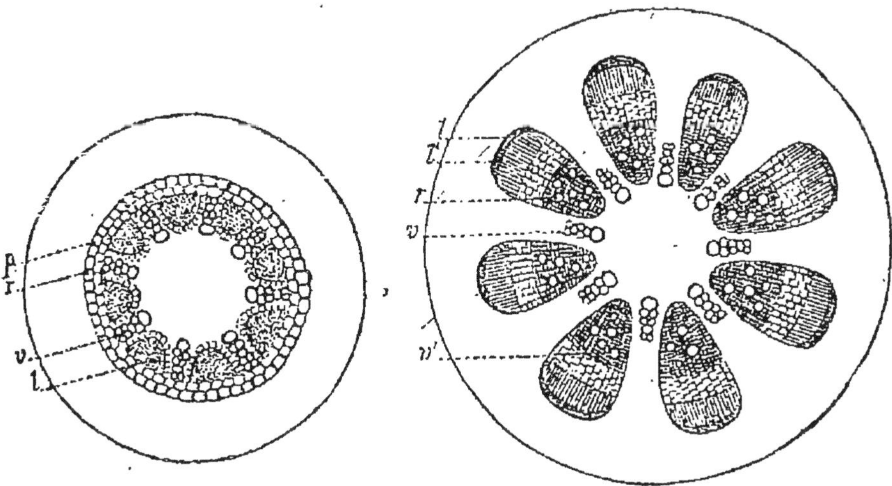

Fig. 100 et 101. — Coupe transversale d'une racine de *Cucurbita pepo*. — A gauche, structure primaire, montrant l'alternance des faisceaux ligneux *v* avec ceux du liber *l*, puis le péricycle et l'endoderme. — A droite, on voit apparaître les formations secondaires : sous le liber primaire *l* apparaît le liber secondaire *l'* ; les faisceaux ligneux secondaires *v'* alternent avec les faisceaux ligneux primaires *v*. On voit que le liber primaire, le liber secondaire, le cambium et le ligneux secondaire sont disposés en un seul faisceau, qui alterne avec le faisceau ligneux primaire.

elle prend peu à peu la forme d'un manchon circulaire, qui contient au dedans la moelle et le bois primaire, et refoule vers le dehors le liber primaire et l'écorce.

Si l'on examine la section transversale d'une racine où les formations secondaires internes sont bien développées, on remarque : au centre, la région médullaire entourée par les faisceaux ligneux primaires, en forme d'étoile ; en dehors, le bois secondaire, en faisceaux coupés par des rayons médullaires plus ou moins épais ; vient ensuite l'assise génératrice ; enfin, on voit une couche peu épaisse de liber secondaire, sur lequel demeurent les restes des faisceaux libériens primaires.

b) Assise génératrice du *liège*. Cette assise est parfois appelée avec raison *extralibérienne* ; car, dans l'écorce, elle peut occuper, suivant les espèces, toutes les positions, depuis l'assise pilifère jusqu'au péricycle. Le plus souvent elle se développe aux dépens de l'assise subéreuse. (Voir formation secondaire de la tige, *fig.* 132.)

Cette assise, comme la précédente, engendre deux feuillets. Le feuillet interne, nommé *phelloderme*, est composé de cellules vivantes, et il joue un rôle important dans la nutrition. Le feuillet externe donne le *liège*, formé de cellules tabulaires, qui meurent bientôt après leur subérification ; ce liège devient un revêtement protecteur, et il entraîne l'exfoliation de toute la portion corticale qui lui est extérieure.

§ 2. — PHYSIOLOGIE DE LA RACINE

I. Influence des conditions extérieures sur la croissance. — Comme c'est dans la région subterminale que se trouvent les cellules initiales en voie de cloisonnement, c'est là aussi, dans le premier centimètre à partir du sommet, qu'il faut observer l'influence exercée par les forces physiques, la température, l'humidité, la pression, la lumière et la pesanteur.

1° La température. — Si la chaleur arrive également sur tous les côtés de la racine, elle suit la ligne normale commandée par la pesanteur. Chaque espèce de plante a une température *minimum* au-dessous de laquelle elle ne peut vivre, une température *maximum* où la plante ne croît plus, une température *optimum* qui est la plus favorable à son développement. Ce degré optimum est 26° pour le Pois, 33° pour le Maïs.

Si la chaleur se distribue d'une façon inégale sur une racine, la racine se courbe du côté qui est le plus éloigné de la température *optimum*. De ce côté, en effet, la végétation est moins active que de l'autre, et un pli se fait (thermotropisme négatif).

2° L'humidité. — Si l'humidité est répartie d'une façon égale, la racine suit encore la ligne normale commandée par la pesanteur. La croissance est plus rapide dans une terre humide que dans l'eau ou dans l'air ; l'excès de l'eau est nuisible comme l'excès de la sécheresse.

Quand l'humidité se distribue d'une façon inégale, la racine se développe surtout du côté d'où vient l'eau (hydrotropisme positif). Chacun sait que les racines *cherchent* l'humidité, soit dans les arbres plantés au bord des cours d'eau, soit dans les plantes légumineuses dont les racines, en cas de sécheresse, vont plus avant dans le sol. Sachs a mis l'hydrotropisme en évidence par le procédé suivant. Il sème des Haricots dans une caisse dont le fond est fermé par une toile métallique, et il accroche la caisse de manière à l'incliner (*fig*. 102... G). Les racines, en vertu du géotropisme, descendent verticalement et traversent la toile métallique. Mais alors, une des faces étant plus voisine que l'autre du milieu humide, l'humidité triomphe de la pesanteur et la racine rentre dans la caisse ; le géotropisme et l'humidité reprennent alternativement le dessus, si bien que la racine suit une ligne ondulée sur le fond.

3° La pression, le contact et les chocs. — Le contact, la pression, les chocs, les mutilations produisent des inégalités de croissance qui déterminent des courbures. Le contact et la pression sur la région de croissance produisent une courbure concave autour de l'objet qui presse (*fig*. 102... E). Toute pression exercée sur le sommet produit une courbure convexe qui a pour effet d'éloigner du corps résistant la pointe de la racine ; c'est ainsi que, pour les plantes en pot, la racine se contourne après avoir touché le fond, jusqu'à ce qu'elle trouve une fissure pour suivre l'influence de la pesanteur.

4° La lumière. — Les racines étant ordinairement

souterraines, sont assez indifférentes à la lumière. Cependant, si elles sont soumises à un éclairement inégal, elles forment une courbure convexe du côté le plus éclairé ; elles fuient la lumière (phototropisme négatif). Le fait est facile à constater pour les racines aériennes adventives du Guy, du Fraisier, du Lierre.

5° La pesanteur. — Comme la pesanteur n'agit pas de la même façon sur toutes les racines, nous distinguerons entre la racine principale et les racines secondaires ou radicelles.

Racine principale. Dans quelque position qu'une graine ait été semée, la jeune racine se dirige verticalement de haut en bas : c'est ce qu'on nomme géotropisme. Si pourtant une racine était placée verticalement de bas en haut, elle ne changerait pas de sens.

Le géotropisme a été mis en évidence par plusieurs expériences.

Si l'on place sur un plan horizontal (*fig.* 102... C), une racine qui a déjà atteint une certaine longueur, elle suit le plan jusqu'au bord : mais, arrivée au bord du plan, elle se courbe dans la région de croissance et prend bientôt la direction verticale. La tendance à la verticale est tellement active que, dans le cas précédent, la croissance se fait plus vite que si la racine avait été verticale.

Pour montrer avec quelle force le géotropisme favorise la pénétration de la racine, Sachs dispose sur une masse de mercure (*fig.* 102... A), un peu d'eau où il place une Fève en voie de germination : la racine, placée horizontalement d'abord, se courbe bientôt et s'enfonce dans le bain résistant de mercure. Pour calculer la force de pénétration, on peut disposer une racine de Fève en germination sur un godet mobile équilibré par un plateau de même poids : un fil enroulé sur une poulie permet le mouvement des plateaux (*fig.* 102... B). La racine, en croissant, peut vaincre un poids de 2 grammes sans se contourner.

Que dans une caisse percée de trous, on fasse germer des graines, les racines continuent à croître suivant la ver-

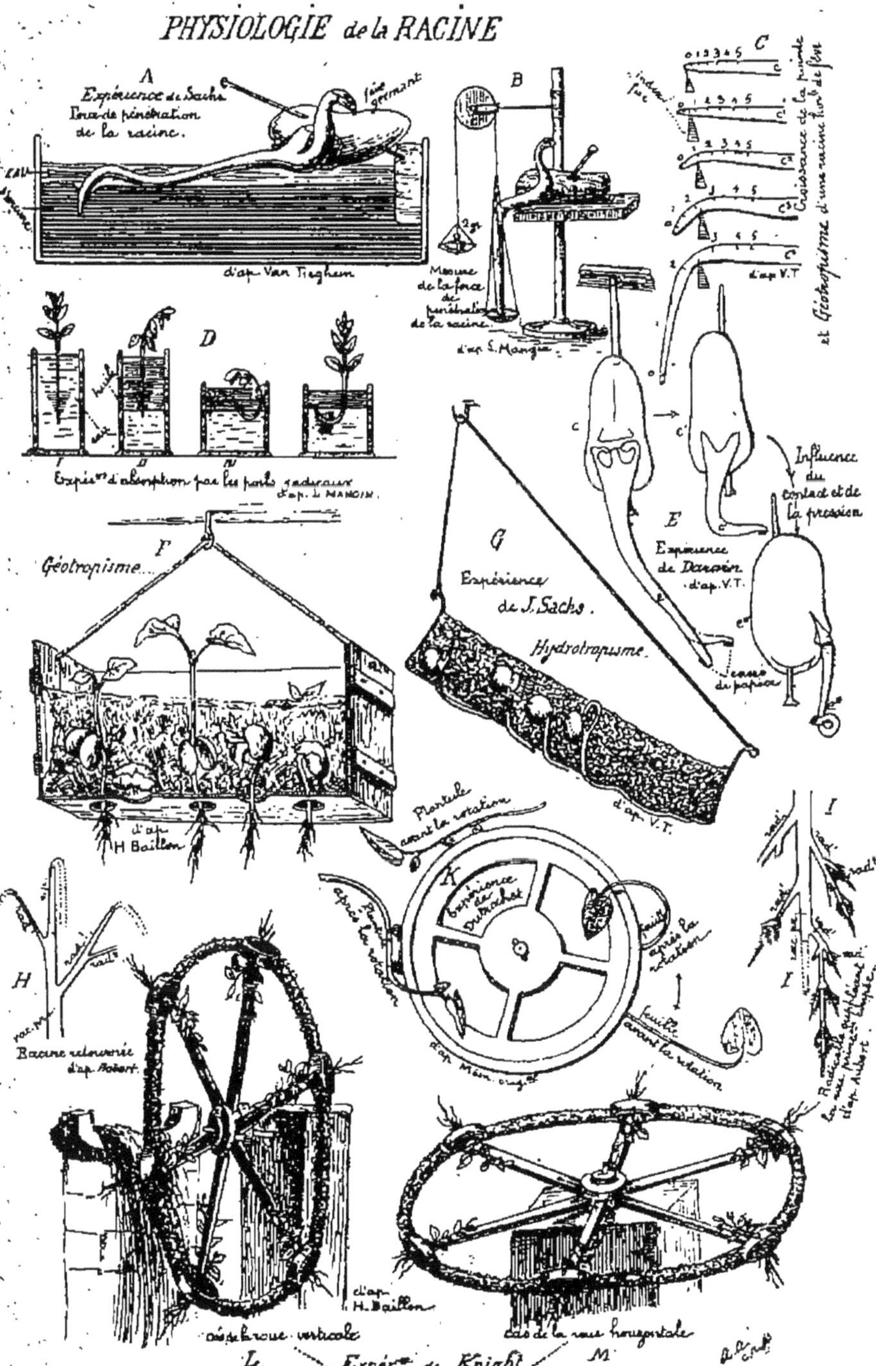

Fig. 102 à 113. — Diverses expériences concernant la physiologie de la racine. (Voir le texte.)

ticale, même lorsqu'elles sont sorties de la caisse et exposées à l'air (*fig*.102... F).

Pour démontrer que l'orientation verticale de la racine est bien le fait de la pesanteur, on fixe des plantules en germination sur un disque auquel on imprime un mouvement de rotation. Si la rotation annihile exactement l'influence de la pesanteur, les racines poussent indifféremment dans la direction qu'on leur a donnée : si la rotation, rapide, développe une force centrifuge intense, les parties nouvelles des racines se dirigent en dehors de la roue et dans la direction du rayon (*fig*. 102... K. L. M).

Radicelles. On sait que les racines secondaires se dirigent obliquement par rapport à la racine principale. Mais elles sont néanmoins géotropiques. En effet, si on tourne de bas en haut une racine munie de radicelles, on remarque : que la racine principale jouit d'un géotropisme absolu, puisqu'elle se retourne verticalement ; que la radicelle de premier ordre jouit d'un géotropisme atténué, puisqu'elle se dirige obliquement; que la radicelle de second ordre n'a aucun géotropisme sensible, puisqu'elle garde la direction donnée (*fig*. 102... H). On croit que cette inégalité de géotropisme tient à l'inégalité de nutrition. Quoi qu'il en soit, cette loi permet aux racines de se distribuer dans le sol de telle sorte qu'elles ne se nuisent pas.

Si l'on vient à couper la racine principale, la radicelle la plus voisine prend immédiatement la direction verticale absolue (*fig*. 102... I).

II. **Fonctions de la racine**. — Les principales fonctions de la racine sont au nombre de quatre : elle est un organe fixateur, un organe d'absorption, un organe conducteur, un organe de réserve.

1° Organe fixateur. — Plus les racines d'une plante s'enfoncent profondément, plus elle demeure solidement fixée au sol : ses organes aériens, tige, rameaux et feuilles, peuvent alors atteindre de grandes dimensions. Le Chêne, le Sapin et le Pin, ayant des racines profondes, sont en mesure de résister aux tempêtes : le Hêtre et le Peuplier, ayant des racines fasciculées, sont aisément déracinés par le vent. Pour la même raison, on arrache plus difficilement un pied de Haricot ou de Luzerne qu'un pied de Blé.

Parfois, dans le Lierre par exemple, les racines adventives ne servent qu'à la fixation du végétal : ce sont plutôt des *crampons* que des racines.

Les racines, en fixant les plantes, fixent aussi le sol où elles pénètrent. C'est avec raison que, pour soustraire les dunes maritimes à des déplacements justement redoutés, on les ensemence d'herbes à racines chevelues et on les plante d'arbres conifères à racines profondes.

2° Organe absorbant. — La racine absorbe du gaz oxygène, les liquides nutritifs du sol, et certaines matières solides qu'elle attaque et dissout.

a) *Absorption d'oxygène*. La racine ne peut croître et exercer régulièrement ses fonctions que dans un milieu où l'air arrive librement. Elle n'a de vie active qu'autant qu'elle *respire*, c'est-à-dire qu'elle absorbe de l'oxygène et qu'elle dégage de l'acide carbonique.

Le fait de cet échange peut être mis en évidence. Qu'on mette une racine dans une éprouvette remplie d'air et reposant sur le mercure, et, au bout de quelques heures, l'analyse du gaz montrera qu'il s'est appauvri en oxygène et enrichi en acide carbonique.

Une racine privée d'air ne périt pas immédiatement : mais elle ne résiste à l'asphyxie qu'en agissant comme ferment, c'est-à-dire en empruntant de l'oxygène aux matières organiques mises en réserve.

Il est à peine besoin de remarquer combien il faut prendre de soin pour faciliter l'aération du sol où plongent les racines : les labours ont pour but d'ameublir le sol ; on évite de piétiner la terre au pied des arbres ; en drainant les terres compactes, on facilite du même coup l'écoulement des eaux et la respiration des plantes.

b) *Absorption des liquides nutritifs*. Chacun sait que deux plantes de même espèce étant placées, l'une dans du sable sec, l'autre dans une terre humide, la première se dessèche promptement, tandis que la seconde s'accroît. C'est pour cela que, pour activer la végétation, les jardiniers arrosent leurs plantes pendant la sécheresse.

Siège de l'absorption. Les poils absorbants sont les organes les plus actifs du phénomène. En effet, la coiffe est imperméable ; il en est de même de la région de ramification couverte d'une couche subéreuse ; la région de croissance n'absorbe que les liquides qu'elle consomme ; la région des poils est donc la seule ressource pour l'absorption.

Pour le démontrer on prend quatre éprouvettes, dans lesquelles on dispose quatre jeunes plantes de telle façon qu'elles plongent dans l'eau : la première en totalité ; la seconde par la coiffe seulement ; la troisième par la coiffe, la région de croissance et la région de ramification ; la quatrième par la région des poils. La première et la quatrième végètent avec une activité presque équivalente ; la seconde et la troisième périssent (*fig.* 102... D).

Mécanisme de l'absorption. L'absorption est un phénomène d'osmose. Un phénomène d'osmose consiste en ce que, deux liquides de nature différente, d'eau claire et d'eau sucrée par exemple, étant séparés par une membrane, un double courant croisé s'établit à travers la membrane ; mais le courant est toujours plus rapide de l'eau pure vers l'eau sucrée que de l'eau sucrée vers l'eau pure : le phénomène ne s'arrête que lorsque l'équilibre de composition est établi. — De même, le poil absorbant, contenant le protoplasme de la cellule, est un puissant appareil endosmotique : l'eau du sol est attirée vers le protoplasme : le suc cellulaire ainsi accru est encore plus aqueux que le suc des cellules sous-jacentes ; aussi est-il attiré vers le dedans. Le phénomène se continue ainsi de proche en proche, et, comme l'équilibre ne s'établit point, le courant ne s'arrête jamais. Cependant, pour les sels que la plante n'utilise point, la saturation existe et l'absorption ne se fait pas.

Matières absorbées. Par osmose, les poils ne peuvent absorber que de l'eau et les substances qui y sont dissoutes. On en fait la preuve en plaçant des racines dans de l'eau colorée par des particules solides en suspension, car, si les racines sont intactes, on ne trouve aucune trace de coloration dans les tissus.

Les matières dissoutes ainsi absorbées sont d'ordinaire de nature minérale; cependant, si les racines poussent parmi des végétaux en décomposition, ou si elles vivent en parasites sur un végétal, elles absorbent des substances organiques.

Comme l'absorption est réglée par la consommation, une substance minérale est absorbée d'autant plus énergiquement qu'elle est plus abondamment utilisée par un végétal. Et comme, d'ailleurs, l'utilisation d'un sel dépend de la nature des plantes, les diverses espèces végétales ne se comporteront pas de la même façon dans différents sols pourvus des mêmes éléments. On met le fait en évidence en plongeant les racines d'une plante dans une dissolution bien dosée de certaines substances minérales : au bout de quelques jours, on constate que le liquide s'est épaissi par suite de l'osmose, et que la proportion des différents sels n'est pas la même qu'au début.

En général, les phosphates, les azotates, les sels de potasse sont très fortement absorbés; les sels de sodium le sont moins.

c) *Absorption des matières solides.* On avait remarqué depuis longtemps que les racines rongent les pierres. Pour rendre le fait plus sensible, Boussingault fit germer des Haricots au milieu du sable sur une table de marbre poli, et il montra que les racines, attaquant le marbre, y avaient laissé leur empreinte.

L'extrémité des racines étant acide, comme on le montre en faisant développer des racines au contact d'un papier de tournesol, elle dissout certains sels insolubles dans l'eau pure : carbonates et phosphates de chaux et de magnésie, silice... La dissolution faite, ces substances sont absorbées à l'état de bicarbonates et de phosphates acides.

Grâce à ces acides (acide carbonique, acide chlorhydrique...), la racine peut aussi dissoudre certains composés organiques, comme la cellulose et l'amidon. Du reste nous avons dit que la radicelle traverse l'écorce en digérant les éléments qui la composent. Les racines suçoirs des plantes parasites (Gui, Cuscute, Mélampyre), digèrent également la partie de la plante nourricière qui gêne le contact intime.

3° Organe conducteur. — La racine possède des vaisseaux qui permettent la circulation des liquides absorbés. Il existe une double série de vaisseaux pour un double courant. Le courant ascendant, plein d'une sève claire, se fait à travers les faisceaux du ligneux; le courant descendant, plein d'un liquide nutritif épais et visqueux, circule dans les faisceaux du liber. Le premier va du sommet de la racine au sommet de la tige et des feuilles; le second descend des feuilles jusqu'au sommet de la racine.

Si l'on plonge une racine coupée près du sommet dans de l'eau colorée, on remarquera dans toute section transversale, après plusieurs heures, que les vaisseaux seuls sont colorés en rouge.

4° Organe de réserve. — La racine est dans toutes les plantes chargée d'une certaine réserve; car les principes localisés dans le parenchyme seront utilisés pour la nutrition.

Mais, dans certaines racines, le parenchyme subit un développement exagéré (Radis, Carotte, Betterave, Navet...) (*fig.* 114 et 115) : c'est alors un magasin alimentaire destiné à une consommation de longue durée.

Les principales substances mises en réserve sont le sucre, l'amidon, l'inuline, etc.

RÉSUMÉ DES CARACTÈRES DE LA RACINE

Caractères anatomiques. — La racine naît sur la tige, à la base ou latéralement. — Pendant la croissance, son point végétatif est protégé par une coiffe. — Elle n'a point d'épiderme, mais une couche subéreuse. — Elle n'a point de feuilles. — Elle est formée d'une écorce et d'un cylindre

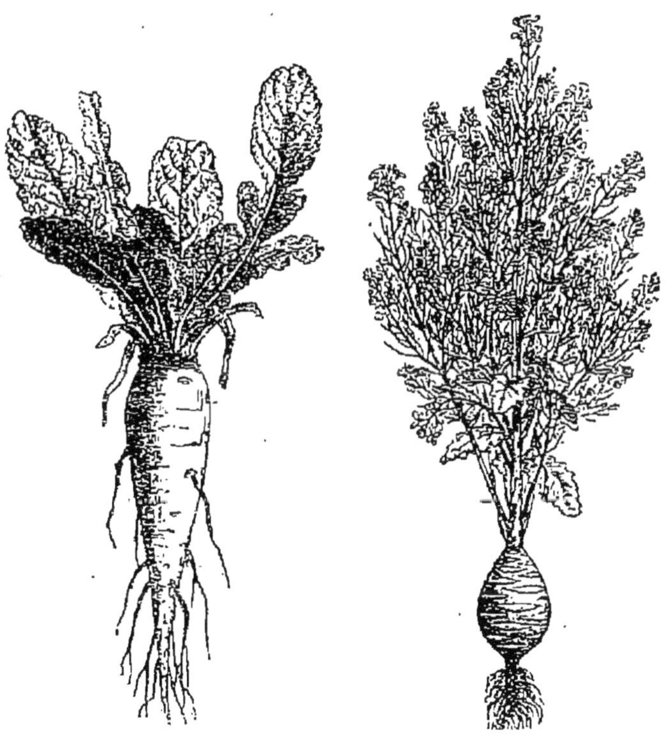

Fig. 114 et 115. — Racines devenues organes de réserve.

central. Dans ce cylindre est emprisonné le système conducteur, formé de faisceaux ligneux et de faisceaux libériens alternes, et symétrique par rapport à un axe.

L'accroissement est subterminal; il se fait aux dépens de trois cellules initiales chez les Phanérogames, d'une seule cellule initiale chez les Cryptogames. Les racines secondaires naissent des cellules rhizogènes du péricycle chez les Phanérogames, des cellules de l'endoderme chez les Cryptogames. C'est en digérant l'écorce que les radicelles se font jour au dehors.

Caractères physiologiques. — Le sommet de la racine s'infléchit à l'opposé de la lumière, de la chaleur, de l'obstacle qui fait pression; il cherche l'humidité et se tourne vers le centre de la terre. — La racine fixe la plante, absorbe les éléments nutritifs du sol, conduit la sève et tient en réserve les provisions alimentaires.

CHAPITRE II

LA TIGE

§ 1. *Morphologie de la tige.*— I. Morphologie externe de la tige : 1° direction de la tige; tiges aériennes (dressées, rampantes, grimpantes); tiges souterraines (rhizomes, bulbes, tubercules); tiges aquatiques; 2° aspect extérieur de la tige (collet, nœuds, bourgeons); 3° accroissement en longueur; 4° ramification (diverses sortes). — II. Morphologie interne de la tige : 1° structure primaire : épiderme, écorce, cylindre central (moelle, faisceaux libéro-ligneux); 2° structure de la région de croissance (méristème, initiales, différenciation); 3° naissance des rameaux, des tiges adventives et des racines secondaires; 4° structure secondaire et croissance en épaisseur (assise génératrice interne ou cambium, assise génératrice externe ou extra-libérienne). Lenticelles; 5° greffes (par approche, en fente, en écusson).

§ 2. *Physiologie de la tige.*— I. Influence des conditions extérieures sur la croissance : 1° température; 2° humidité; 3° pression; 4° lumière; 5° pesanteur. — II. Fonctions de la tige : 1° organe de soutien; 2° organe conducteur; 3° organe de nutrition; 4° organe de réserve. — Résumé des caractères de la tige (comparaison avec la racine).

La tige est la partie de la plante qui porte les feuilles et s'accroît de bas en haut. Elle existe, bien constituée, chez les Phanérogames et les Cryptogames vasculaires. Chez les Hépatiques, classe inférieure des Muscinées, s'opère la différenciation progressive du corps, depuis l'état de thalle simple jusqu'à celui de tige feuillée bien caractérisée. Suivant le même plan que pour la racine, nous étudierons d'abord la morphologie, soit externe, soit interne, puis la physiologie de la tige.

§ 1er. — MORPHOLOGIE DE LA TIGE

I. Morphologie externe de la tige. — Considérée indépendamment de sa structure interne, la tige peut être étudiée au point de vue de la direction qu'elle prend, au point de vue de l'aspect extérieur qu'elle présente, au point de vue de son accroissement en longueur, et au point de vue des ramifications qu'elle subit.

1° Direction de la tige. — On distingue trois sortes de tiges : les tiges aériennes, les tiges souterraines et les tiges aquatiques.

a) Les *tiges aériennes* se développent dans l'air : elles sont

Fig. 116. — Tige en forme de tronc.

ou bien dressées, ou bien rampantes, ou bien grimpantes.

Les *tiges dressées*, caractérisées par le développement de l'appareil de soutien, s'élèvent verticalement dans l'air. On y distingue plusieurs variétés. — Le *tronc* (*fig.* 116) est une tige conique, dont la base est située au niveau du sol, et subit un accroissement considérable en épaisseur : telle est la tige de la plupart des Dicotylédones et des Gymnospermes. Le tronc peut monter à 45 mètres chez le Chêne, à 110 mètres dans l'Eucalyptus ; il atteint 10 à 12 mètres d'épaisseur dans le Sequoia. — Le *stipe* (*fig.* 117) est une tige cylindrique, ou conique, dépourvue de croissance en épaisseur : parfois la base du cône est en haut, et alors la tige est supportée par les racines adventives. Le stipe appartient aux Monocotylédones (Palmiers) et aux Cryptogames (Fougères). — Le *chaume* (*fig.* 118) (Graminées, Céréales, Bambou...) est une tige cylindrique souvent creuse et à nœuds pleins renflés.

Fig. 117. — Tige en forme de stipe (Palmier).

Fig. 118. — Tige en forme de chaume (Blé).

Les *tiges rampantes* (*fig.* 119), presque entièrement dépourvues d'appareil de soutien, s'allongent sur le sol, auquel elles s'attachent par de nombreuses racines adventives : telle est la tige du Fraisier, de la Pervenche, du Melon, de la Véronique.

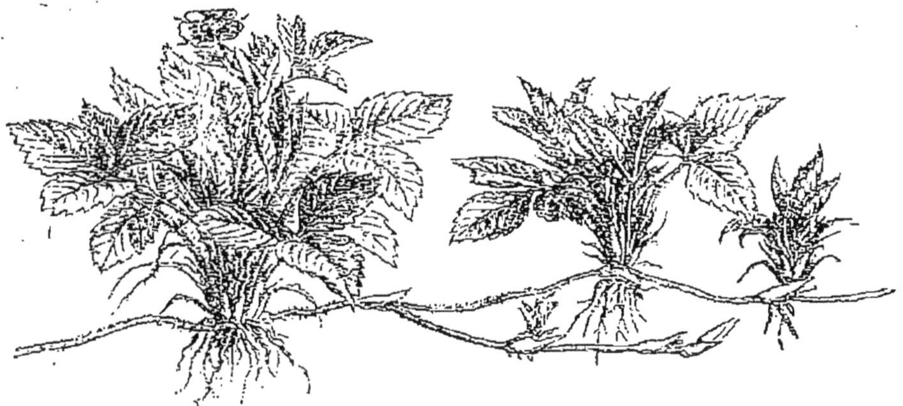

Fig. 119. — Tige rampante (Fraisier).

Les *tiges grimpantes* (*fig.* 120 *et* 121), aussi grêles que les précédentes, peuvent s'élever en s'aidant d'appuis comme les arbres et les murs. Ces tiges s'élèvent et s'at-

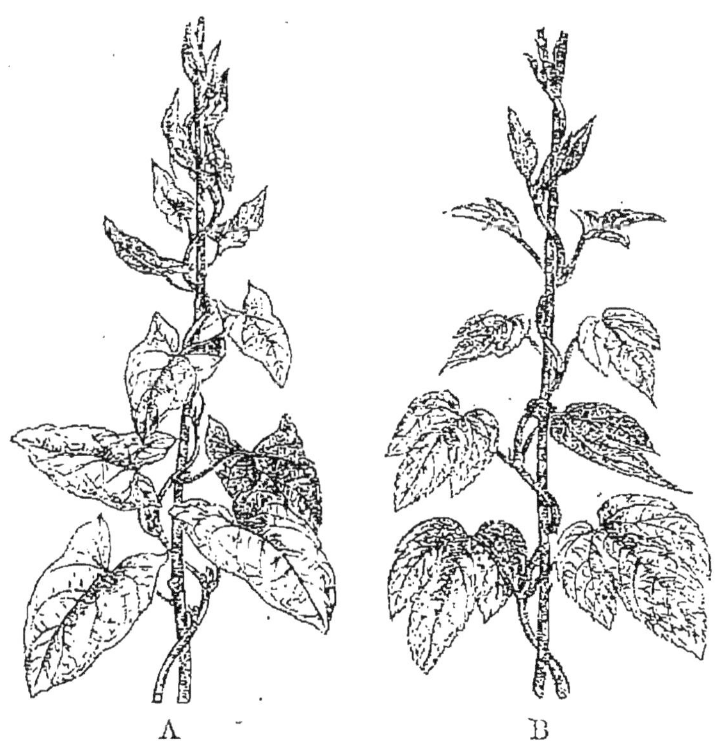

Fig. 120 et 121. — Tiges grimpantes ou volubiles. — A, tige de Liseron, enroulée de gauche à droite. — B, tige de Houblon, enroulée de droite à gauche.

tachent par des moyens très variés. — Dans le Houblon, le Liseron, le Volubilis..., le sommet de la tige est animé d'un mouvement de rotation et enroule la tige autour des supports. — Dans la Vigne, le Concombre, le Pois, la Bryone..., des cordons ou *vrilles,* résultant de feuilles ou de branches transformées, s'enroulent autour des supports ou adhèrent aux murs : dans la Bryone, les vrilles sont des feuilles transformées qui attachent la tige en s'enroulant; dans la Vigne vierge, ce sont des rameaux transformés, dont les extrémités en forme de disques adhèrent aux murs. — Chez la Capucine et la Clématite, c'est le pétiole des feuilles qui s'enroule autour des supports et soutient la tige. — Le Lierre se fixe par des racines adventives, les Ronces par des aiguillons.

Fig. 122. — Rhizome d'Iris, ayant des racines adventives et des feuilles.

Le Calame rotang, qui, dans les forêts tropicales, atteint jusqu'à 300 mètres de longueur, s'accroche aux arbres à l'aide de fortes épines.

b) Les *tiges souterraines* se développent plus ou moins profondément dans le sol. Elles portent deux sortes de feuilles : les unes, vertes, s'épanouissent dans l'air; les autres, incolores, sont comme des écailles autour de la partie souterraine. Les principaux types de tiges souterraines sont les rhizomes, les bulbes, les tubercules.

Les *rhizomes* sont des tiges souterraines qui émettent une multitude de racines adventives pour absorber abondamment les liquides nutritifs. — Le *rhizome d'Iris* (*fig.* 122), placé à fleur de terre, apparaît formé d'un certain nombre de masses allongées et séparées par des étranglements : un bouquet de feuilles vertes termine dans l'air la tige et les rameaux. — Tandis que dans l'Iris les bourgeons épanouissent leurs feuilles dans l'air, le *rhizome du Carex* présente deux sortes de bourgeons : le bourgeon terminal reste toujours souterrain, les bourgeons axillaires épanouissent dans l'air leurs feuilles vertes et parfois des fleurs : il en est de même du rhizome du Chiendent, du Muguet... — Le rhizome du Sceau-de-Salomon (*fig.* 123) n'a qu'une espèce de bourgeon : chaque année le bourgeon porte deux rameaux, dont l'un est aérien et l'autre souterrain : la partie aérienne porte les feuilles et les fleurs au printemps et se flétrit à l'automne, la partie souterraine portera le bourgeon de l'année suivante.

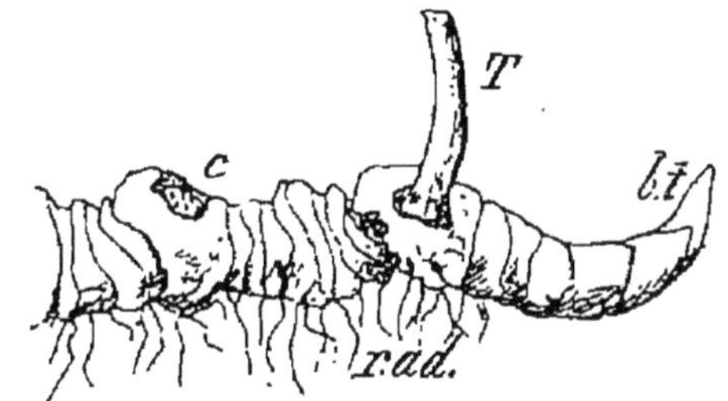

Fig. 123. — Rhizome du Sceau-de-Salomon. — On remarque les racines adventives *r. ad*, la cicatrice *c* du rameau aérien de l'année précédente, le rameau aérien T de l'année précédente, le rameau souterrain et le bourgeon terminal *b. t.*

Les *bulbes solides* (*fig.* 124) (Safran, Glaïeul, Lis, etc...) sont des tiges souterraines

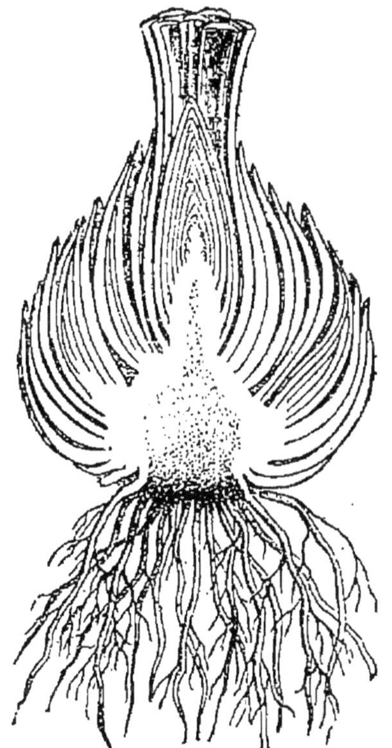
Fig. 124. — Bulbe écailleux du Lis.

renflées, où l'on remarque un certain nombre de minces lamelles formées par la base des feuilles. La tige proprement dite est à l'intérieur, comprenant un nombre variable d'entre-nœuds : elle est composée d'un cylindre central très réduit et d'un parenchyme cortical très développé et riche en amidon. Chaque feuille porte à son aisselle un bourgeon. Ces bourgeons, au printemps, prennent un grand accroissement et développent dans l'air des feuilles et des

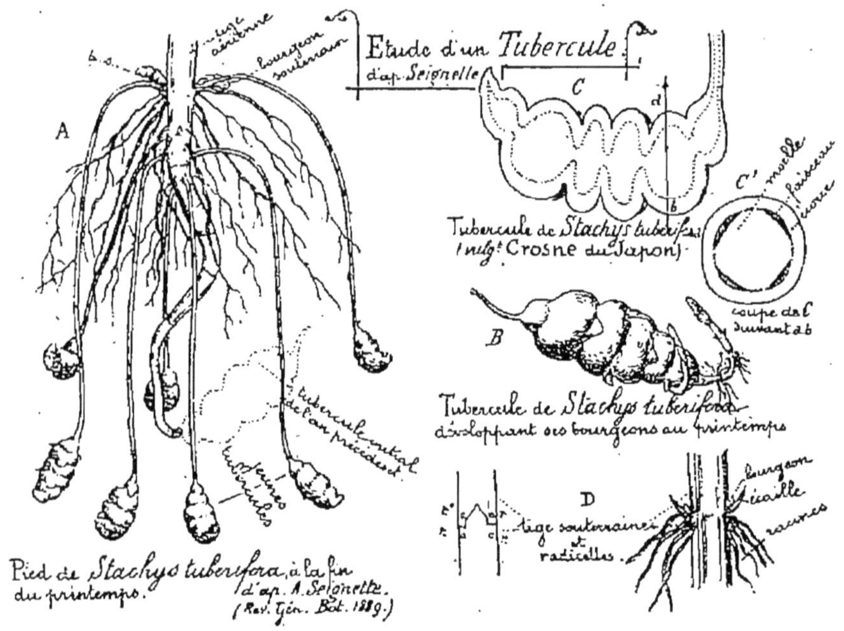

Fig. 125 à 128. — Étude détaillée d'un tubercule de Stachys. — A, vue générale du pied de Stachys. — B, tubercule vu de l'extérieur. — C C', coupe longitudinale et transversale du tubercule. — D, coupe de la tige souterraine.

tiges florales (Lis). Après l'été, la partie inférieure de chacune de ces tiges constitue un nouveau bulbe : l'ancien bulbe s'est flétri et il n'en reste que les enveloppes.

Les *tubercules* (*fig.* 125 à 128) sont des renflements qui se produisent dans les branches souterraines ou submergées de la tige (Pomme de terre, Topinambour, Sagittaire, Stachys). Ces renflements peuvent s'étendre à un ou plusieurs entre-nœuds et même à une branche entière. Ce sont des réservoirs nutritifs. Ils se détachent ordinairement du corps de la plante, et, plus tard, à l'aide de racines adventives, ils produisent des individus nouveaux (Pomme de terre) (*fig.* 129). En somme, ils conservent et multiplient le végétal sans le secours de la reproduction.

c) Les *tiges aquatiques,* portées par les eaux, ont un appareil de soutien peu développé. Plusieurs d'entre elles

Fig. 129. — La Pomme de terre avec ses tubercules.

(Sagittaire, Nénuphar) possèdent des rhizomes souterrains dans la vase du fond d'un lac ou d'un étang. De ces rhizomes (Sagittaire) sortent des branches en partie aquatiques et en partie aériennes.

2° Aspect extérieur de la tige. — Au point de vue de l'aspect extérieur, la tige présente le *collet,* les *nœuds* et les *entre-nœuds,* le *bourgeon terminal.*

Le *collet* est la base de la tige; c'est la ligne de séparation de la tige et de la racine. Le collet n'est pas nécessairement à la surface du sol : il peut être souterrain (tiges souterraines), il peut être aérien (racines aériennes).

Les *nœuds* sont des renflements situés de distance en distance sur la tige : les feuilles y prennent naissance ainsi que les bourgeons axillaires. On appelle *entre-nœuds* les intervalles compris entre deux nœuds consécutifs. Ces intervalles ne sont point égaux sur des tiges appartenant à des espèces diverses. Dans une tige donnée, les entre-nœuds sont de plus en plus courts à mesure qu'on approche du sommet; au sommet, les feuilles sont si rapprochées les unes des autres qu'elles servent d'enveloppe protectrice à l'extrémité de la tige.

A l'aisselle des feuilles naissent les *bourgeons axillaires;* ordinairement chaque feuille n'en a qu'un; il y en a deux chez les Graminées (Foin), quatre chez les Liliacées (Lis). Ces bourgeons axillaires, qui donnent en s'allongeant les rameaux et les branches, participent aux caractères que nous allons décrire dans le bourgeon terminal (*fig.* 130).

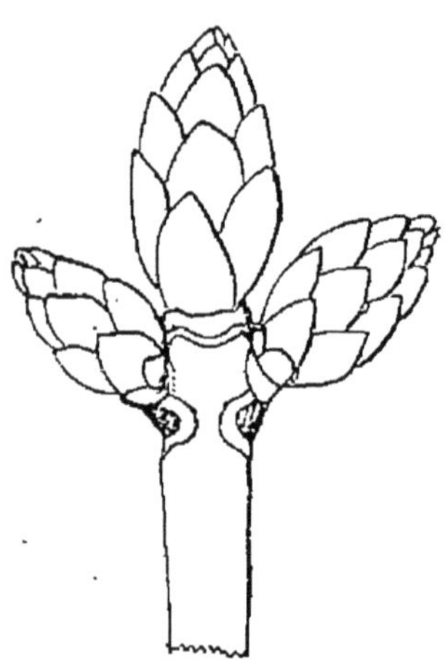

Fig. 130.—Bourgeon terminal et bourgeons axillaires du marronnier d'Inde.

Le *bourgeon terminal* est formé par le sommet de la tige et les feuilles les plus voisines qui l'enveloppent. En croissant, il allonge la tige et forme des feuilles nouvelles; tandis que de nouvelles feuilles se produisent, les anciennes grandissent et s'épanouissent.

La tige est verte quand elle est jeune, brunâtre quand elle est âgée et dépouillée de son épiderme. Elle présente des *stomates*, du moins tant qu'elle n'est pas altérée. Son extrémité est dépourvue d'une coiffe analogue à celle qui protège le sommet de la racine : les jeunes feuilles du bourgeon terminal servent de protection.

3° Accroissement en longueur. — La tige s'allonge en vertu de deux phénomènes: la *croissance terminale* multiplie les cellules de l'extrémité et produit des feuilles nouvelles avec des entre-nœuds nouveaux; la *croissance inter-*

calaire, due à l'augmentation en volume des cellules déjà formées, produit l'allongement des entre-nœuds. Si, comme cela se présente dans quelques espèces (Conifères, Fougères arborescentes, Mousses), la croissance intercalaire est nulle, les feuilles sont très serrées les unes contre les autres.

Il est difficile de mesurer avec précision la croissance du sommet. Mais l'allongement des entre-nœuds est aisé à mesurer. Une ficelle est attachée à l'un des entre-nœuds; puis on la fait passer sur une poulie et on la munit d'un contre-poids qui la maintient bien tendue. A une certaine hauteur la ficelle porte une pointe devant laquelle tourne lentement un cylindre enduit de noir de fumée. Tout accroissement de la plante est inscrit sur le cylindre suivant une ligne courbe : la hauteur verticale de de cette ligne désigne l'allongement produit; le nombre de tours du cylindre mesure le temps qu'a duré l'expérience. Or on est arrivé aux résultats suivants :

Les entre-nœuds supérieurs seuls s'allongent, et d'une façon inégale : l'un d'eux subit un allongement maximum. — Un même entre-nœud ne s'allonge pas avec une vitesse toujours égale; il croît d'abord lentement, passe ensuite par un maximum, et il s'arrête progressivement. — Les entre-nœuds n'acquièrent pas tous les mêmes dimensions; ceux de la base sont courts, ceux du sommet aussi; entre la base et le sommet, ils présentent une longueur maximum.

4° Ramification. — Tantôt la croissance se fait en une seule région et suivant une direction constante; tantôt la croissance se fait en différentes régions et suivant des directions diverses. Dans le premier cas, la tige est *simple* (Fougères arborescentes, Lis, Orchis, quelques Palmiers); dans le second cas, la tige est *ramifiée*, elle porte des *branches*.

Il y a deux sortes de ramification : la ramification terminale, la ramification latérale.

La *ramification terminale* ne se rencontre que chez les Cryptogames (Fougères, Mousses).

La *ramification latérale* est beaucoup plus répandue ; c'est la règle générale chez toutes les Phanérogames; on la trouve même chez quelques Cryptogames.

Elle est dite *en grappe*, quand la croissance de la tige principale prédomine toujours sur l'allongement des rameaux; l'ensemble forme un cône plus ou moins aigu (Sapin). On distingue plusieurs variétés : *grappe proprement dite*, si les rameaux décroissent progressivement de bas en haut; *épi*, s'ils sont tous très courts; *corymbe*, si tous les rameaux se terminent sur un même plan ; *ombelle*, si tous partent d'un même entre-nœud et ont la même longueur que la tige après ce nœud; *capitule*, s'ils sont insérés sur un même plateau au sommet de la tige.

Elle est dite en *cyme*, si les branches croissent plus que la tige (Chêne, Hêtre, Tilleul...). La cyme est dite unipare, bipare, ou multipare, suivant qu'il se développe un, deux ou plusieurs rameaux à la fois sur la tige ou sur chaque rameau antérieur. Le Gui et le Lilas sont bipares; la Tilleul, le Noisetier, la Charme, l'Orme sont unipares.

II. Morphologie interne de la tige. — Nous étudierons successivement : 1° la *structure primaire*, ou la disposition des éléments différenciés sur une coupe transversale de jeune tige; 2° la structure de la *région de croissance* sur une coupe longitudinale ; 3° la *naissance des rameaux, des tiges et des racines adventives ;* 4° la *structure secondaire* et l'accroissement en épaisseur ; 5° comment par la *greffe* on utilise les propriétés des zones génératrices.

1° Structure primaire. — On appelle ainsi la constitution de la tige jeune au-dessous de la région de croissance, là où tous les éléments sont déjà différenciés. Nous examinerons en coupe transversale les Dicotylédones et les Gymnospermes d'abord, puis nous leur comparerons les Monocotylédones, les Cryptogames vasculaires et les Muscinées.

Chez les *Dicoylédones et les Gymnospermes*, la jeune tige présente trois régions de la périphérie au centre : l'épiderme, l'écorce, le cylindre central (*fig.* 131 et 132).

a) L'*épiderme* consiste dans l'assise des cellules superficielles. Ces cellules, fortement unies entre elles latéralement, ont leur membrane cutinisée du côté externe; quelques-unes se prolongent en poils. De distance en distance, des stomates s'ouvrent entre les cellules épidermiques.

b) L'*écorce* est constituée par un parenchyme plus ou moins

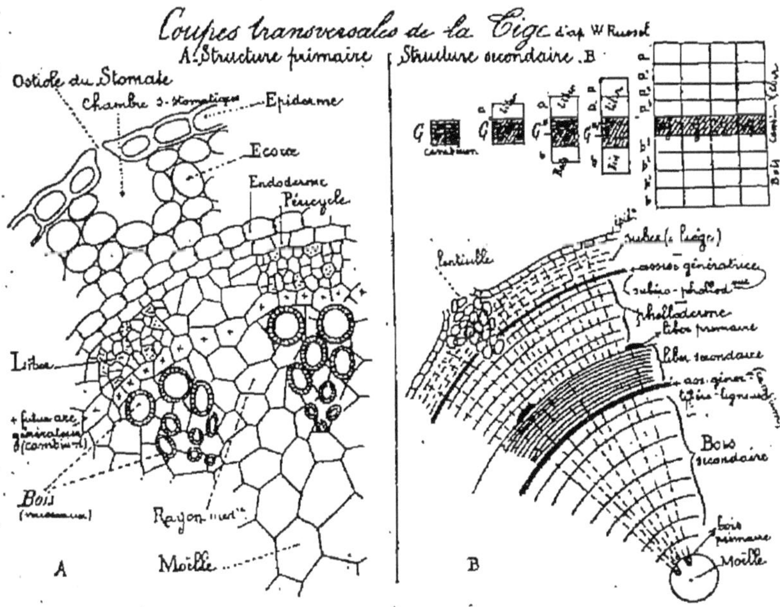

Fig. 131 et 132. — A, structure primaire de la tige. — B, structure secondaire.

épais de cellules arrondies; les cellules les plus extérieures sont riches en chlorophylle; toutes renferment beaucoup de sucre et d'amidon. — L'assise qui limite intérieurement l'écorce porte le nom *d'endoderme:* les cellules qui la composent, souvent très riches en amidon, sont fortement engrenées les unes avec les autres par des plissements formés sur les parois latérales.

c) Le *cylindre central* est formé d'un parenchyme conjonctif et de faisceaux libéro-ligneux.

Le *parenchyme conjonctif* forme la *moelle* centrale, les *rayons médullaires* qui passent entre les faisceaux libéro-ligneux, et le *péricycle*, assise cellulaire qui enveloppe entièrement le cylindre central.

Les *faisceaux libéro-ligneux*, appelés aussi vasculaires, forment le système conducteur. Ils sont distribués autour de l'axe de la tige et lui sont souvent parallèles : sur une coupe transversale, ils présentent l'aspect d'ovales formant cercle autour de la moelle centrale.

Chaque faisceau comprend deux parties : le bois du

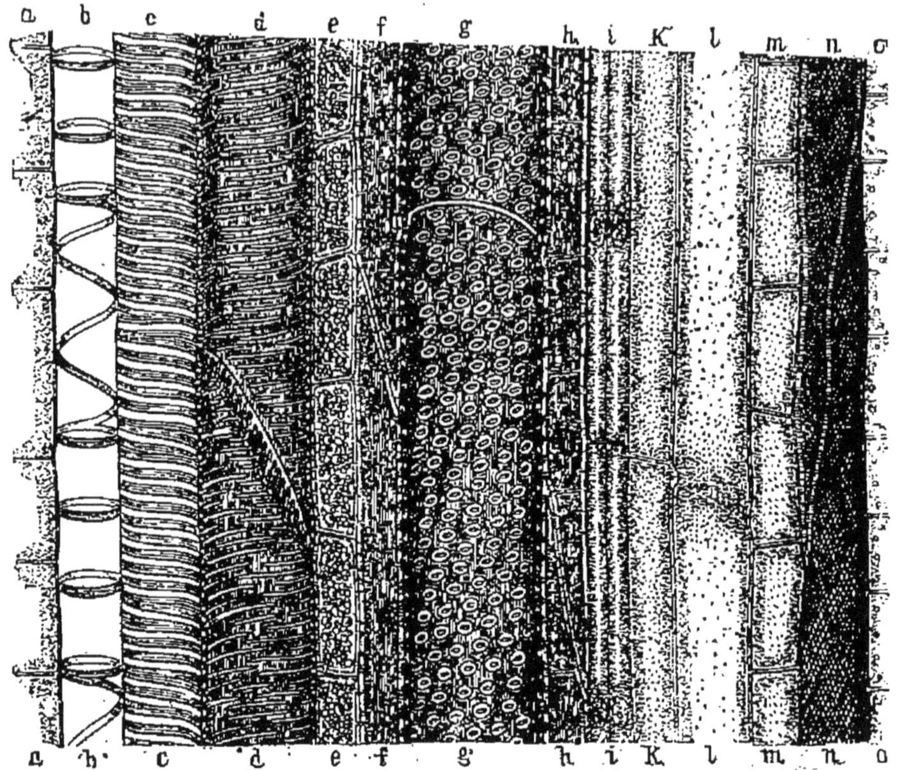

Fig. 133. — Section longitudinale d'un faisceau libéro-ligneux. — *a*, moelle intérieure. — *b*... *h*, faisceau ligneux : *b*, vaisseau annelé et spiralé; *c*, vaisseau spiralé; *d*, vaisseau rayé fermé; *e*, parenchyme ligneux; *f*, fibre ligneuse; *g*, vaisseau ponctué aréolé ouvert; *h*, fibre ligneuse. — *i*,.. *m*, faisceau du liber; *i*, cambium; *k*, parenchyme long; *l*, tube criblé; *m*, parenchyme court. — *n*, péricycle; *o*, endoderme. — Vient ensuite la moelle corticale.

côté interne, le liber du côté externe. Entre le bois et le liber sont quelques couches de cellules non différenciées qui deviendront l'arc générateur du cambium. — Le *bois* est composé de vaisseaux et de cellules à parois lignifiées.

Les vaisseaux internes, étroits et fermés, sont des vaisseaux annelés, spiralés ou réticulés; les vaisseaux externes, larges et presque toujours ouverts, sont rayés et ponctués. — Le *liber*, dont les éléments ont leurs parois en cellulose pure, se compose de vaisseaux criblés, de fibres libériennes et de parenchyme libérien.

Remarquons ici la différence de position des faisceaux dans la tige et dans la racine. Dans la racine, les faisceaux libériens alternent avec les faisceaux ligneux; dans la tige,

Fig. 134. — Fragment d'une tige de Monocotylédone coupée transversalement. — Les points de la surface de coupe représentent autant de faisceaux libéro-ligneux, serrés près des bords, plus rares vers le centre.

les faisceaux libériens sont accolés aux faisceaux ligneux dans leur partie externe. Dans la racine, les vaisseaux ponctués, les plus gros et les plus récents, sont au dedans, et les vaisseaux spiralés et annelés sont au dehors; dans la tige, c'est l'inverse (*fig.* 133). Dans la région du collet, les faisceaux ligneux de la racine se dédoublent en deux portions : chaque portion se retourne et va se placer dans la tige au-dessous du faisceau libérien non dévié : ainsi, dans la tige, chaque faisceau ligneux provient de deux faisceaux ligneux de la racine.

Chez les MONOCOTYLÉDONES, une section transversale montre aussi un épiderme, une écorce et un cylindre central. Les faisceaux libéro-ligneux du cylindre central sont aussi disposés d'une façon symétrique autour de l'axe de la tige. Mais souvent, au lieu de former un seul cercle, les faisceaux forment plusieurs rangées plus ou moins régulières ; ils sont plus serrés à la périphérie qu'au centre ; parfois le centre est occupé par un parenchyme abondant dépourvu de faisceaux (*fig.* 134 et *fig.* 135).

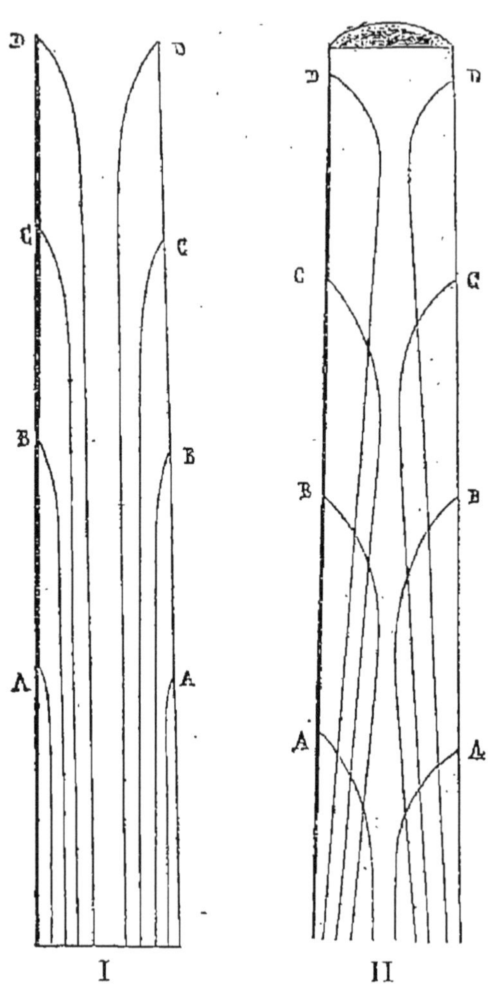

Fig. 135. — Coupe longitudinale théorique de la tige monocotylédone, montrant la marche des faisceaux libéro-ligneux. — I, les faisceaux les plus extérieurs appartiennent aux feuilles les plus anciennes. — II, les faisceaux les plus intérieurs se rendent aux feuilles les plus anciennes en croisant tous les autres.

Dans chaque faisceau, le bois est encore au dedans, le liber au dehors : mais souvent le bois est en forme de V embrassant le liber dans sa concavité ; parfois même le bois forme un cercle complet autour du liber.

Chez les CRYPTOGAMES VASCULAIRES, l'épiderme fait défaut : la séparation de l'écorce et du cylindre central n'est pas nette, parce que l'endoderme, au lieu d'envelopper tout

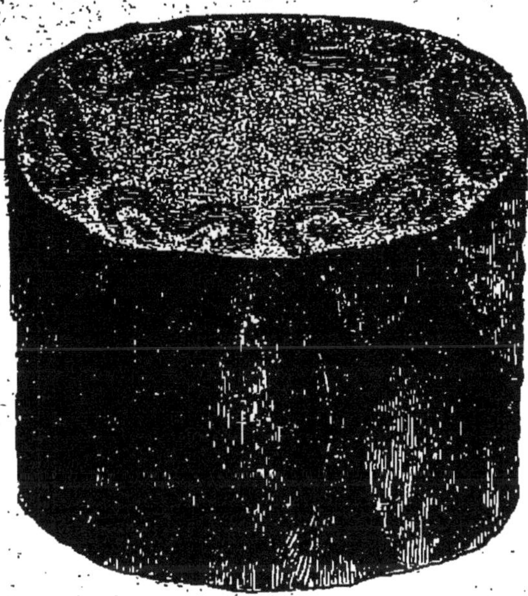

Fig. 136. — Coupe transversale d'une Fougère arborescente. — Chaque faisceau libéro-ligneux dessine une courbe sinueuse : le ligneux est complètement enveloppé par le liber.

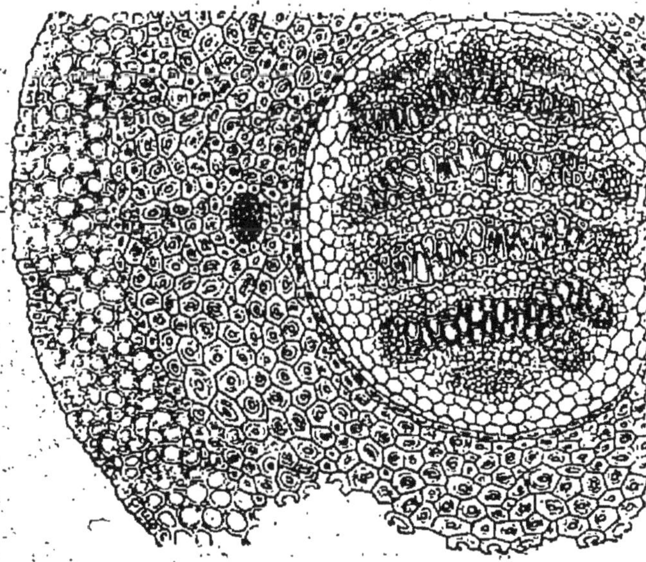

Fig. 137. — Coupe transversale de Cryptogame (*Lycopodium*). — Les faisceaux libéro-ligneux soudés par leur liber forment un cylindre central. Ce cylindre est enveloppé d'un anneau scléreux cortical, où l'on voit, à gauche, un faisceau qui se rend à une feuille.

le corps central, entoure chaque faisceau particulier. — De plus, les faisceaux ont une structure particulière : chez les Fougères, par exemple, le bois est complètement enveloppé par le liber. Sur une coupe transversale, le bois de chaque faisceau prend un aspect fusiforme (*fig.* 136 et *fig.* 137).

Chez les Muscinées, on distingue trois régions : un *épiderme* superficiel, un *parenchyme cortical* formé de grandes cellules arrondies, un *parenchyme central* formé de cellules étroites et allongées suivant l'axe de la tige. Ces rangées de parenchyme central sont comme une première esquisse des vaisseaux qui n'existent point dans cet embranchement (voir *fig.* 77).

2° Structure de la région de croissance. — Les tiges et les rameaux ont leur région de croissance près de leur sommet. Pour en examiner la structure, il faut pratiquer une coupe longitudinale passant exactement par l'axe et par le point extrême. Dégagé des jeunes feuilles qui le recouvrent, le sommet apparaît formé d'une masse cellulaire, dense, homogène, qu'on nomme *méristème primitif* (*fig.* 138).

Dans le *méristème primitif*, il se passe deux phénomènes. — Vers l'extrémité, le *cloisonnement* est très actif : de nouvelles cellules se forment, se superposent aux cellules déjà existantes et produisent l'allongement terminal de la tige. — Plus bas, le cloisonnement se ralentit peu à peu : les cellules existantes ne croissent qu'en volume : cette croissance est dite *intercalaire*, parce qu'elle se fait sentir principalement dans les entre-nœuds.

Initiales. Comme dans la racine, le méristème se forme aux dépens d'une ou plusieurs cellules justement appelées *initiales*. Tandis que dans la racine les initiales, recouvertes par la coiffe, sont à une petite distance du sommet, les initiales de la tige, au contraire, en occupent exactement l'extrémité.

Chez les Cryptogames, il n'existe qu'une seule initiale ; elle est en forme de pyramide triangulaire ayant sa base au bout de la tige (*fig.* 139). Aucune cloison ne se fait parallèlement à cette base courbe : c'est pourquoi il n'y a pas

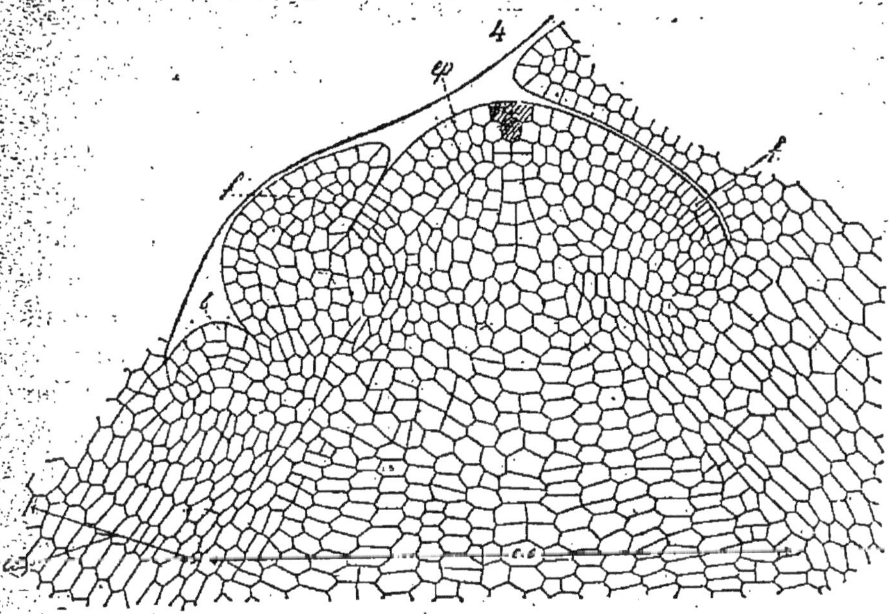

Fig. 138. — Coupe longitudinale du sommet d'une tige d'Iris, montrant le méristème primitif de la région de croissance (d'après Mangin). — *c, i,* les trois cellules initiales (en hachures, au sommet du bourgeon terminal). — *ep,* cellules épidermiques ; *f,* feuilles en voie de formation ; à gauche, les cellules de la feuille sont isolées, quoique non différenciées ; à droite, sous une feuille déjà formée, se fait le cloisonnement qui en prépare une autre. — *b,* un bourgeon axillaire. — *cc,* cylindre central non encore différencié. — *ec,* région corticale.

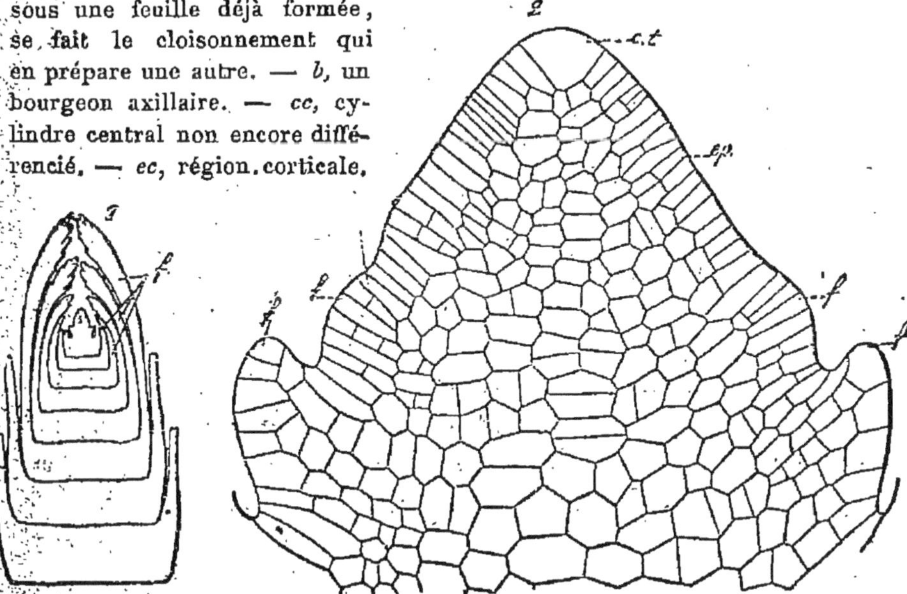

Fig. 139. — Coupe longitudinale du sommet d'une tige de Cryptogame (Prêle) (d'après Mangin). — 1, Coupe faiblement grossie montrant le sommet végétatif enveloppé par les feuilles. — 2, Coupe plus grossie : *c t,* cellule terminale, seule initiale des diverses régions ; *e p,* épiderme ; *f...,* feuilles en voie de développement.

d'épiderme proprement dit dans les Cryptogames ; la couche la plus externe appartient à l'écorce. Les cloisonnements sont parallèles aux trois faces latérales de la pyramide : les cellules tabulaires ainsi formées se partagent à leur tour par des cloisonnements perpendiculaires aux faces de la cellule initiale. La distinction de l'écorce et du cylindre central ne se fait que tardivement, parce qu'ils sont le résultat du cloisonnement d'une même cellule.

Chez les *Phanérogames*, les cellules initiales sont au nombre de trois, superposées ou groupées en triangle. Elles engendrent, par leur cloisonnement, tout le méristème primitif. D'ordinaire, il existe une initiale pour l'épiderme, une pour l'écorce, une pour le cylindre central. L'initiale épidermique et l'initiale corticale ne se fragmentent que latéralement ; l'initiale du cylindre se divise sur les côtés et par la base.

Différenciation. Au moment de leur naissance, toutes les cellules se ressemblent : au sommet, avons-nous dit, le méristème est homogène (*fig.* 140). Mais, à mesure qu'elles grandissent, les cellules se différencient et se préparent à remplir des fonctions diverses. Plus on s'éloigne du sommet, plus la différenciation s'accentue : elle s'opère surtout dans les entre-nœuds où se fait la croissance intercalaire. — Les cellules qui doivent rester à l'état de parenchyme deviennent opaques et sont séparées par des méats remplis d'air. — On aperçoit des rangées de cellules étroites où la multiplication persiste : ce sont les cordons du *procambium*, qui représentent les premiers essais de faisceaux libéro-ligneux. Dans ces cordons apparaissent les vaisseaux criblés, en dehors, et les vaisseaux ligneux, en dedans.

La différenciation commence à la fois par le centre et par la périphérie : dans l'écorce, elle progresse graduellement du dehors au dedans ; dans le cylindre central, elle marche du dedans au dehors. La limite de séparation de l'écorce et du cylindre central n'est jamais entièrement différenciée : c'est là en effet que persiste la tendance au cloisonnement, là que s'opère la croissance secondaire.

3° NAISSANCE DES RAMEAUX, DES TIGES ET DES RACINES ADVENTIVES. — *a*) *Rameaux*. Les rameaux naissent d'une division opérée dans le méristème primitif de la tige ou des bourgeons. — La ramification est *terminale*, lorsque le méristème terminal se partage en deux ou plusieurs méris-

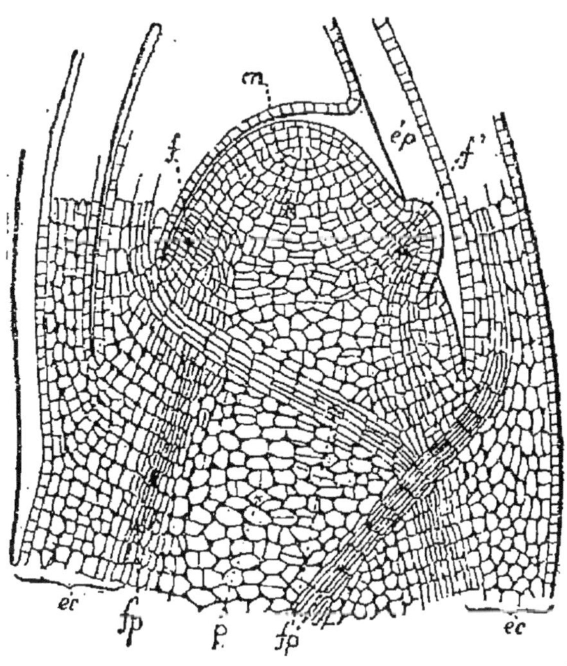

Fig. 140. — Coupe longitudinale du sommet d'une tige de Muguet (d'après Mangin), montrant les débuts de la différenciation. — *m*, méristème primitif formé par cloisonnement des initiales. — *f f'*, feuilles en voie de formation. — *fp*, cellules disposées en files serrées et préparant les faisceaux libéro-ligneux. — *p*, parenchyme. — *é c*, écorce. Entre les cellules du parenchyme et de l'écorce se forment déjà des méats remplis d'air.

tèmes dont les directions changent et d'où sortent autant de rameaux : la tige alors ne croît plus ; toute la croissance a lieu au profit des rameaux. — La ramification est *latérale*, lorsque le méristème primitif de la tige conserve son individualité, mais que, sur ses flancs, se constituent des centres secondaires de multiplication cellulaire. La tige continue à croître, pendant que les rameaux s'allongent à leur tour.

b) *Tiges adventives*. On appelle ainsi des tiges nées de

bourgeons formés sur un point quelconque d'un végétal. Elles peuvent être produites soit par des racines (Cresson, Chou potager, Liseron, Peuplier, Orme...), soit par des tiges, soit par des feuilles (Begonia). Dans tous les cas, les bourgeons d'où naissent ces tiges sont *endogènes*, c'est-à-dire formés aux dépens du péricycle qui entoure le cylindre central. Un méristème latéral se forme et se développe comme nous l'avons dit déjà à propos des radicelles.

c) *Racines adventives*. Les racines adventives sont aussi des appendices qui poussent sur la tige. Nous avons dit plus haut qu'elles se forment aux dépens des cellules rhizogènes du péricycle : cependant, chez les Cryptogames, elles naissent, un peu plus extérieurement, des cellules de l'endoderme.

Nous verrons dans le chapitre suivant, avec plus de détails, comment les feuilles prennent leur origine sur la tige.

4° Structure secondaire et croissance en épaisseur. — La structure primaire, telle que nous l'avons indiquée, demeure telle chez un certain nombre de plantes (la plupart des Monocotylédones et les Cryptogames) : il ne se produit pas d'accroissement en épaisseur. — Chez la plupart des Dicotylédones et des Gymnospermes, chez quelques Monocotylédones, la structure primaire se modifie promptement, grâce à des formations secondaires qui agrandissent le diamètre de la tige.

Ces modifications se produisent à la fois dans le cylindre central et dans l'écorce : elles sont dues à l'activité de deux assises génératrices, l'une interne, le *cambium*, l'autre externe, l'assise *extra-libérienne*.

a) *Assise génératrice interne* ou *cambium*. Sur la coupe transversale qui nous a servi pour l'étude de la structure primaire, nous remarquons dans chaque faisceau libéro-ligneux, entre le bois et le liber, une assise de cellules non différenciées. Ces cellules, abondamment nourries, se cloisonnent activement et envahissent même le parenchyme des rayons médullaires, de sorte qu'il se forme un cercle

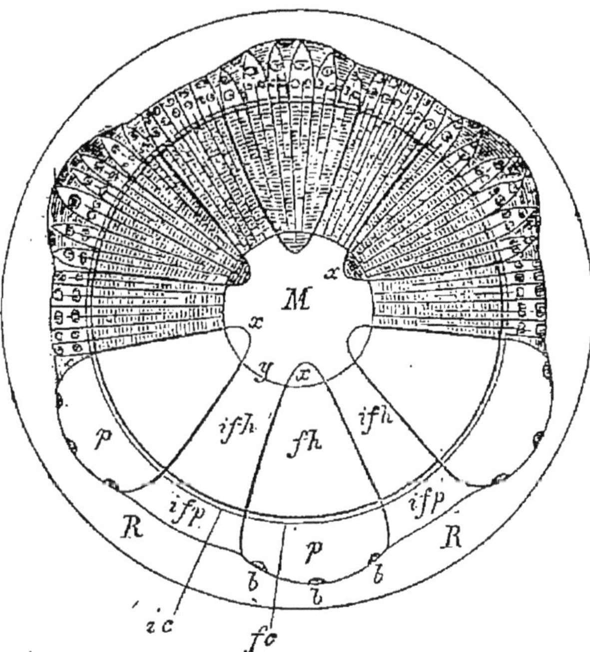

Fig. 141. — Coupe schématique d'une tige de Phanérogame (Ricin), montrant la formation du liber et du bois secondaires (d'après Aubert). L'anneau libéro-ligneux secondaire est continu. — M, moelle centrale; *x*, ligneux primaire; *y*, limite interne de l'anneau des formations secondaires; *fh*, bois secondaire du faisceau; *ifh*, bois secondaire interfasciculaire; *p*, liber fasciculaire; *ifp*, liber interfasciculaire; *b*, faisceaux scléreux sur le liber primaire; *ic*, arc générateur interfasciculaire; *fc*, arc générateur fasciculaire. — R, écorce. L'anneau des formations secondaires est divisé par des rayons de diverses longueurs.

complet de cellules génératrices : elles enferment au dedans la partie ligneuse des faisceaux, elles laissent au dehors la partie libérienne (voir *fig*. 131 et 132, B).

Les cellules nées de cette multiplication se différencient : du côté interne, elles donnent des vaisseaux et des fibres ligneuses épaisses; du côté externe, elles produisent des tubes criblés et des fibres libériennes souples.

Ainsi cette zone génératrice ou *cambium* forme, entre le bois primaire et le liber primaire, une assise de bois secondaire et une assise de liber secondaire : le bois primaire et le liber primaire, d'abord accolés l'un à l'autre, sont donc séparés par les deux couches intermédiaires (*fig*. 141). Le bois primaire a gardé sa place, mais le liber primaire a été refoulé vers l'extérieur; de cette sorte, le diamètre d'une tige s'est accru du double de l'épaisseur des couches formées par le cambium.

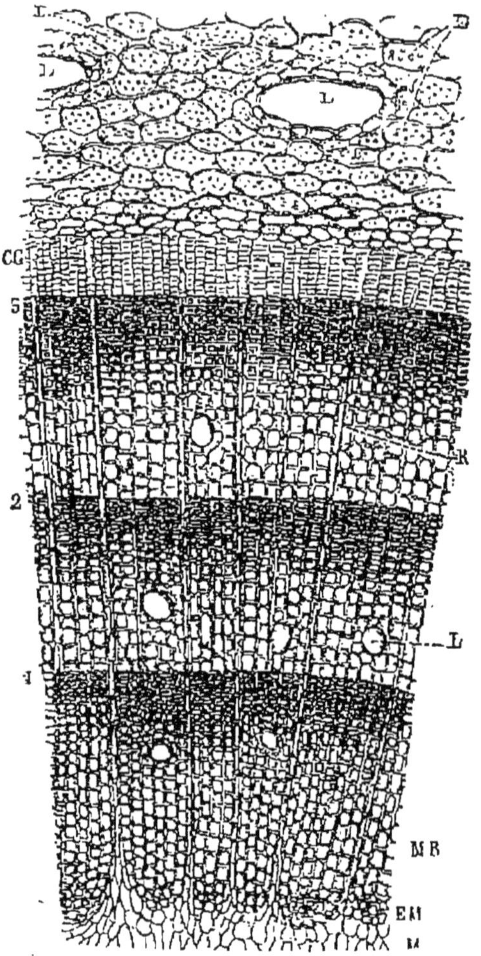

Fig. 142. — Coupe transversale d'une portion de tige de Sapin. — On voit les formations secondaires de trois années (1, 2, 3), avec leur limites bien marquées. CG, couche génératrice. — R, rayon médullaire. — L, réservoir du suc résineux, surtout dans l'écorce. — M, moelle centrale. — EM, étui médullaire. — E, écorce.

Entre les faisceaux primaires, nous avons vu qu'il reste de larges rayons médullaires. Dans les formations secondaires, le bois et le liber ne sont pas absolument continus : ils sont aussi divisés en faisceaux séparés par du parenchyme; ce parenchyme vient d'un certain nombre de cellules génératrices qui ne sont pas différenciées. Ces rayons médullaires prennent un aspect très différent suivant les espèces : très larges et bien visibles dans les Cucurbitacées, ils sont imperceptibles sur une tranche de bois de Pin (*fig.* 142).

L'activité du cambium est très variable durant le cours de l'année : au printemps et durant l'été, la circulation des liquides est très abondante, la nutrition très riche, et, en conséquence, les vaisseaux et les fibres sont très larges, ce qui donne alors au bois un aspect poreux ; durant l'au-

Lenticelles (*fig.* 145). — La continuité du liège nuirait à l'échange gazeux dont toute plante a besoin. Il est interrompu en certains points par des lenticelles, sortes de lentilles biconvexes, formées de cellules jeunes et arrondies entre lesquelles se trouvent de nombreux méats ; grâce à ces méats, l'atmosphère extérieure est en pleine continuité avec l'atmosphère interne de la plante. Le plus souvent, les lenticelles occupent la place des stomates de la jeune tige ; du moins elles en remplissent toujours les fonctions.

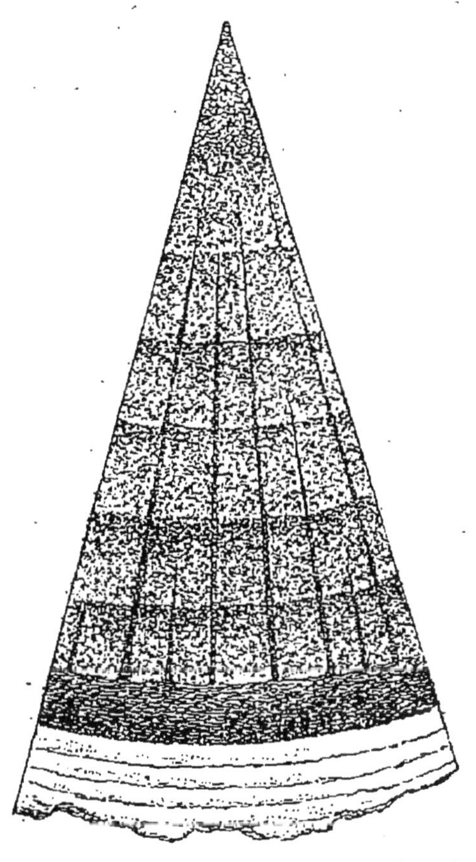

Fig. 144. — Coupe d'une portion de tige de *Chêne-liège*. — On remarque la moelle centrale, les anneaux successifs des formations ligneuses, traversées par les rayons médullaires ; puis, le liber, et enfin l'importante assise de liège qui se détériore extérieurement.

Un petit nombre de Monocotylédones (Aloès, Yucca), subissent un accroissement en épaisseur ; mais c'est par un procédé tout différent de ce que nous venons d'exposer pour les Dicotylédones et les Gymnospermes. Le méristème secondaire prend naissance dans la périphérie du corps central, et non entre le bois et le liber des faisceaux primaires. Au lieu de se transformer en ligneux et en liber, les cellules nouvelles se transforment en écorce secondaire d'un côté, et en nouveaux faisceaux libéro-ligneux de l'autre côté.

5° Greffe. — C'est aux propriétés vitales du cambium

qu'on a recours dans la pratique des *greffes végétales*. La greffe consiste à souder une branche ou un bourgeon avec la tige d'une plante de même espèce ou d'espèce différente.

Des observations de greffes naturelles avaient conduit au procédé à suivre dans les greffes artificielles. Si on décolle l'écorce du tronc d'un arbre et qu'on la replace ensuite au même endroit, elle se soude de nouveau : la zone génératrice a produit de nouvelles cellules. Deux

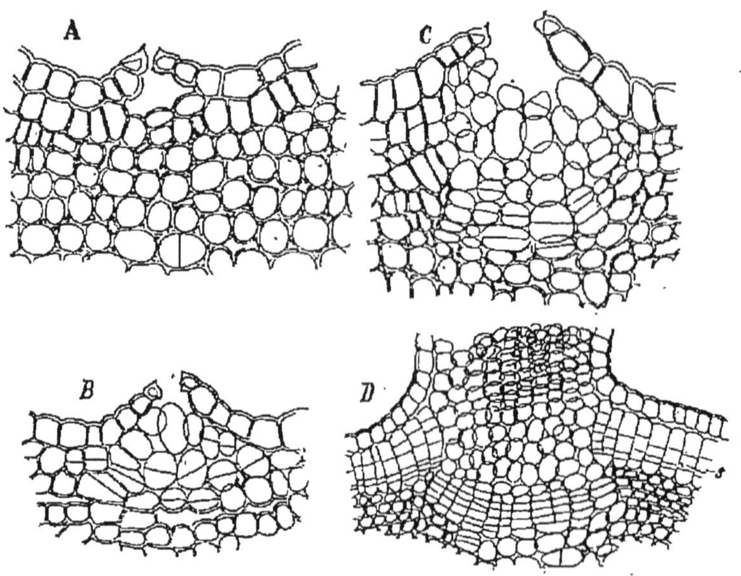

Fig. 145. — Développement d'une lenticelle au-dessous d'un stomate dans le Sureau. — A, coupe du stomate avec chambre à air. — B, premières divisions des cellules qui bordent la chambre. — C, remplissage de la chambre par des cellules nouvelles et soulèvement de l'épiderme. — D, lenticelle développée.

arbres ou deux branches ayant été longtemps au contact se soudent et vivent de la même sève ; les écorces une fois détruites, les zones génératrices se sont fusionnées en une seule. La condition générale pour le succès d'une greffe est de mettre en contact les tissus vivants, les assises génératrices surtout, du greffon et du sujet.

On distingue trois types principaux de greffe : la greffe par approche, la greffe de rameaux, la greffe de bourgeons.

La *greffe par approche* se fait entre tiges de plantes voisines, ou entre branches encore attachées à la tige. On pratique des incisions qui mettent à nu les assises génératrices des deux côtés, et on les lie pour les tenir accolées.

La *greffe de rameaux* consiste à détacher d'une plante une branche herbacée ou ligneuse et à la porter sur un sujet. Pour établir les contacts, on taille en biseau la partie inférieure du greffon, et on l'introduit dans une fente pratiquée dans l'écorce du sujet et pénétrant jusqu'au bois. Par cette *greffe en fente* les assises génératrices du greffon et du sujet se trouvent en contact (*fig.* 146).

Fig. 146. — Greffe en fente.

La *greffe de bourgeons* se fait en transportant sur le sujet un simple bourgeon, avec une plaque plus ou moins large comprenant les tissus extérieurs à l'assise génératrice. On applique cette plaque contre la surface du bois précédemment mise à nu dans le sujet. Suivant que la plaque détachée a été prise en forme d'anneau sur toute la périphérie de la branche, ou en forme d'écusson, la greffe est dite *en flûte* ou *en écusson* (*fig.* 147). La greffe en écusson, où le bourgeon est appliqué à travers une incision faite en forme de T, est la plus répandue.

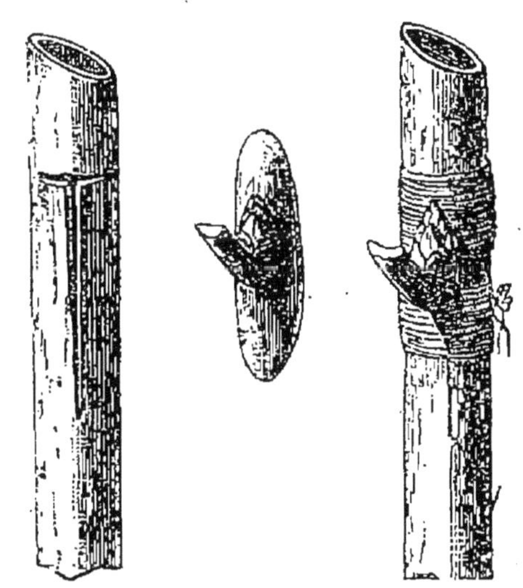

Fig. 147. — Greffe en écusson.

La greffe rend de grands services en horticulture : elle permet d'obtenir des variétés avantageuses, soit pour la richesse des fruits, soit pour la beauté des fleurs.

§ 2. — PHYSIOLOGIE DE LA TIGE

I. **Influence des conditions extérieures sur la croissance.** — Comme c'est dans les entre-nœuds du sommet que la croissance est le plus facile à saisir, c'est aussi sur ce point qu'ont porté les recherches. Les causes physiques qui agissent sur l'accroissement de la tige sont la température, l'humidité, la pression, la lumière et la pesanteur.

1° La température. — Toute plante a une température *optimum* où elle croît avec le plus de rapidité : c'est 27° pour le Haricot et le Lin, 32° pour le Chanvre. A mesure que l'atmosphère ambiante s'éloigne de ce degré privilégié, la tige croît moins rapidement. — Si les faces d'une plante sont inégalement chauffées, la croissance l'emporte et une courbure convexe se produit du côté où la chaleur approche davantage du degré *optimum*. On dirait alors que la tige fuit la chaleur (thermotropisme négatif).

2° L'humidité. — La vapeur d'eau favorise la croissance des tiges aériennes. Si les diverses faces d'une tige sont inégalement humides, elle s'allonge davantage et forme une courbe convexe du côté le plus imbibé d'eau : on dirait alors que la tige fuit l'humidité (hydrotropisme négatif). — Les tiges vivant dans l'eau développent notablement les régions extérieures de l'écorce (*fig.* 148).

3° La pression, les chocs, les mutilations, ont pour effet de rendre la tige concave du côté par où s'exerce cette action. Il résulte en effet de cette influence un retard de croissance au point atteint, et l'excès de développement produit à l'opposé une courbe convexe. C'est ce qui explique que les *vrilles* de la Vigne ou de la Courge, qui sont des branches ou des feuilles modifiées, s'enroulent autour de l'objet qu'elles parviennent à toucher.

4° La lumière. — La lumière a pour effet général de retarder la croissance des tiges. Le fait peut se constater directement. Si des grains de Blé, de Pois, etc., sont semés deux à deux dans des vases différents, et que l'un des vases soit soumis à une obscurité constante, l'autre à des alternatives normales de lumière et de ténèbres, on remarque que les tiges croissent d'autant plus vite qu'elles demeurent plus longtemps dans l'obscurité. Ce fait explique pourquoi les tiges se dirigent toujours vers la lumière. Une tige éclairée sur toutes ses faces avec la même

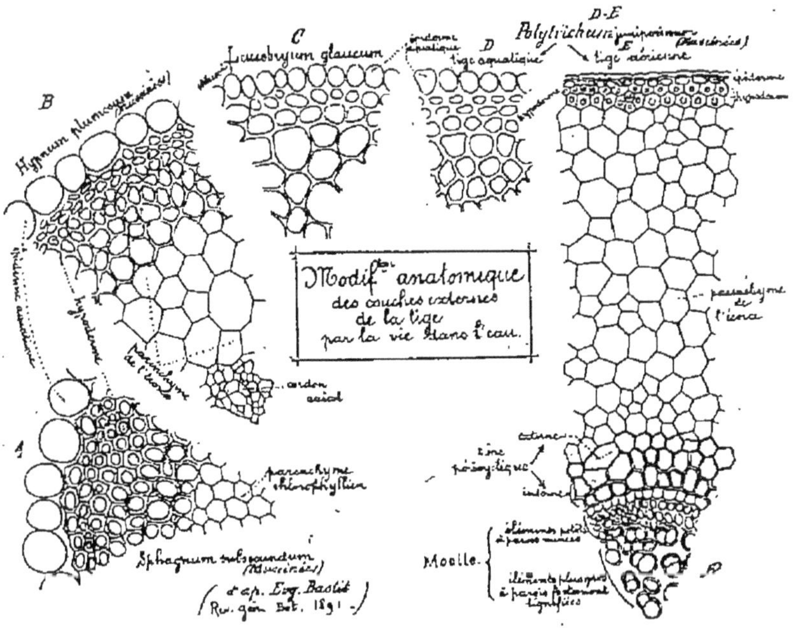

Fig. 148. — Modification des couches externes de la tige vivant dans l'eau.

intensité croît verticalement. Les plantes qui grandissent en chambre tournent leur tige vers la fenêtre : on dirait qu'elles cherchent la lumière (héliotropisme positif). Cette courbure concave du côté d'où vient la lumière est causée par le retard de croissance qui est l'effet général des influences lumineuses (*fig.* 149 à 152).

5° La pesanteur exerce sur les tiges une influence inverse de celle qu'elle exerce sur les racines : elle attire les racines vers le centre de la terre, elle semble repousser les tiges verticalement dans le sens opposé (géotropisme négatif).

Le géotropisme est très accusé sur la tige principale : il est de moins en moins accusé sur les rameaux, suivant qu'ils sont d'ordre primaire ou d'ordre secondaire, etc... Grâce à cette différence de géotropisme dans les rameaux d'ordres divers, les arbres peuvent épanouir leurs branches et étaler librement leurs feuilles dans l'air. Dans les Peupliers, le géotropisme est tellement accentué dans les ra-

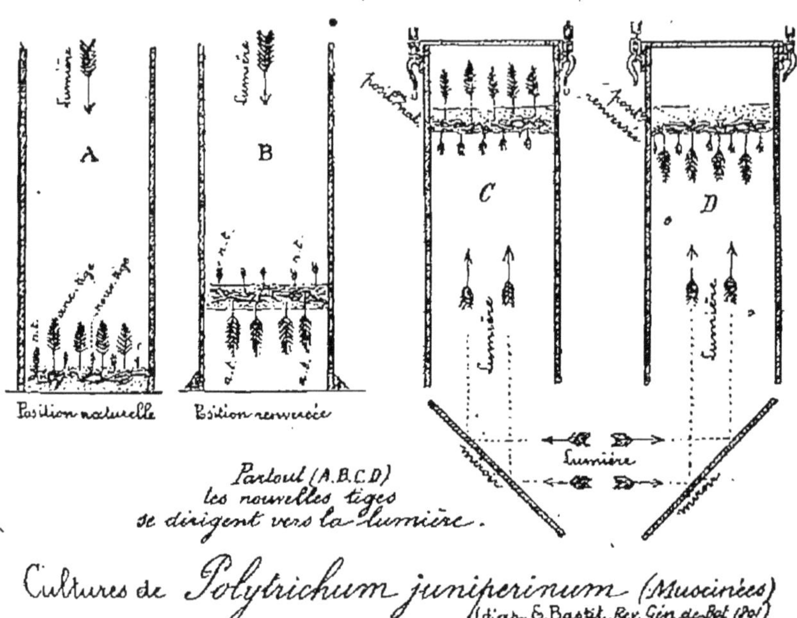

Fig. 149 à 152.— Diverses expériences montrant comment les nouvelles tiges se dirigent vers la lumière.

meaux eux-mêmes, qu'ils prennent tous une direction presque verticale.

Une expérience ingénieuse prouve que la direction des tiges est bien due à l'influence de la pesanteur. On dispose sur une roue mobile autour d'un axe horizontal des graines en germination. La roue étant mise en mouvement, chaque plante occupe successivement toutes les positions : si la vitesse est telle que la pesanteur se trouve équilibrée par la force centrifuge, les jeunes plantes deviennent indifférentes à l'action de la terre et gardent la direction quelconque qu'on leur avait donnée tout d'abord. Mais si la vitesse de la roue devient telle que la force centrifuge développée soit très notable, les plantes prennent la direction des rayons de la roue; les racines se tournent en dehors, les tiges vers le centre : la force centrifuge produit alors sur les plantes en mouvement le même effet que la force centripète sur les plantes au repos (voir *fig.* 102... L).

La pesanteur agit en augmentant la croissance dans les régions tournées vers le centre de la terre. On en fait la preuve aisément. Si l'on place horizontalement une tige en voie de croissance, elle se replie et se tourne verticalement vers le ciel : la courbure convexe qui se produit à la partie inférieure est évidemment l'effet d'un excès de croissance en cette région.

Si nous voulons préciser la résultante de ces diverses influences, nous dirons que les tiges croissent plus vite durant le jour que durant la nuit. Durant le jour, si la lumière retarde la croissance, la chaleur la fait avancer ; durant la nuit, la plante bénéficie sans doute de l'obscurité, mais elle est beaucoup plus loin de sa température optima. Pour la Vigne, l'accroissement diurne est à l'accroissement nocturne comme 55 est à 45 ; pour la Courge, comme 57 est à 42.

Dans les tiges volubiles du Haricot, du Chèvrefeuille, du Volubilis, il existe un mouvement de nutation qui leur permet de s'enrouler autour des supports. Ce mouvement n'est point dû aux causes extérieures dont nous avons parlé, et qui produisent des diminutions ou des augmentations de croissance. Tandis que, par l'effet de la pression, les vrilles s'enroulent auteur des supports dans n'importe quel sens, les tiges volubiles, au contraire, s'enroulent toujours dans un même sens pour une même plante. La cause de ce mouvement est sans doute interne, mais encore inconnue. (Voir *fig.* 120 et 121.)

II. **Fonctions de la tige.** — Nous pouvons ramener à quatre les diverses fonctions de la tige : elle est un organe de soutien, un organe conducteur, un organe de nutrition, un organe de réserve.

1° ORGANE DE SOUTIEN. — Les plantes dressées sont soutenues par leur tige : la tige est d'autant plus développée qu'elle doit porter un poids plus considérable de feuilles et de rameaux. Les plantes grimpantes, trop faibles pour se soutenir elles-mêmes, s'enroulent autour de supports ou s'y attachent par des vrilles ; les plantes rampantes se fixent au sol par une multitude de racines adventives ; les tiges souterraines sont portées par le sol.

Dans les tiges dressées, l'appareil de soutien est formé par un tissu spécial, le *sclérenchyme*, caractérisé par un épaississement considérable de ses parois cellulaires. La distribution du sclérenchyme se fait différemment, suivant que les plantes ont des formations secondaires ou n'en ont pas.

Dans les plantes dont la tige subit des formations secondaires, comme les Dicotylédones et les Gymnospermes, le sclérenchyme se développe principalement dans le ligneux, mais aussi dans le liber. — Dans le ligneux, qui est toujours le plus abondant, les fibres et les vaisseaux s'épaississent : à mesure que les éléments meurent du centre à la périphérie, le bois qui demeure forme une colonne de soutien. — Dans le liber, les fibres sont peu nombreuses : leur rôle de soutien est donc peu actif.

Trois cas se présentent chez les plantes qui gardent la structure primaire intacte, comme les Monocotylédones et les Cryptogames. — Tantôt le sclérenchyme forme sous l'écorce des cordons parallèles à l'axe et faisant saillie à la surface (Prêles, Genêt, Jonc...) ; — tantôt il forme un manchon cylindrique autour des faisceaux libéro-ligneux (Asperge) ; — tantôt il forme des cordons adossés extérieurement à chaque faisceau libéro-ligneux, comme des tuteurs que les jardiniers adjoignent aux tiges encore délicates.

2° ORGANE CONDUCTEUR. — Les vaisseaux du ligneux et du liber sont les organes conducteurs des liquides nutritifs. Il existe deux courants. L'un se fait à travers les vaisseaux du ligneux et conduit jusqu'aux feuilles les liquides absorbés dans le sol par les racines. L'autre se fait à travers les vaisseaux du liber et conduit en sens inverse jusqu'aux racines la sève élaborée dans les feuilles.

Mouvement de la sève ascendante. Plusieurs expériences permettent d'établir que la sève puisée dans le sol monte par les vaisseaux du ligneux seulement. — Si l'on coupe une jeune tige de Dicotylédone, de Courge par exemple, on voit bientôt la surface de section se couvrir d'un liquide incolore provenant des racines. On l'éponge alors avec du papier buvard, et, regardant avec soin à l'aide d'une loupe, on voit les gouttelettes perler au bout des vaisseaux du ligneux seulement. — Que l'on plonge ensuite le fragment de tige détaché dans une teinture au bois de Campêche, l'eau colorée pénètre dans les vaisseaux de sève ascendante : des sections pratiquées à diverses hauteurs montrent que le courant ne s'est produit que dans les vaisseaux du ligneux.

Cette sève ascendante constitue les *pleurs* de la Vigne : elle s'écoule également de tiges sectionnées de diverses espèces.

Un tube recourbé en manomètre et introduit par une pointe horizontale dans un faisceau ligneux permet de recueillir une part de la sève ascendante et de mesurer la puissance avec laquelle elle monte.

Dans les Cryptogames et les Monocotylédones, qui gardent leur structure primaire, la sève monte toujours à travers les mêmes vaisseaux. — Mais, dans les Dicotylédones et les Gymnospermes, où apparaissent des formations secondaires, la sève monte toujours à travers le ligneux le plus jeune ; la seconde année, les vaisseaux primaires sont bouchés, les vaisseaux secondaires sont la seule voie ouverte à la circulation ; la troisième année, les vaisseaux secondaires s'oblitèrent à leur tour...

Mouvement de la sève élaborée. La sève prise dans le sol est à l'état brut : elle subit dans les feuilles une élaboration que nous aurons à déterminer plus loin. Devenue nutritive, elle se rend vers toutes les portions qui ont besoin de s'entretenir vivantes et de s'accroître. Elle n'est pas exclusivement descendante : car, partie des feuilles, elle se rend partout, vers les bourgeons supérieurs aussi bien que dans la tige et dans les racines.

Cependant elle est principalement descendante, et elle circule à travers les vaisseaux criblés du liber. Une expérience simple le démontre. On pratique une section dans l'enveloppe d'un arbre de façon à pénétrer jusqu'à l'aubier. La sève ascendante n'est point gênée dans sa marche : mais la sève élaborée, arrêtée au niveau de la blessure, forme un bourrelet qui la surplombe. Si la section a été circulaire, toute végétation s'arrête au dessous, un anneau épaissi se forme au dessus, l'arbre reste d'ailleurs vigoureux dans la partie supérieure. Ainsi s'expliquent la conservation et l'agrandissement des inscriptions pratiquées sur les jeunes tiges (voir *fig.* 143).

Chez les Monocotylédones et les Cryptogames, la circulation s'opère toujours à travers les mêmes tubes criblés. Chez les Dicotylédones et les Gymnospères, où le liber se régénère chaque année, la sève élaborée marche dans les vaisseaux criblés les plus récents, qui sont aussi les plus intérieurs.

3° Organe de nutrition. — La tige concourt à la nutrition de trois manières : par la transpiration, par la respiration, par la fonction chlorophyllienne.

La *transpiration*, ou émission de vapeur d'eau, que nous verrons si active dans les feuilles, n'est point sans importance dans la tige : elle s'opère proportionnellement à la surface de la tige et au nombre de ses lenticelles. Il en résulte une impulsion plus vive imprimée à la circulation interne des liquides.

La *respiration*, ou absorption d'oxygène et dégagement d'acide carbonique, s'opère nuit et jour dans toutes les parties de la tige, dans les tiges souterraines aussi bien que dans les tiges aériennes. C'est une condition essentielle de l'assimilation interne.

Enfin la *fonction chlorophyllienne*, commune à toutes les parties vertes des plantes, lorsqu'elles sont exposées à la lumière, consiste dans la décomposition de l'acide carbonique de l'air : le carbone est fixé dans les tissus, l'oxygène se dégage en liberté. Cette opération est sans doute beaucoup plus importante dans les feuilles, où abondent les grains de chlorophylle : mais elle est loin d'être nulle dans les tiges vertes. Certaines plantes grasses dépourvues de feuilles, comme les Cactées, et celles dont la tige a une surface verte considérable, comme l'Asperge et l'Ajonc, ne pourraient vivre sans la fixation du carbone par la tige.

Nous réservons plus de détails sur cette triple fonction, lorsque nous aurons à parler des feuilles.

4° Organe de réserve. — Toutes les tiges contiennent des matériaux de réserve : eau, sucre, amidon, aleurone, etc... : ces réserves se trouvent dans le parenchyme, celui du cylindre central (moelle et canaux médullaires), aussi bien que celui de l'écorce.

Mais parfois ces réserves deviennent abondantes et constituent pour la plante une grande ressource, pour l'homme qui les exploite une véritable richesse.

C'est principalement dans les tiges souterraines que ces réserves s'accumulent. Tantôt elles se développent dans le *parenchyme primaire*, comme cela se voit dans les tubercules de Pomme de terre, dans les rhizomes d'Iris, de Muguet, de Safran, de Sceau-de-Salomon. Tantôt elles remplissent le *parenchyme secondaire*, comme cela se voit dans les tubercules de Topinambour, dans les tiges du Navet, de la Betterave, de la Carotte.

RÉSUMÉ DES CARACTÈRES DE LA TIGE

Nous ne saurions mieux résumer les caractères de la tige qu'en les comparant avec ceux de la racine.

Caractères anatomiques. — Le sommet de la racine est protégé par une coiffe épidermique : le sommet de la tige est nu et protégé seulement par de jeunes feuilles. — La racine a son point végétatif sous la coiffe ; il est donc subterminal : le point végétatif de la tige est à l'extrémité du bourgeon ; il est donc terminal. — Comme la racine, la tige grandit par multiplication cellulaire et par croissance intercalaire : la multiplication cellulaire est due au cloisonnement de trois initiales chez les Phanérogames, d'une seule initiale chez les Cryptogames. — La racine est formée d'une écorce et d'un cylindre central ; elle n'a d'épiderme qu'à l'extrémité (coiffe et poils absorbants) : la tige a un épiderme, une écorce et un cylindre central.

Dans la racine, le bois et le liber alternent : dans la tige, ils sont accolés. La racine n'a point de feuilles : la tige porte des feuilles. — Les radicelles naissent du péricycle (Phanérogames) ou de l'endoderme (Cryptogames) : les branches naissent de la région externe de l'écorce (origine exogène). — Point de stomates à la racine : stomates ou lenticelles sur la tige.

Caractères physiologiques. — La racine croît de haut en bas, la tige de bas en haut. — Ni transpiration ni fonction chlorophyllienne dans les racines : transpiration, surtout dans les jeunes tiges, et fonction chlorophyllienne dans les tiges vertes. — La tige porte la plante, conduit la sève et contient des réserves nutritives.

CHAPITRE III

LA FEUILLE

§ 1. *Morphologie de la feuille.* — I. Morphologie externe de la feuille : 1° parties essentielles de la feuille (limbe, pétiole, gaîne); 2° diverses formes de la feuille (d'après la nervation et d'après la ramification); 3° modifications de la feuille (suivant les milieux divers, suivant les fonctions à remplir); 4° disposition des feuilles sur la tige (feuilles verticillées, feuilles alternes). — II. Structure interne de la feuille : 1° structure primaire de la feuille; *a*) structure du limbe (épiderme, parenchyme, nervures; *b*) structure du pétiole; 2° origine et croissance de la feuille; 3° insertion des feuilles sur la tige; mort et chute des feuilles.

§ 2. *Physiologie de la feuille.* — I. Mouvements de la feuille : 1° mouvements d'orientation (influence de la lumière et de la pesanteur); 2° mouvements spontanés (veille et sommeil, oscillations périodiques); 3° mouvements provoqués (sensitive, plantes carnivores); mécanisme de ces mouvements. — II. Fonctions de la feuille : 1° respiration; 2° fonction chlorophyllienne (fait, conditions, d'où vient l'énergie, circonstances qui influent sur le phénomène, importance); 3° transpiration, chlorovaporisation, exhalation d'eau par les stomates aquifères; 4° rôle nourricier de certaines feuilles; 5° rôle protecteur. — Résumé des caractères de la feuille.

La feuille est l'organe vert, ordinairement en forme de lame, qui pousse sur la tige. Elle se rencontre chez toutes les Phanérogames, chez toutes les Cryptogames vasculaires et chez la plupart des Muscinées. Nous en étudierons successivement la morphologie, externe et interne, et la physiologie.

§ 1er. — MORPHOLOGIE DE LA FEUILLE

I. Morphologie externe de la feuille. — La morphologie externe de la feuille nous présente un objet d'étude assez compliqué. Nous verrons les parties essentielles de la feuille, les formes variées qu'elle peut revêtir, les modifications dont elle est susceptible, enfin, la disposition suivant laquelle les feuilles se distribuent sur la tige.

1° Parties essentielles de la feuille. — On distingue ordinairement trois parties dans une feuille : 1° le *limbe*, en forme de lame, de couleur verte, le plus souvent étalé dans un plan horizontal; 2° le *pétiole*, support plus ou moins étroit qui relie la feuille à la tige ; 3° la *gaîne*, espèce de cornet qui enveloppe la tige au point d'insertion de la feuille.

Fig. 153. — Feuilles engaînantes du Maïs. Remarquer les nervures parallèles caractéristiques des Monocotylédones.

De ces trois parties, le limbe a le plus d'importance ; aussi manque-t-il rarement. S'il vient à faire défaut comme dans l'*Acacia hétérophylle*, le pétiole s'élargit en *phyllode* pour le remplacer. Si le pétiole vient à manquer et que la gaîne reste, le limbe est soutenu et rattaché à la tige par la gaîne seule ; ces feuilles, dites *engaînantes*, se voient particulièrement dans le Blé, le Maïs (*fig.* 153), l'Angélique.

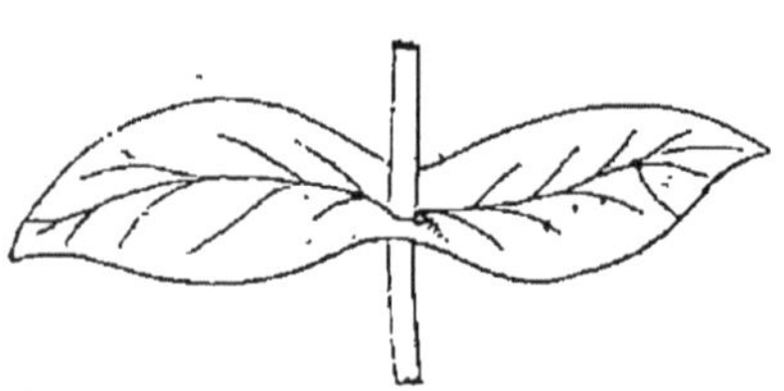

Fig. 154. — Feuille de Chèvrefeuille. Elles, sont à la fois sessiles et concrescentes.

Lorsque le pétiole et la gaîne manquent à la fois, les feuilles sont dites *sessiles* (*fig.* 154), parce que le limbe repose immédiatement sur la tige, comme dans le Chèvrefeuille. Enfin, la gaîne est parfois remplacée par deux petites lames foliacées, étalées de chaque côté du pétiole ; ce sont les *stipules* (*fig.* 155), qu'on voit bien dans le Rosier, le Pommier, le Poirier, etc...

Sans rechercher encore la structure intime de la feuille, il nous est aisé d'en saisir, au premier coup d'œil, la constitution générale.

Le *limbe* est d'épaisseur variable : mince et très étalé

d'ordinaire, il est épais et peu étendu dans certaines plantes grasses. Vu par transparence, le limbe présente un réseau plus ou moins compliqué de *nervures* (*fig.* 156), dans les mailles duquel est répandu un parenchyme vert. La face ventrale du limbe, celle qui se tourne vers la tige quand la feuille se relève, est d'ordinaire unie, lisse, plus verte que l'autre ; la face dorsale, ou face inférieure, porte plus de poils, et les nervures y forment souvent de fortes saillies (feuille de Chou).

Fig. 155. — Feuille composée du Rosier avec stipule.

Le *pétiole*, variable dans sa longueur, présente une

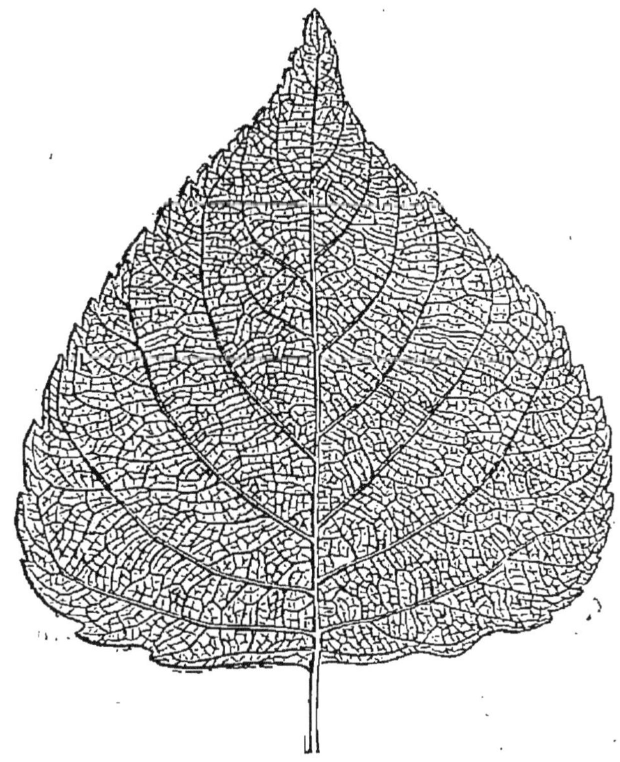

Fig. 156. — Distribution des nervures dans une Dicotylédone (Peuplier).

section transversale tantôt cylindrique, comme dans le Lierre, tantôt circulaire du côté dorsal et plane ou concave du côté ventral, comme dans le Poirier et le Haricot. Dans certaines plantes, Trèfle, Sainfoin, Sensitive, le pétiole porte à sa base un renflement ou coussinet dont nous verrons l'importance en parlant du mouvement des feuilles.

2° Diverses formes de la feuille. — Pour classer les diverses formes de feuilles, on peut se baser soit sur

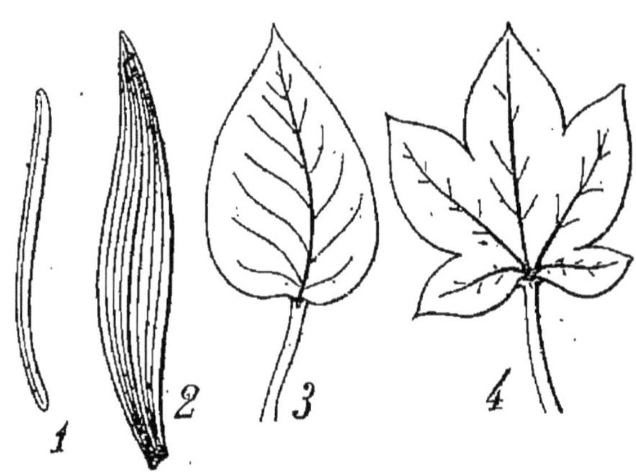

Fig. 157. — Figures schématiques des quatre principaux genres de nervation. — 1, feuille uninerve du Pin. — 2, feuille rectinerve des Monocotylédones. — 3, feuille pennée du Peuplier, etc... — 4, feuille palmée de la Vigne.

le mode de nervation, soit sur le mode de ramification.

a) Nervation (*fig.* 157). Parfois il n'existe qu'une seule nervure médiane, comme dans les feuilles en aiguille du Pin et du Sapin : ces feuilles sont dites *uninerves*.

Chez la plupart des Monocotylédones, les nervures sont multiples, mais parallèles, comme dans le Blé, le Lis et le Muguet : les feuilles sont dites *rectinerves*.

Chez les Dicotylédones, les nervures sont aussi multiples, mais ramifiées. Tantôt le pétiole se continue en une seule nervure principale, d'où partent des nervures secondaires qui se distribuent en barbe de plume : c'est la nervation *pennée*, qu'on remarque chez le Peuplier, le Laurier, le Châtaignier, l'Orme, etc... Tantôt le pétiole se divise, dès le bord du limbe, en un certain nombre de nervures principales, d'où partent ensuite les nervures secondaires ; c'est la nervation *palmée*, qu'on remarque dans le Géranium, la Vigne, le Liseron, la Mauve, le Lierre, l'Érable...

b) *Ramification.* La forme que revêt la feuille extérieurement dépend de son mode de croissance. La croissance dans les divers points de la feuille est proportionnelle à l'activité de la nutrition. Or, comme il est rare que tous les points se nourrissent avec la même énergie, il en résulte que la feuille prend des aspects très divers.

La feuille est dite *simple* ou *composée*, suivant que le pétiole est resté simple ou s'est divisé.

Dans la feuille *simple*, à pétiole non divisé, le limbe unique peut prendre diverses formes : si le bord n'est pas découpé, la feuille est *entière*, comme dans le Buis et le Lilas ; si les découpures sont peu profondes et aiguës, la feuille est *dentelée*, comme dans le Rosier et le Châtaignier ; si les découpures sont peu profondes et arrondies, la feuille est *crénelée*, comme dans le Chêne ; si les découpures sont profondes et partagent le limbe en lobes, la feuille est *lobée*, comme dans la Vigne, l'Érable ; si les découpures sont si profondes, que le limbe est réduit à de minces lanières accompagnant les nervures principales, la feuille est *séquée*, comme dans la Carotte, le Chanvre.

Fig. 158. — Feuille composée.

Dans la feuille *composée* (*fig.* 158), où le limbe est multiple par suite de la division du pétiole lui-même, comme dans le Trèfle, l'Acacia, la Sensitive, on distingue deux modes de ramification : le mode penné et le mode palmé. Le mode *penné* se rencontre dans le Frêne, le Rosier, la Sensitive, l'Acacia : le pétiole principal émet des pétioles secondaires portant chacun une foliole. Le mode *palme* se rencontre dans le Marronnier, le Trèfle, la Vigne-vierge : le pétiole principal se divise au même niveau en plusieurs pétioles secondaires portant chacun une foliole.

3° Modifications de la feuille. — Dans une même espèce, dans un même individu, les feuilles ne sont point astreintes à une structure absolument uniforme. Elles sont susceptibles de subir des modifications plus ou moins profondes, soit pour s'adapter à des milieux divers, soit pour être appliquées à des fonctions différentes.

a) Dans la Sagittaire, les feuilles présentent de grandes différences dans le même individu, suivant qu'elles se développent dans l'eau, ou à la surface de l'eau, ou dans l'air. Les feuilles submergées s'allongent en fines lanières affilées, les feuilles nageantes sont ovales, tandis que les feuilles aériennes sont en forme de fer de lance. Dans la Châtaigne d'eau, les feuilles submergées sont réduites à leurs nervures : les feuilles aériennes sont simples et à limbe bien étalé.

b) Pour devenir aptes à remplir des fonctions spéciales, les feuilles subissent des modifications plus importantes encore : elles se transforment en écailles, en épines, en vrilles, en cotylédons, parfois en véritables urnes.

Le bulbe du Lis offre un bel exemple de formation d'*écailles*. Tandis que les feuilles aériennes sont vertes, minces et allongées, les feuilles souterraines sont réduites à une gaîne épaisse, incolore : c'est une réserve de matières nutritives. Dans l'Oignon, la Jacinthe et la Tulipe, les écailles externes empiètent sur les écailles internes et les recouvrent entièrement. — Parfois le bourgeon, comme dans l'Asperge, est enveloppé d'écailles brunes au lieu de feuilles.

Les *épines* résultent de la transformation soit du limbe seulement, comme dans l'Avoine, soit des stipules, comme dans l'Épine-vinette et le Robinier, soit de la feuille entière, comme dans les Cactées.

Les *vrilles,* ou cordons destinés à accrocher la plante à

des supports, résultent soit de l'atrophie de la feuille entière, comme dans la Gesse, soit de l'atrophie des folioles des feuilles composées, comme dans le Pois.

Les *cotylédons* sont des magasins de réserve nutritive destinés à l'entretien de la plantule : ce sont des feuilles qui se différencient dans ce but chez toutes les Phanérogames.

Enfin, chez le *Nepenthes* (voir *fig.* 185... E), par exemple, la feuille se creuse en forme d'urne ou de sac muni d'un couvercle : au fond se trouve un liquide digestif acide qui a la propriété de digérer les insectes qui pénètrent dans cette sorte de poche. La feuille peut être considérée alors comme un piège où le végétal capture sa proie. D'ailleurs, nous verrons le même phénomène se reproduire dans la Dionée et dans la Drosera.

4° Disposition des feuilles sur la tige. — La distribution des feuilles sur la tige n'est point faite au hasard. Non seulement elle est assez uniforme dans une même espèce pour être prise comme caractère différentiel, mais elle se ramène à deux modes simples.

Les feuilles sont verticillées ou alternes : *verticillées*, quand plusieurs feuilles sont insérées au même nœud sur la tige, comme dans le Laurier-Rose ; *alternes*, quand les feuilles sont insérées isolément, comme dans le Tilleul.

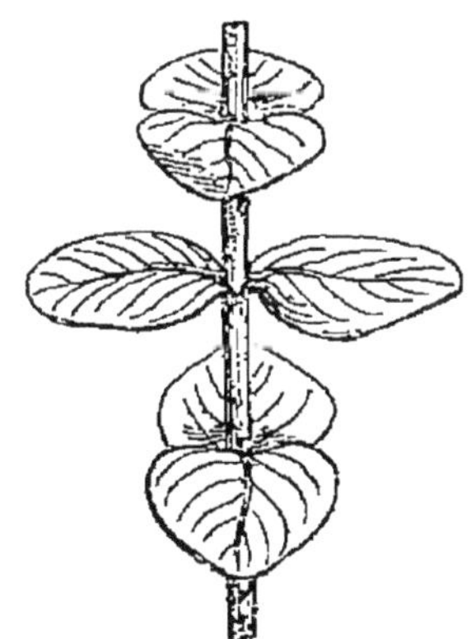

Fig. 159. — Feuilles opposées.

Dans les *verticilles*, le nombre des feuilles est variable. S'il y a deux feuilles, comme dans le Houblon, le Haricot, la Clématite, elles sont dites *opposées* (*fig.* 159); s'il y en a trois, comme dans le Laurier-Rose, elles sont dites *ternées* (*fig.* 160); il y en a rarement davantage (*fig.* 161), comme dans la Prêle.

Dans le cas des feuilles opposées, deux verticilles consécutifs sont en croix l'un par rapport à l'autre : dans le cas des feuilles ternées, les feuilles des verticilles qui se touchent font entre elles un angle de 60 degrés.

Fig. 160. — Feuilles ternées (Laurier-Rose).

Les feuilles *alternes* (*fig.* 162) sont très régulièrement distribuées sur la tige. Pour découvrir la loi de distribution dans chaque espèce, on peut recourir à deux procédés.

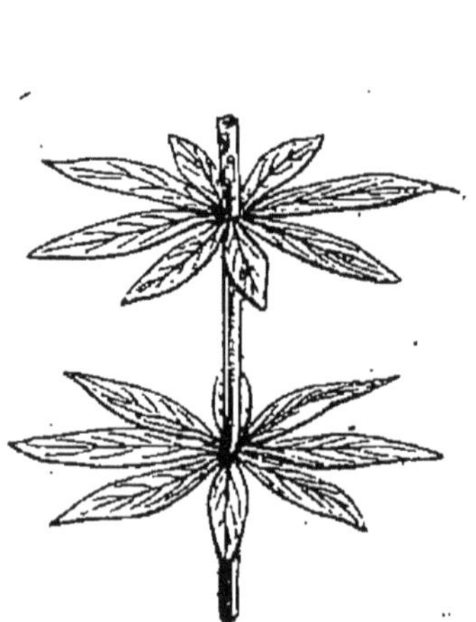

Fig. 161. — Feuilles verticillées multiples.

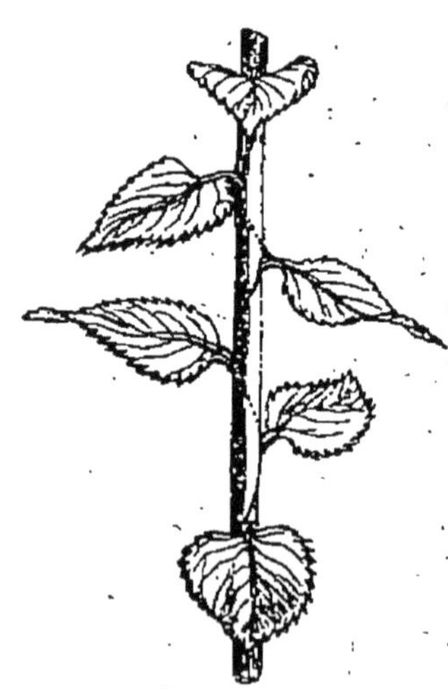

Fig. 162. — Feuilles alternes.

Le premier consiste à tracer sur la tige une génératrice passant par le centre d'insertion d'une feuille quelconque : sur le parcours de cette génératrice, on trouvera certainement les centres d'insertion de plusieurs autres feuilles. On prend alors deux feuilles consécutives dont les centres d'insertion sont sur la même génératrice. Puis on décrit autour de la tige une spire allant de l'une à l'autre et passant par toutes les feuilles intermédiaires. Si l'on prend pour numérateur le nombre de tours de la spire, et pour dénominateur le nombre de feuilles rencontrées, sans compter celle du point de départ, on obtient la loi de distribution des feuilles dans l'espèce considérée.

Le second procédé consiste à projeter sur un plan horizontal les centres d'insertion de deux feuilles consécutives et à mesurer l'angle qu'ils forment avec l'axe de la tige. La fraction cherchée a pour numérateur le nombre de tours à faire pour que l'angle de deux feuilles voisines y soit contenu un nombre entier de fois, et pour dénominateur le nombre de feuilles comptées.

Les principales dispositions ainsi déterminées sont : — 1° la disposition *distique*, quand la divergence est $\frac{1}{2}$: les feuilles sont alors disposées en deux rangées, sur deux génératrices opposées, laissant entre elles une demi-circonférence, comme dans l'Orme et l'Iris ; — 2° la disposition *tristique,* quand la divergence est $\frac{1}{3}$: les feuilles sont alors distribuées en trois rangées longitudinales, laissant entre elles un tiers de circonférence, comme dans l'Aulne et le Carex; — 3° la disposition *quinconciale,* quand la divergence est $\frac{2}{5}$: les feuilles sont alors disposées sur cinq rangées longitudinales; les génératrices de deux feuilles consécutives sont séparées par deux cinquièmes de circonférence, comme dans la Ronce et le Pêcher.

La série des alternances les plus répandues est exprimée par les fractions :

$$\frac{1}{2}, \quad \frac{1}{3}, \quad \frac{2}{5}, \quad \frac{3}{8}, \quad \frac{5}{13}, \quad \frac{8}{21} \cdots\cdots$$

où l'on voit que, dans chaque fraction, les termes sont

8.

formés de la somme des termes de même nom dans les deux fractions précédentes.

II. Morphologie interne de la feuille. — Comme nous l'avons fait pour la racine et la tige, nous étudierons sous ce titre la structure primaire de la feuille, limbe et pétiole,

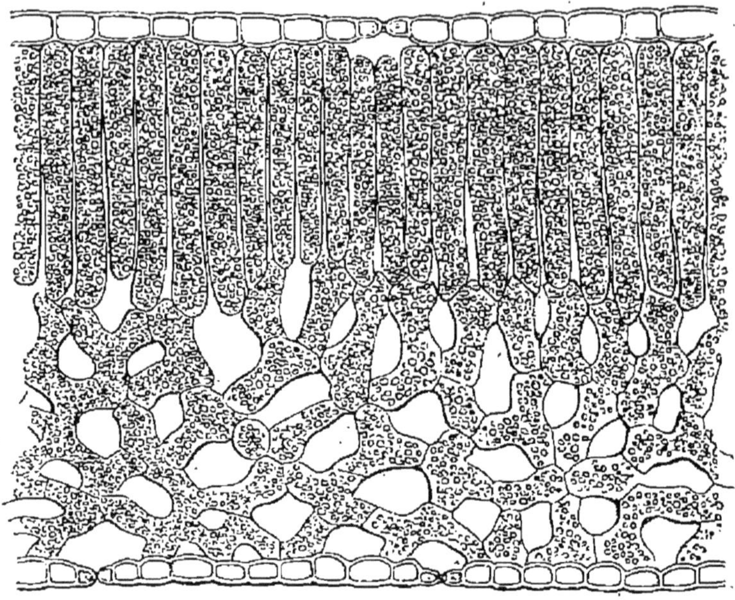

Fig. 163. — Coupe transversale à travers le limbe d'une feuille (Tabac) dans la région du parenchyme. — On remarque l'épiderme supérieur avec un seul stomate, le parenchyme palissadique, le parenchyme lacuneux, l'épiderme inférieur avec plus nombreux stomates.

son origine et sa croissance, son insertion sur la tige, les formations secondaires qui en amènent la mort et la chute.

1° Structure primaire de la feuille. — La feuille a si peu de durée qu'elle garde, sans grande modification, sa structure primaire aussi longtemps qu'elle subsiste. Nous distinguerons la structure du limbe et la structure du pétiole.

a) *Structure du limbe* (*fig.* 163). Si l'on pratique une section transversale dans le limbe d'une feuille, on remarque : un *épiderme* sur les deux faces, un *parenchyme* de cellules vertes peu résistantes, et des faisceaux en forme de *nervures*.

1. L'*épiderme* enveloppe le limbe entier. Les cellules en sont aplaties, rectangulaires, serrées les unes contre les autres, cutinisées dans la partie externe de leur membrane. La cutine est épaisse sur les feuilles du Houx et du Pin qui habitent des lieux secs; elle est mince, au contraire, sur les feuilles de Fougères qui habitent des lieux humides. — L'épiderme est généralement incolore : le vert des feuilles est dû, par conséquent, au parenchyme sous-jacent.

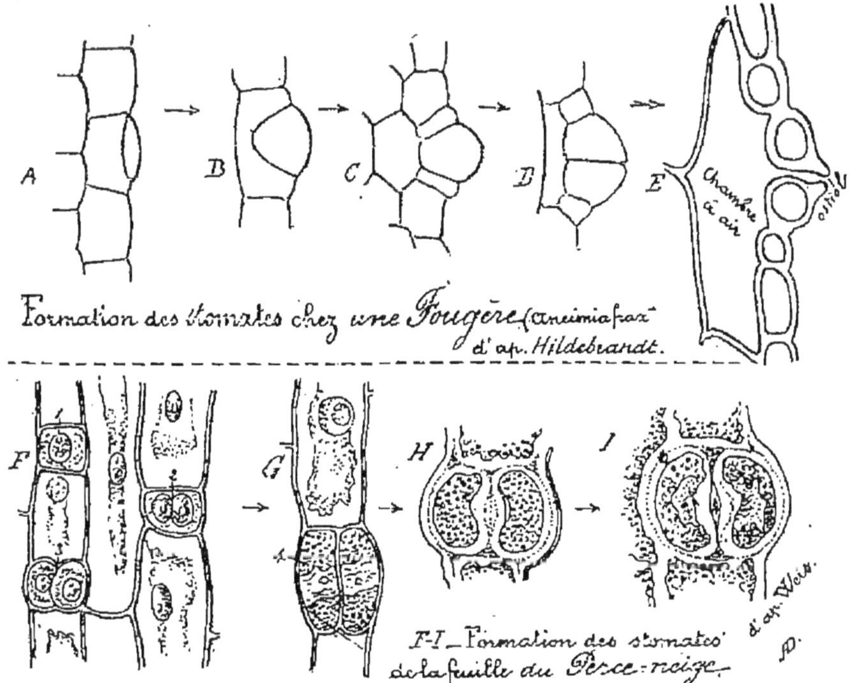

Fig. 164 et 165. — Stomates et leur formation dans une Fougère et le Perce-neige.

L'épiderme présente deux sortes de formations intéressantes : les *stomates* et les *poils*.

Les *stomates* (*fig.* 164 et 165) sont des orifices pratiqués à travers l'épiderme et destinés à faire communiquer les lacunes intérieures avec l'atmosphère. Les stomates, vus de face, ont l'aspect de petites boutonnières, formées de deux cellules épidermiques en forme de croissant : ces deux cellules, se touchant par leurs cornes, laissent entre elles une fente qu'on appelle *ostiole*. Sur une coupe transversale de stomate, on remarque que l'ostiole forme une fente d'abord assez large, qui se rétrécit un peu pour s'élargir ensuite.

En général, il y a moins de stomates à la face supérieure qu'à la face inférieure des feuilles : parfois même on n'en trouve qu'à la face inférieure, où elles peuvent atteindre le nombre de 700 par millimètre carré. Il est remarquable que, chez les plantes aquatiques, il n'y a point de stomates dans les feuilles submergées : elles ne se trouvent qu'à la face supérieure dans les feuilles nageantes. (Ex. : Sagittaire.)

Les *poils* sont des saillies plus ou moins longues formées par le développement de certaines cellules épidermiques. Les cellules ne s'allongent pas toutes en poils ; les poils ne se rencontrent pas non plus sur toutes les feuilles ; ils sont plus abondants à la face inférieure qu'à la face supérieure. Ils jouent un rôle protecteur en préservant la feuille des variations extrêmes de température.

2. Le *parenchyme* (*fig.* 166 à 168) est la masse peu résistante de cellules vertes répandues entre les deux feuillets épidermiques.

Près de l'épiderme supérieur, le parenchyme est dit *en palissade*, parce qu'il est formé de plusieurs rangées de cellules prismatiques, serrées les unes contre les autres, sans méats appréciables. — Près de l'épiderme inférieur, le parenchyme est dit *lacuneux*, parce qu'il est formé de cellules polyédriques, peu serrées les unes contre les autres, laissant de grands méats ou lacunes qui communiquent avec l'atmosphère par les stomates.

Cependant, si la feuille prend une direction verticale et subit sur ses deux faces un égal éclairement, le parenchyme devient palissadique des deux côtés.

La couleur verte du parenchyme est due aux grains de chlorophylle, dont nous étudierons bientôt le rôle nutritif. Comme le parenchyme en palissade en contient plus que le parenchyme lacuneux, on comprend sans peine que la face supérieure des feuilles soit d'un vert plus accentué que la face inférieure.

Le parenchyme des feuilles submergées est lacuneux dans toutes ses parties : les méats aérifères y sont plus nombreux et plus grands que dans les feuilles aériennes.

3. Les *nervures* qui soutiennent le parenchyme dans les mailles de leur réseau sont la prolongation des faisceaux libéro-ligneux de la tige. Ce que nous avons dit de ces fais-

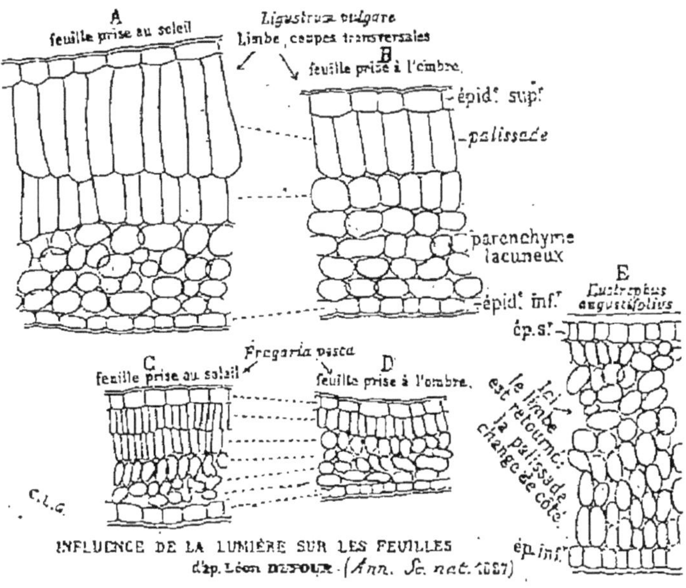

Fig. 166 à 168. — Influence de la lumière sur les cellules de parenchyme de la feuille. — A et B, une feuille de *Ligustrum*, au soleil d'abord, puis l'ombre. — C, D, même expérience pour une feuille de *Fragaria*. — E, déplacement de la palissade par suite d'un changement d'exposition à la lumière.

ceaux à propos de la tige nous dispense de donner ici de longs détails.

Les nervures se trouvent dans la feuille à la limite du parenchyme en palissade et du parenchyme lacuneux. Des deux parties de chaque faisceau, la portion *ligneuse* est tournée du côté supérieur de la feuille, la portion *libérienne* est tournée du côté inférieur. Cette disposition était facile à prévoir, puisque les nervures naissent directement des faisceaux libéro-ligneux de la tige.

b) *Structure du pétiole.* La structure du pétiole est identique à celle du limbe : les éléments que nous avons vus étalés en forme de lame sont ramassés en une baguette quasi-cylindrique.

Le pétiole est revêtu d'un épiderme semblable à celui du limbe, percé de stomates et revêtu de quelques poils. Au dessous se trouve un parenchyme compacte et riche en grains de chlorophylle. Dans ce parenchyme plongent les faisceaux libéro-ligneux, tantôt en arc de cercle, tantôt formant cercle complet (*fig.* 169 et 170). Ils sont inégaux : le faisceau médian inférieur est toujours plus développé que les autres. La portion ligneuse et la portion libérienne ont la même orientation que dans la tige : le bois est au dedans, le liber au dehors (*fig.* 171 et 172).

2° Origine et croissance de la feuille. (*Fig.* 138,

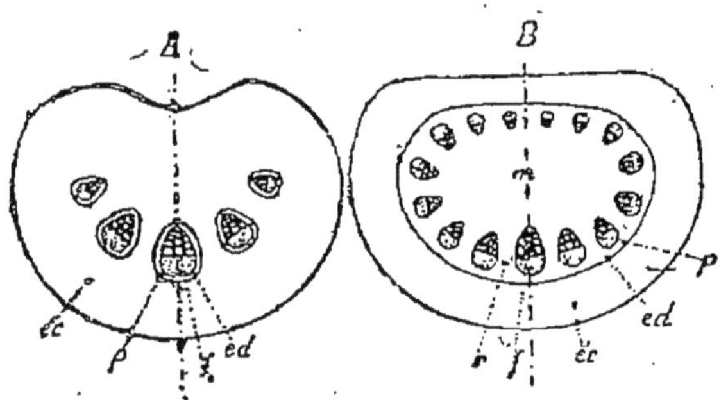

Fig. 169 et 170. — Coupe transversale du pétiole. — En A, les faisceaux libéro-ligneux sont en arc, chacun gardant son péricycle et son endoderme. — En B, les faisceaux ont une disposition circulaire, ils sont inégaux ; le péricycle et l'endoderme sont communs. — *m*, moelle centrale. — *éc*, écorce ; *f*, faisceaux. — *p*, péricycle. — *e d*, endoderme. (D'après Mangin.)

139 et 140.) — La feuille est d'origine *exogène*, parce que les initiales aux dépens desquelles elle se développe sont épidermiques ou sous-épidermiques.

Si nous reprenons la coupe longitudinale du sommet végétatif, que nous avons déjà considéré à propos de la tige, nous voyons le méristème primitif se former par le cloisonnement des cellules initiales du bourgeon. Les cellules nouvelles continuent à se cloisonner à leur tour et à produire la croissance du sommet. De chaque côté de ce sommet, on voit des bourrelets cellulaires s'infléchir vers le bourgeon pour l'envelopper : ce sont les jeunes feuilles qui commencent à pousser.

Tout d'abord la partie externe du mamelon foliaire croît plus vite que la région interne : c'est pourquoi la feuille recouvre d'abord le bourgeon terminal. Mais bientôt la partie interne se développe avec une activité plus grande : c'est alors que la feuille s'étend, devient plane et finit par devenir convexe au moment de son plein épanouissement.

Il y a comme trois phases dans la croissance de la

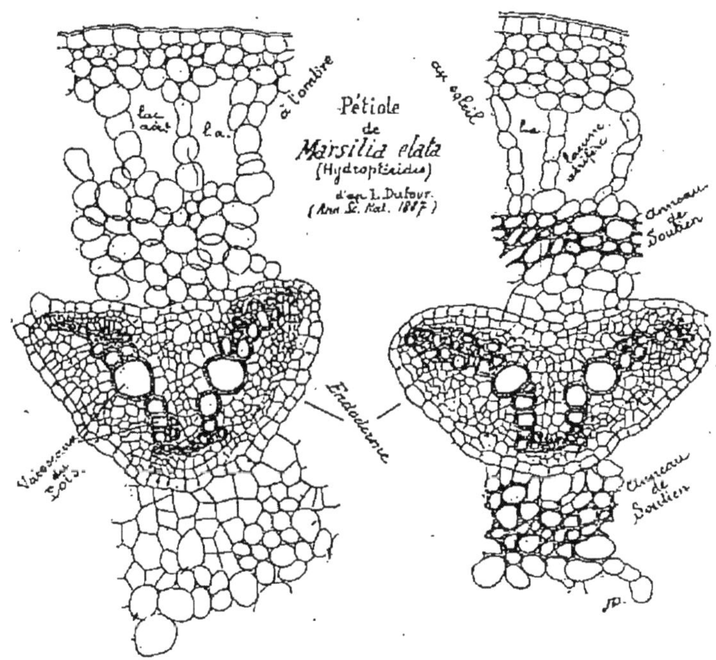

Fig. 171 et 172. — Pétiole de Cryptogame, où le faisceau de liber enveloppe le faisceau vasculaire ligneux.

feuille : la croissance se fait d'abord par cloisonnement ou multiplication cellulaire ; puis elle devient intercalaire, c'est-à-dire qu'elle se fait par une simple augmentation de volume des cellules déjà formées ; alors s'opère la différenciation ou organisation des tissus de la feuille, épiderme, parenchyme et nervures.

Le développement des feuilles n'est pas nécessairement continu. Ainsi, dans les plantes à feuilles caduques et dans certains arbres à feuilles persistantes, on remarque deux périodes de développement : dans la première, les feuilles se constituent dans le bourgeon et l'enveloppent comme des écailles protectrices durant la saison d'hiver ; après un certain temps de vie ralentie, la feuille redevient active au printemps et achève en peu de jours son développement.

3° Insertion des feuilles sur la tige. — Par l'étude de sa structure intime, nous avons constaté que la feuille contient en raccourci toutes les parties de la tige. Il nous reste à dire comment ces éléments identiques de la feuille et de la tige sont reliés ensemble.

L'épiderme de la feuille est comme l'épanouissement de celui de la tige : il s'est formé en effet aux dépens des mêmes initiales épidermiques. — Le parenchyme de la feuille est en continuité avec le parenchyme de l'écorce : en effet, dans les Angiospermes, où il y a trois groupes d'initiales, on voit que l'écorce et le parenchyme de la feuille naissent des cellules moyennes. — Enfin, les nervures sont la continuation du cylindre central, puisqu'on y trouve, et dans le même ordre, le péricycle et les faisceaux libéro-ligneux : dans les Angiospermes, les nervures et les faisceaux naissent des mêmes initiales centrales.

Les faisceaux foliaires pénètrent d'ordinaire dans le cylindre central au niveau du nœud lui-même : cependant ils pénètrent parfois plus bas et demeurent dans l'écorce à travers un ou plusieurs entre-nœuds.

Les faisceaux libéro-ligneux vont de la tige aux feuilles de plusieurs façons : tantôt ils s'y rendent directement et indépendamment les uns des autres, sans se diviser ; tantôt, en traversant l'écorce, ils se ramifient et s'anastomosent, de telle sorte que la feuille ne contient pas un nombre de faisceaux égal à celui qui est sorti de la tige.

4° Mort et chute des feuilles. — On distingue deux sortes de feuilles : les feuilles *caduques* et les feuilles *persistantes*. Les feuilles caduques naissent au printemps et tombent en automne : les arbres qui les produisent sont dénudés en hiver. Les feuilles persistantes traversent plusieurs périodes de végétation : les arbres qui les produisent sont toujours verts, comme les Cèdres, les Sapins. Elles meurent et tombent cependant comme les autres et sont remplacées par de plus jeunes.

La mort et la chute des feuilles sont amenées par la formation d'une structure secondaire analogue à celle de la tige. Dans la feuille comme dans la tige, on voit naître deux zones génératrices : l'une dans le faisceau libéroligneux, qui donne de nouvelles fibres et de nouveaux vaisseaux ; l'autre dans le parenchyme, qui donne du liège et du phelloderme.

Cette assise de liège prend, à la base du pétiole, une direction transversale : elle n'interrompt pas tout d'abord la libre communication des vaisseaux de la tige et de la feuille ; mais le liège finit par s'étendre au travers des vaisseaux, de sorte que toute circulation entre la tige et la feuille se trouve arrêtée. La feuille est morte alors pour l'arbre qui la portait.

Une fois la mort produite, la chute est plus ou moins rapide suivant le mode d'adhérence de la feuille à la tige. D'ordinaire, les cellules de la surface d'adhérence se gélifient et sont résorbées par la plante : il n'y a plus alors de continuité entre la tige et la feuille, de sorte que le moindre ébranlement mécanique fait tomber la feuille. D'autres fois, comme dans les Fougères, le pétiole désorganisé forme un revêtement continu qui maintient l'adhérence à la tige, et la chute se fait difficilement.

§ 2. — PHYSIOLOGIE DE LA FEUILLE

Au point de vue physiologique, nous étudierons les divers *mouvements* qu'exécute la feuille et les *fonctions* importantes qu'elle accomplit.

I. Mouvements de la feuille. — Ces mouvements sont très variés : les uns sont exécutés pour donner à la feuille l'orientation la plus avantageuse, les autres, spontanés ou provoqués, ont principalement pour but la protection du végétal.

1° Mouvements d'orientation. — Pour exercer les fonctions qui lui sont dévolues, la feuille adulte doit être orientée de telle façon qu'elle utilise le plus grand nombre possible de radiations lumineuses. Il faut pour cela que les feuilles, d'abord repliées sur le bourgeon, étalent leur limbe horizontalement. La lumière et la pesanteur concourent à produire cette direction.

La *lumière* oriente les feuilles de telle façon que la surface supérieure du limbe soit perpendiculaire à la direction des rayons incidents. C'est ce qu'il est facile de constater en exposant devant une fenêtre, où l'éclairement est seulement latéral, de jeunes plantes en pots ou en éprouvettes. Si une branche est détachée et l'orientation des feuilles modifiée, on les voit bientôt se tordre pour offrir la surface du limbe perpendiculairement aux rayons lumineux.

Cette orientation est très profitable au végétal : car les radiations lumineuses provoquent l'exercice des fonctions nutritives que nous allons bientôt faire connaître.

La *pesanteur* agit dans le même sens que la lumière pour donner au limbe des feuilles une position horizontale. Pour s'en convaincre, il suffit d'observer que le phénomène suivant se réalise *aussi bien la nuit que le jour*. On coupe une branche horizontale, sur laquelle les feuilles ont leur limbe dans le plan même du rameau : on dispose cette branche verticalement dans une éprouvette pleine d'eau, et l'on voit bientôt les feuilles prendre une direction perpendiculaire au rameau, afin de remettre leur limbe dans le plan horizontal.

2° Mouvements spontanés. — Les feuilles de plusieurs espèces végétales, particulièrement parmi les Légumineuses (Haricot, Trèfle, Luzerne, Lupin, Robinier...), adoptent des positions différentes pendant la nuit et pendant le jour. Elles s'épanouissent à la lumière, elles se replient dans l'obscurité : ce sont les mouvements périodiques de *veille* et de *sommeil* (*fig.* 173 à 179). Certaines plantes, comme l'Oxalis, ferment leurs folioles devant une lumière trop intense et les ouvrent devant une lumière plus modérée.

Ces mouvements divers ont évidemment un but de défense. Les feuilles qui se replient durant la nuit s'abritent contre le froid et contre l'évaporation : celles qui se ferment devant une lumière trop intense se dérobent à une activité trop intense qui détruirait la chlorophylle.

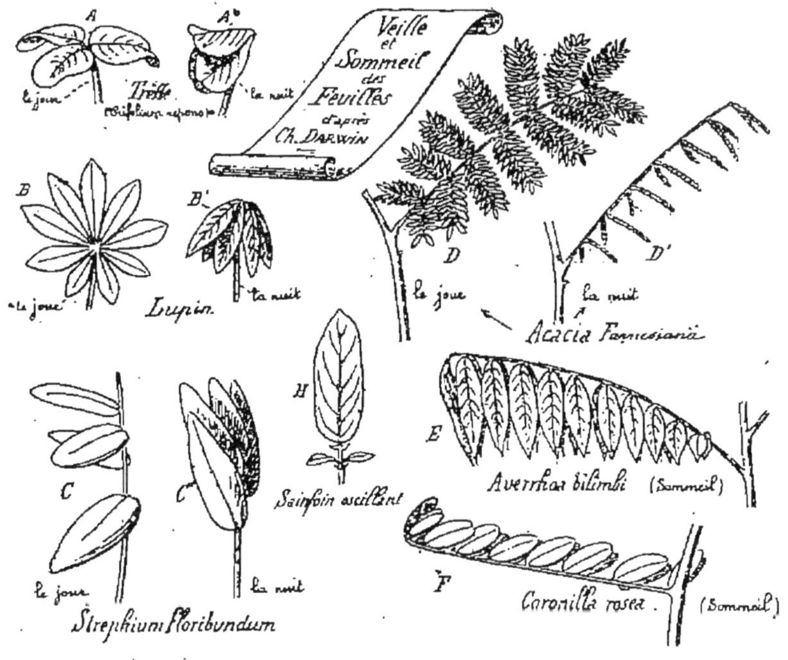

Fig. 173 à 179. — Veille et sommeil des plantes. — Sainfoin oscillant (H).

Outre les mouvements périodiques de veille et de sommeil, il existe dans certaines plantes des *oscillations* indépendantes de la lumière. Ces oscillations consistent en un abaissement et un relèvement alternatifs de la feuille entière ou de chacune de ses parties, si elle est composée. Tantôt les oscillations ne durent que quelques minutes et se produisent jour et nuit, comme dans le Sainfoin oscillant. Tantôt l'oscillation est plus lente, et alors, pour la mettre en évidence, on soustrait la plante, par le chloroforme ou l'obscurité continue, aux alternatives de veille et de sommeil; le mouvement oscillatoire demeure encore (Haricot, Sensitive...).

3° Mouvements provoqués.—Certaines plantes, douées d'une grande irritabilité, répondent par des mouvements de feuilles aux impressions reçues. La plus remarquable

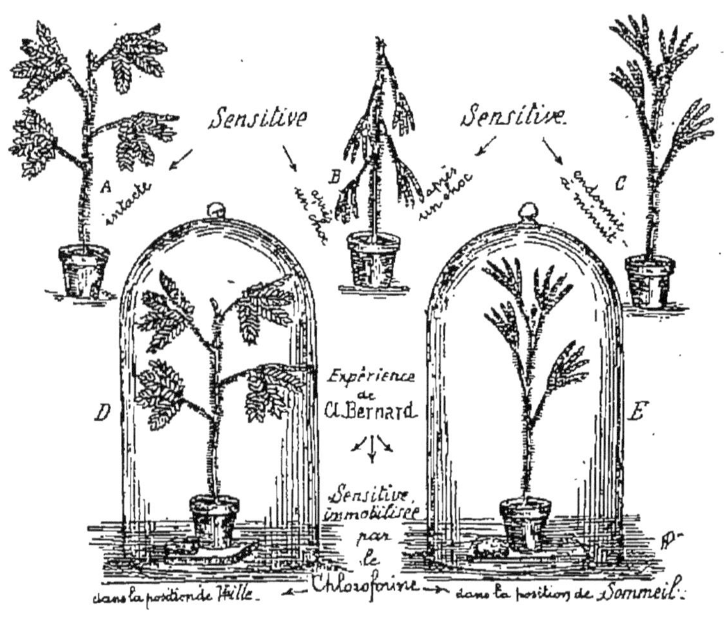

Fig. 180 à 184. — Diverses expériences faites sur la Sensitive.

est assurément la Sensitive (*fig.* 180 à 184). Au moindre choc, elle replie ses folioles et abaisse son pétiole : suivant que le choc a été léger ou violent, l'effet est localisé au point touché ou s'étend à la plante entière. Cette irritabilité peut être annulée par le chloroforme : si, dans une cloche de verre, on enferme une Sensitive avec une éponge imbibée de chloroforme, la plante prend la même direction qu'à l'état de sommeil et devient insensible aux chocs.

La *Dionée attrape-mouche* exécute des mouvements semblables. Dès qu'un insecte vient irriter les poils de ses feuilles, aussitôt elles replient leurs lames latérales comme les deux valves d'une coquille, et l'animal reste emprisonné jusqu'à ce que tout mouvement ait cessé.

La *Drosera rotundifolia* (voir *fig.* 4 à 8), n'est pas moins impressionnable : les poils qui ornent la face supérieure de ses feuilles sont autant de pièges. Au moindre attouchement ils se replient de dehors en dedans et forment autant d'arceaux qui retiennent l'insecte provocateur.

Ces plantes sont dites *carnivores*, ainsi que plusieurs autres, comme le *Nepenthes*, la *Grassette*, l'*Utriculaire*, le *Céphalotus*, parce que l'insecte victime, digéré et dissous par le liquide acide de nombreuses glandes foliaires, est absorbé par le végétal (*fig.* 185 à 189).

Mécanisme de ces mouvements. — On ne connaît point avec précision la cause de ces mouvements. Les mouvements provoqués demeurent à peu près inexpliqués : les mouvements périodiques seuls, de veille et de sommeil surtout, ont été l'objet d'un essai d'explication.

Le siège du mouvement est à la base ordinairement renflée du pétiole des feuilles simples ou des pétioles secondaires des feuilles composées. Dans ce *renflement moteur*, il y a accumulation et disparition alternatives d'eau dans les cellules : quand l'eau abonde, la feuille est étalée : quand l'eau diminue, la feuille s'abaisse. Mais ces oscillations de la proportion d'eau paraissent dépendre d'oscillations de même sens dans la proportion de sucre mis en réserve. On ne saurait dire comment la réserve de sucre intra-cellulaire est influencée par la lumière et l'obscurité.

Cependant le protoplasme paraît jouer lui-même un rôle important dans ces mouvements, puisque les anesthésiques (éther et chloroforme) les modifient en agissant sur lui. Au niveau du renflement moteur (voir *fig.* 16), les cellules communiquent entre elles par des bandes de protoplasme : la contractilité étant une propriété essentielle de la substance vivante, on comprend que la continuité du protoplasme permette des mouvements d'ensemble. — Dans la Sensitive, par exemple, par suite d'un choc, les cellules de la moitié inférieure du renflement se contractent et chassent l'eau vers la tige et dans les espaces inter-

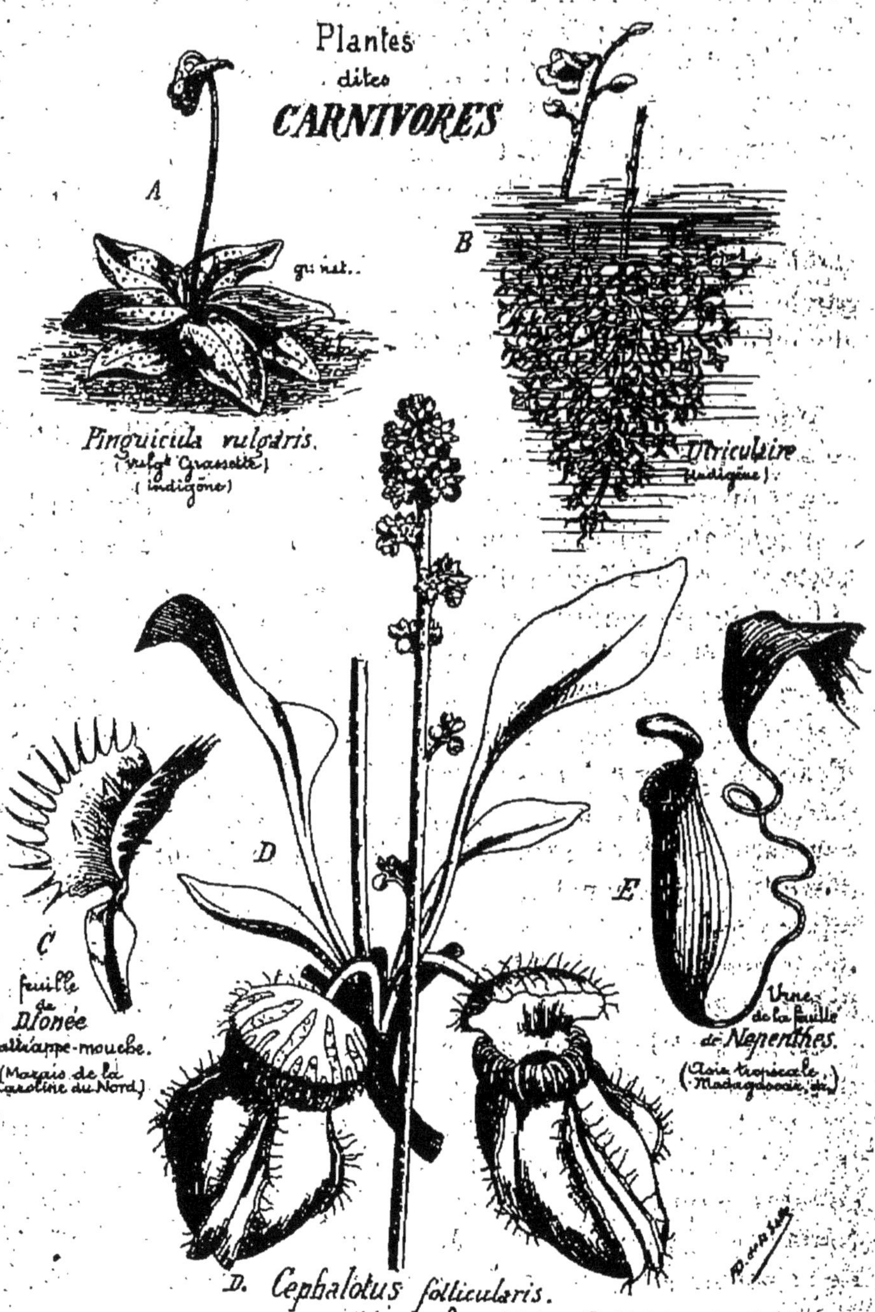

Fig. 185 à 189. — Diverses plantes carnivores.

cellulaires ; devenue flasque, cette moitié inférieure se raccourcit et permet ainsi l'abaissement du pétiole. La moitié supérieure du renflement, ayant des cellules à membrane plus épaisse, ne peut subir une égale contraction, ni par conséquent perdre de son volume.

II. — **Fonctions de la feuille.** — Nous pourrions comparer la feuille des végétaux à l'appareil respiratoire des animaux; car elle a pour rôle principal de présider aux échanges gazeux qui s'opèrent entre le milieu cellulaire et l'atmosphère extérieure. Par une vraie *respiration*, elle absorbe, jour et nuit, de l'oxygène et dégage de l'acide carbonique. — Par une *fonction chlorophyllienne*, dont l'équivalent ne paraît point exister dans le règne animal, la feuille verte décompose, à la lumière, l'acide carbonique de l'air, fixe le carbone dans ses tissus et dégage l'oxygène. — Enfin, par une *transpiration* non interrompue, la feuille, jeune ou adulte, exhale de la vapeur d'eau.

Cependant, dans certaines plantes, la feuille peut encore remplir des fonctions accessoires : elle peut devenir un magasin de réserve nutritive, elle peut servir à protéger les bourgeons ou à soutenir les tiges et les rameaux.

1° Respiration. — La respiration, dans les végétaux aussi bien que dans les animaux, est le phénomène par lequel un être vivant absorbe l'oxygène de l'air et dégage de l'acide carbonique. Toutes les parties de la plante respirent de cette sorte, et à tout âge comme en tout temps : la tige et les racines respirent aussi bien que les feuilles; et le phénomène a lieu la nuit aussi bien que le jour.

Pour mettre en évidence la respiration des feuilles, on place deux cloches de verre bien hermétiquement fermées sur une plaque de verre (*fig.* 190). Dans l'une on a introduit une branche garnie de feuilles et un verre contenant une dissolution de chaux ou de baryte : dans l'autre on a introduit seulement un verre contenant l'eau de chaux ou de baryte. Dans la première, l'eau se couvre d'une croûte de carbonate de chaux ou de baryte : donc les feuilles de la branche ont dégagé de l'acide carbonique. Dans la seconde, l'eau de chaux ou de baryte ne se trouble pas. Analysant l'air de la première cloche, l'observateur constate aisément qu'une partie de son oxygène a été absorbée par les feuilles. Donc les feuilles respirent. — Le phénomène est le même à la lumière et à l'obscurité ; par conséquent il est indépendant des radiations lumineuses et se distingue ainsi nettement de la fonction chlorophyllienne.

Une autre expérience permet non seulement de constater le phénomène, mais encore d'en mesurer les résultats. Dans une cloche munie d'un bouchon à deux tubulures on introduit des feuilles bien vivantes. Par une tubulure passe

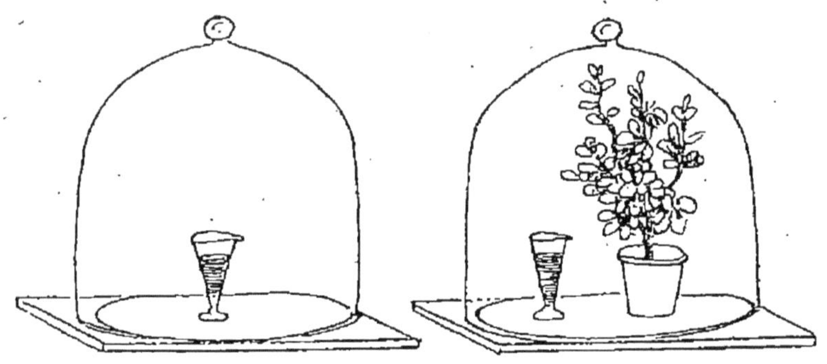

Fig. 190. — Expérience constatant l'absorption d'oxygène et le dégagement d'acide carbonique par la plante.

un tube de verre ayant un robinet et terminé en entonnoir ; par l'autre passe un tube qui se recourbe en U et contient du mercure de façon à former un manomètre à air libre. Au fond de la cloche est une dissolution de potasse. — Les choses étant ainsi disposées, la plante absorbe de l'oxygène et dégage de l'acide carbonique : l'acide carbonique se combine avec la potasse et n'influe point sur le manomètre : l'absorption d'oxygène diminue la pression interne, et elle se trouve mesurée par la différence du niveau de mercure dans les branches du manomètre. — Pour mesurer la quantité d'acide carbonique dégagé, on fait arriver par le premier tube de l'acide chlorhydrique qui décompose le carbonate de potasse : l'acide carbonique rendu libre augmente la pression, et la nouvelle différence du niveau de mercure dans les branches du manomètre, en sens contraire, indique la proportion d'acide carbonique.

Par ce procédé, on a pu établir les résultats suivants. — Le rapport du volume d'acide carbonique dégagé au volume d'oxygène absorbé est indépendant de la température, de la pression, de l'éclairement. Il varie suivant l'état des feuilles : il est voisin de l'unité pour les feuilles adultes minces; il est d'autant plus petit que 1 que les feuilles sont plus charnues; il diminue de même à mesure que la plante avance en âge. — La quantité d'acide carbonique dégagé, ou l'intensité de la respiration, est aussi très variable : les feuilles persistantes respirent plus en été qu'en hiver; dans chaque feuille, la respiration atteint son maximum au moment de l'éclosion des bourgeons.

2° Fonction chlorophyllienne. — La fonction chlorophyllienne est l'opération par laquelle les *parties vertes* de la plante, sous l'influence de la *lumière*, absorbent l'acide carbonique de l'air, le décomposent, fixent le carbone et dégagent l'oxygène.

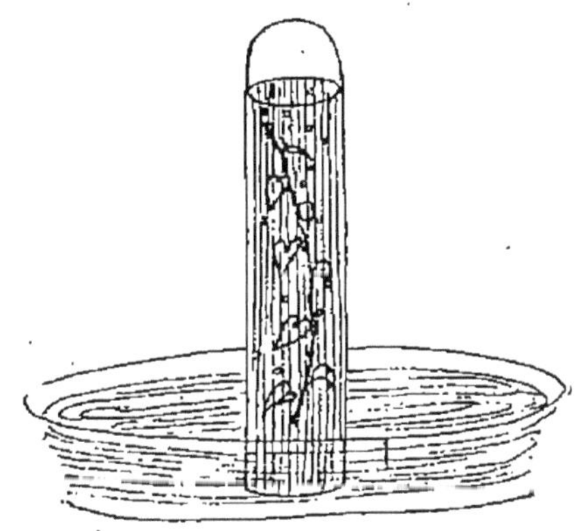

Fig. 191. — Expérience constatant l'action chlorophyllienne : absorption d'acide carbonique et dégagement d'oxygène.

Pour donner du phénomène une *preuve expérimentale*, on a recours au moyen suivant : dans une éprouvette remplie d'eau tenant en dissolution une dose connue d'acide carbonique, on introduit une branche munie de feuilles vivantes (*fig.* 191); puis on l'expose au soleil. On voit bientôt des bulles de gaz se dégager et se rassembler au sommet de l'éprouvette. Ce gaz dégagé est de l'oxygène pur; l'analyse de l'eau montre qu'elle a perdu un volume à peu près égal d'acide carbonique.

Deux *conditions* sont essentielles à la production du phénomène : la lumière et la présence de la chlorophylle (*fig.* 192 à 194). Si des feuilles vertes étaient tenues à l'obscurité, ou si des feuilles incolores étaient exposées à la lumière, la fonction ne s'exercerait pas.

Si l'on veut décrire plus complètement la *nature* du phénomène, on ajoute que l'acide carbonique absorbé est décomposé par les grains de chlorophylle, que le carbone

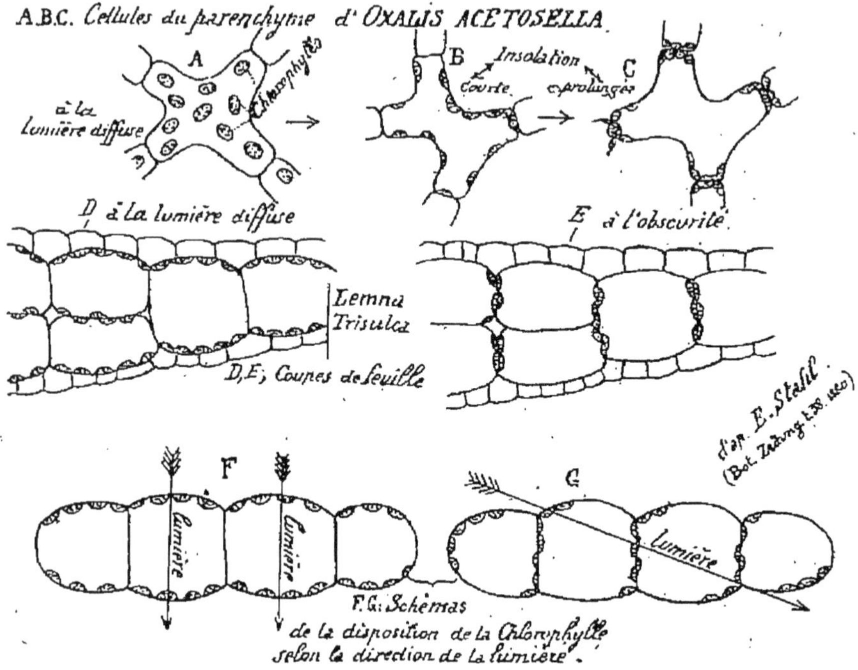

Fig. 192 à 194. — Action de la lumière sur la chlorophylle. — A, B, C, position de la chlorophylle suivant la quantité de lumière : en A, les grains se dispersent pour recevoir la lumière de tous côtés ; en B, ils se collent à la paroi cellulaire ; en C, ils s'accumulent comme pour se mettre à l'abri de rayons trop intenses. — D, C, position de la chlorophylle à la lumière et à l'obscurité. — F, G, disposition de la chlorophylle suivant la direction de la lumière.

se combine avec l'oxygène et l'hydrogène pour former de l'amidon, et que l'oxygène libre est rendu à l'extérieur. — En effet, en examinant avec soin des cellules munies de chlorophylle, on remarque : 1° que les grains de chlorophylle, après un séjour de plusieurs heures à l'obscurité, sont homogènes et transparents ; 2° qu'après une exposition plus ou moins longue au soleil, ils sont chargés de corpuscules d'amidon d'autant plus gros que l'exposition a duré plus de temps.

L'*énergie physique* mise en œuvre par la chlorophylle pour décomposer l'acide carbonique est empruntée aux radiations solaires. Le rôle spécifique de la chlorophylle paraît être de servir d'écran pour retenir les radiations nécessaires à la décomposition de l'acide.

Par l'analyse chimique, on constate que la chlorophylle, qu'elle soit disséminée par grains ou étalée en rubans dans les cellules, est formée par une masse protoplasmique colorée par du pigment vert : ce pigment est lui-même une matière azotée, cristallisable, qui s'altère vite à la lumière.

La chlorophylle est douée du pouvoir d'absorber certains rayons lumineux, et les radiations ainsi absorbées sont l'agent de la fonction chlorophyllienne. Ces deux propositions se démontrent expérimentalement. — Qu'une dissolution de chlorophylle pure soit placée sur le trajet d'un rayon solaire décomposé par le prisme, on verra que le spectre résultant est caractérisé par sept bandes noires, qui sont des bandes d'absorption. — Qu'on dispose ensuite, dans un spectre solaire ordinaire, diverses éprouvettes analogues à celle dont nous avons parlé plus haut, on verra que le dégagement d'oxygène a lieu dans les régions où peut s'exercer le pouvoir absorbant de la chlorophylle, pas ailleurs : donc ce sont bien les radiations absorbées par la chlorophylle qui décomposent l'acide carbonique.

Diverses *circonstances* influent sur l'intensité de la fonction chlorophyllienne. — Pour une même plante, cette fonction est presque nulle à la lumière diffuse faible ; à la lumière directe, elle croît jusqu'à un maximum; une lumière trop intense diminue l'activité chlorophyllienne et peut aller jusqu'à détruire la chlorophylle. — Les plantes n'ont pas toutes besoin d'une égale intensité de lumière pour produire le même travail chlorophyllien : ainsi, dans les forêts, les Fougères et les Mousses n'ont besoin que d'une lumière diffuse peu intense; d'autres, comme le Bambou, sont beaucoup plus actives à la lumière diffuse qu'à la lumière directe; d'autres enfin n'accomplissent bien le phénomène qu'à la lumière directe.

Nous ne saurions trop mettre en évidence *l'importance* de cette fonction. Elle est indispensable aux plantes, parce qu'elle est la source unique du carbone qui est essentiel à tous leurs tissus. Aussi, quand une plante est dépourvue de chlorophylle, doit-elle puiser son carbone dans un milieu organique déjà formé : dans les graines, la plantule emprunte le carbone aux cotylédons; dans les Champignons, le carbone est emprunté par le thalle au milieu organisé où grandissent ces végétaux. — En déterminant le poids de carbone contenu dans les tissus végétaux, d'une prairie par exemple, on peut évaluer la quantité d'acide carbonique décomposé. Ainsi une prairie qui fixe annuellement 2 000 kilogrammes de carbone par hectare décomposerait de 7 à 8 000 kilogrammes d'acide carbonique. Il n'en faut pas davantage pour démontrer combien la fonction chlorophyllienne assainit l'atmosphère viciée par la respiration proprement dite des êtres vivants.

Il nous est aisé maintenant de distinguer la fonction chlorophyllienne de la respiration : l'une absorbe de l'acide carbonique et dégage de l'oxygène, l'autre absorbe de l'oxygène et dégage de l'acide carbonique; l'une s'exerce seulement à la faveur de la lumière, et l'autre s'exerce la nuit et le jour; la première n'est accomplie que par les cellules vertes, la seconde par toutes les cellules vivantes. — Dans l'obscurité, il est facile d'évaluer l'intensité de la respiration, parce qu'elle se produit seule; durant le jour, alors que les deux fonctions s'exercent à la fois, il est très difficile de déterminer ce qui revient à l'une et à l'autre : ce que l'on prend d'ordinaire comme l'effet de l'action chlorophyllienne n'est que la résultante de deux fonctions inverses. La quantité d'oxygène recueillie dans l'éprouvette est égale à la quantité d'oxygène dégagée par l'action chlorophyllienne moins la quantité d'oxygène absorbée par la respiration : il faut en dire autant de l'acide carbonique.

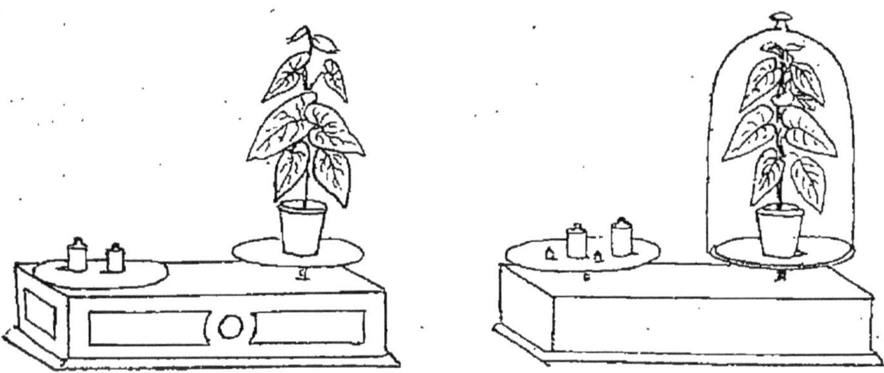

Fig. 195. — Expérience pour constater la transpiration. — A gauche, la transpiration se mesure. — A droite, la plante étant sous cloche, il n'y a point de perte de poids.

3° Transpiration. — La transpiration consiste dans l'exhalaison de vapeur d'eau faite dans l'atmosphère par les feuilles aériennes.

Fig. 196. — Expérience pour recueillir la vapeur d'eau dégagée par les feuilles d'un rameau.

Diverses expériences servent à mettre le phénomène en évidence. — Sur le plateau d'une balance, on place un pot de fleur contenant une plante à larges feuilles; puis on fait l'équilibre par des poids mis sur l'autre plateau (*fig.* 195). En moins d'une heure, le plateau sur lequel est la plante accuse une diminution de poids : cette perte est due à l'exhalaison de vapeur d'eau par les feuilles, et on peut l'évaluer en rétablissant l'équilibre par des poids marqués. On peut recueillir la vapeur d'eau exhalée en enveloppant dans un ballon un rameau encore adhérent à la tige : la vapeur dégagée se condense sur les parois du ballon, et on la recueille dans un flacon disposé au dessous (*fig.* 196). — Cette transpiration détermine dans la feuille un courant d'eau qu'on rend sensible et qu'on mesure de la manière suivante. Un tube en U porte d'un côté une feuille dont le pétiole s'engage dans l'eau, de l'autre côté un tube horizontal contenant de l'eau jusqu'à un certain indice : à mesure que l'exhalaison se fait, le pétiole absorbe l'eau du tube en U, et l'on voit l'eau diminuer progressivement dans le tube horizontal (*fig.* 197).

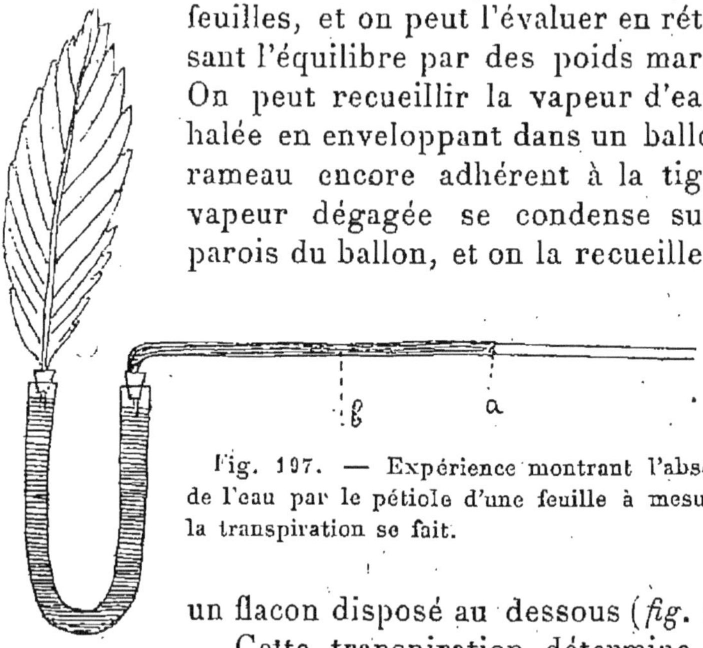

Fig. 197. — Expérience montrant l'absorption de l'eau par le pétiole d'une feuille à mesure que la transpiration se fait.

Diverses *circonstances* influent sur l'intensité de la transpiration. — Elle est d'autant plus grande que les feuilles ont plus de surface, que la cutine a moins d'épaisseur, que les stomates sont plus nombreux. — Elle croît avec la température, la sécheresse et l'agitation de l'air extérieur. — La lumière accélère aussi notablement le phénomène : elle le rend double ou triple.

Mais la lumière paraît produire, indépendamment de la transpiration, une augmentation notable d'exhalaison de vapeur. Ainsi une feuille de Blé émet 1 milligramme de vapeur à l'obscurité, tandis qu'elle en rejette 168 milligrammes à la lumière. Cette différence ne s'explique que par un phénomène nouveau auquel on a donné le nom de *chlorovaporisation*. Il consiste en ce que la chlorophylle emploie une partie des radiations solaires qu'elle absorbe à transformer en vapeur l'eau que lui apporte la sève ascendante. L'expérience montre en effet que les feuilles de Blé dégagent un maximum de vapeur d'eau lorsqu'elles sont exposées dans les régions du spectre solaire où se trouvent les bandes d'absorption de la chlorophylle.

La chlorovaporisation, étant si abondante à la lumière du jour, détermine une grande absorption de liquide par les racines. Au coucher du soleil, elle se trouve brusquement annulée. Alors le courant de sève ascendante produit une forte pression à la surface de la feuille, et bientôt l'eau y forme de fines gouttelettes. Ces gouttelettes grossissent et tombent; mais il s'en forme de nouvelles jusqu'au lever du soleil, c'est-à-dire jusqu'à ce que la lumière ait de nouveau mis en train le phénomène de chlorovaporisation. Il ne faut point confondre, comme on le fait souvent, ces gouttes d'eau exhalée avec celles de la rosée.

C'est par les *stomates aquifères* que la feuille se débarrasse ainsi de son excès d'eau. Les stomates aquifères sont placés au-dessus des dernières terminaisons des nervures qui leur amènent le liquide; ils sont d'ordinaire au bord du limbe, quelquefois sur sa face supérieure. Parfois, au lieu de stomate, il y a une simple fente produite par déchirure entre les cellules épidermiques de la pointe du limbe, comme dans le Seigle et le Blé.

Ces diverses pertes d'eau, transpiration, chlorovaporisation, exhalation par les stomates aquifères, ont pour effet de débiter l'excès de liquide absorbé par la plante. La sève ascendante charrie jusqu'aux feuilles les éléments puisés dans le sol à l'état de dissolution; dans les feuilles, où les éléments s'élaborent pour former la sève nourricière, la partie liquide qui n'avait à jouer dans la plante qu'un rôle mécanique se dégage. Mais ce dégagement doit se faire suivant de justes proportions. Si la plante perd plus d'eau qu'elle n'en puise par les racines, les tissus deviennent mous et flasques, puis se flétrissent: c'est ce qu'on remarque souvent dans les plantes herbacées après une chaude journée d'été. Si la perte d'eau est insuffisante, les tissus se gonflent et la plante périt, comme cela se voit pour certaines plantes durant les étés pluvieux.

On a réussi à évaluer approximativement les *quantités* d'eau dégagées par certaines plantes pendant une période végétative, c'est-à-dire depuis l'éclosion des bourgeons jusqu'à la chute des feuilles. Le Houx dégage 30 fois son poids d'eau, le Sapin 52 fois, le Mélèze 177 fois, le Chêne 226 fois, le Sycomore 455 fois. Il est remarquable que les arbres à feuilles caduques, comme le Chêne, dégagent en six mois beaucoup plus d'eau que ne font en un an les arbres à feuilles persistantes, comme le Sapin.

Des pertes d'eau aussi considérables doivent être compensées par l'absorption active faite par les racines; le sol a donc besoin de renouveler souvent sa provision d'eau, soit par les pluies, soit par les arrosages.

4° Rôle nourricier de certaines feuilles. — Dans certaines espèces, des feuilles deviennent un magasin de réserve. Dans leur parenchyme s'entassent des provisions comme le sucre et l'amidon, qui ont pour but de nourrir la plante jusqu'à ce qu'elle puisse se suffire à elle-même par ses racines et ses feuilles normales.

Nous citerons deux exemples principaux : les *cotylédons* des graines de Haricot, d'Amandier, et de toutes les graines de Phanérogames; les *écailles* qui forment les oignons du Lis, de la Tulipe, de la Jacinthe.

5° Rôle protecteur. — Nous avons déjà fait connaître le rôle protecteur de certaines feuilles en parlant des diverses modifications qu'elles sont susceptibles de subir.

Les jeunes feuilles servent toujours d'enveloppes aux bourgeons et les préservent de la dessiccation et du refroidissement. — Parfois les feuilles se transforment complètement ou partiellement en vrilles destinées à lier la tige à des supports rigides : c'est ce qu'on observe particulièrement dans le Haricot.

RÉSUMÉ DES CARACTÈRES DE LA FEUILLE

Caractères anatomiques. — La feuille est un appendice de la tige dont elle contient toutes les parties : épiderme, moelle corticale, faisceaux libéro-ligneux. Au lieu que les différentes régions de la tige sont symétriques par rapport à un axe, celles de la feuille sont symétriques par rapport à un plan passant par l'axe de la tige. Les faisceaux libéro-ligneux des nervures sont en continuité avec ceux de la tige : le bois est à la face supérieure, le liber, à la face inférieure. — La feuille est dite d'origine exogène, parce qu'elle se forme aux dépens des cellules superficielles ou épidermiques du méristème primitif.

Caractères physiologiques. — La feuille est remarquable par les mouvements qu'elle subit, soit sous l'action des agents extérieurs, soit par le fait d'influences internes peu connues. Ses fonctions sont d'une importance extrême pour la nutrition : elle absorbe l'oxygène par la respiration ; elle fixe le carbone par la fonction chlorophyllienne ; elle se débarrasse de l'excès d'eau de la sève ascendante par la transpiration, par la chlorovaporisation, par l'exhalation opérée dans les stomates aquifères.

CHAPITRE IV

LA NUTRITION

I. Aliments. — II. Absorption des aliments : 1° absorption chez les végétaux chlorophylliens (aliments tirés du sol, aliments tirés de l'air); 2° absorption chez les végétaux sans chlorophylle (plantes saprophytes, plantes parasites, symbiose); 3° absorption de l'oxygène. Nécessité de l'oxygène (asphyxie). Fermentation. Fixation de l'azote. — III. Mise en réserve : 1° hydrates de carbone; 2° albuminoïdes; 3° corps gras. — IV. Utilisation des aliments ou assimilation : 1° digestion des réserves; 2° assimilation proprement dite. — V. Déchets de l'assimilation. — VI. Effets de la nutrition (effets physiques, effets physiologiques).

La racine, la tige et les feuilles sont les divers organes de l'appareil nutritif. Il nous reste à dire les phénomènes qui constituent la nutrition.

La nutrition, à proprement parler, est l'acte intime et mystérieux qui s'opère en chaque unité cellulaire, et par lequel le protoplasme vivant s'incorpore des aliments empruntés au monde extérieur et rejette, à l'état de déchets, les éléments dont il était formé. Dans un sens plus large, la nutrition embrasse les phénomènes préparatoires et les phénomènes consécutifs de l'acte même d'assimilation. Classant toutes ces opérations dans leur ordre logique, nous verrons : quels *aliments* la plante doit emprunter au dehors, comment elle les *absorbe*, comment elle les met en *réserve*, comment elle les *utilise*, quels *déchets* elle produit, et enfin quels sont les *effets* physiques et physiologiques de la nutrition.

I. **Aliments.** — On nomme aliments, les substances que le végétal emprunte au monde extérieur pour entretenir son mouvement nutritif. Pour savoir quels doivent être ses aliments, il suffit de connaître la composition d'un végétal.

L'analyse élémentaire nous apprend qu'une douzaine de

corps simples est nécessaire et suffit à l'entretien d'une plante : le carbone, l'oxygène, l'hydrogène, l'azote, le soufre et le phosphore, qui sont essentiels ; le silicium, le chlore, le potassium, le calcium, le fer, le manganèse, qui se rencontrent habituellement.

D'autre part, nous savons que ces corps simples se présentent, chez les végétaux, sous quatre formes principales : des matières *ternaires*, comme les graisses, les sucres, les féculents, les alcools... ; — des matières *albuminoïdes*, comme la légumine, le gluten... ; — des *carbures d'hydrogène*, comme les huiles essentielles et les résines ; — des *sels minéraux* et de l'eau.

Si le végétal avait la propriété de faire la synthèse de tous ces corps composés, il pourrait se nourrir de corps simples : mais, n'ayant point ce pouvoir, ou ne l'ayant que dans une certaine mesure, il doit absorber des aliments qui soient déjà pour la plupart à l'état de combinaison. C'est ce que nous allons voir en parlant de l'absorption.

II. **Absorption des aliments**. — Comme la nutrition peut se ramener, dans tous les êtres vivants, à une sorte d'oxydation, nous devons distinguer entre l'absorption des matières combustibles et l'absorption du corps comburant. Pour l'absorption des matières combustibles, il existe une grande différence entre l'alimentation des végétaux à chlorophylle et l'alimentation des végétaux sans chlorophylle. C'est pourquoi nous traiterons :

1° De l'absorption chez les végétaux chlorophylliens;
2° De l'absorption chez les végétaux sans chlorophylle ;
3° De l'absorption de l'oxygène.

1° Absorption chez les végétaux chlorophylliens. — Les plantes à chlorophylle puisent leurs aliments dans le sol et dans l'air : dans le sol, par les racines; dans l'air, par la chlorophylle.

a) *Aliments tirés du sol.* La plante tire du sol l'eau et les sels minéraux. Les sels minéraux sont les sulfates, les phosphates, les azotates et les chlorures, contenant le fer, le potassium, le calcium, etc...

Deux procédés permettent de reconnaître quels sels minéraux sont nécessaires à la nutrition de la plante : ou bien on fait l'analyse des cendres qui restent après sa combustion ; ou bien on cultive des végétaux dans de l'eau contenant différents sels. Par cette seconde méthode, on découvre quelles substances sont préférées par chaque espèce végétale, quelles proportions sont le plus favorables au développement normal.

Les sels ne sont absorbés qu'à l'état de dissolution : ou bien ils sont dissous dans le milieu où plongent les racines ; ou bien, s'ils sont solides, les racines leur font subir une sorte de digestion qui les dissout et les rend capables de circuler.

L'absorption se fait par les poils des racines ; et, dès qu'ils sont introduits, les éléments entrent en circulation.

Cette *sève ascendante* chemine à travers les vaisseaux du ligneux et s'élève jusqu'au limbe des feuilles. Elle peut monter ainsi à une hauteur parfois considérable sous l'influence de deux forces : la *poussée* des racines et l'*aspiration* produite par la perte de vapeur d'eau.

La *poussée des racines* peut atteindre et même dépasser la force d'une atmosphère, c'est-à-dire faire monter la sève à plus de 10 mètres de hauteur. On s'en convainc par l'expérience suivante :

On coupe une tige de Vigne au niveau du sol, et on adapte au tronc qui reste un tube de verre muni d'un manomètre à mercure : la sève sort de la tige, pousse le mercure vers la branche ouverte du manomètre, de sorte qu'il est facile d'en mesurer la pression (*fig.* 198).

L'*aspiration* produite par la transpiration et la chlorovaporisation est aussi facile à montrer expérimentalement. Une branche garnie de feuilles est fixée à l'extrémité d'un tube en U dont une branche est pleine d'eau et l'autre contient du mercure : l'eau est absorbée et le mercure monte dans le tube.

b) *Aliments de l'air.* C'est le carbone principalement que la plante chlorophyllienne tire de l'air, en l'empruntant à l'acide carbonique.

Quand, par les stomates, l'acide carbonique a pénétré dans les tissus végétaux, alors la plante chlorophyllienne fabrique des principes organiques à l'aide des divers éléments qui se trouvent mis en présence.

En effet, les substances minérales puisées dans le sol et l'acide carbonique aspiré par les stomates se rencontrent au contact de la chlorophylle : sous son influence se développent les matières azotées et les matières ternaires.

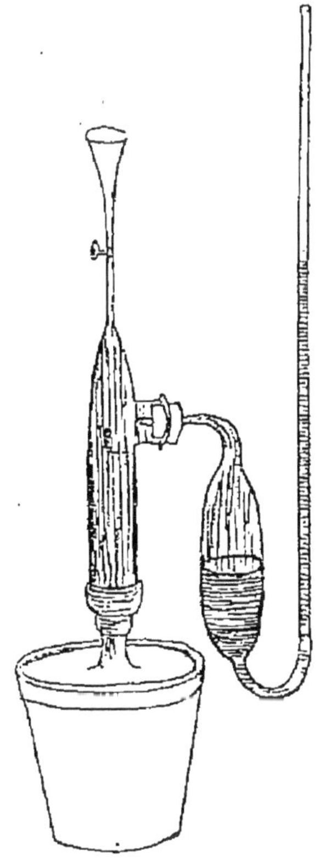

Fig. 198.— Expérience montrant la poussée de la sève ascendante.

On ne saurait dire comment se fait la synthèse des matières azotées ou albuminoïdes. Ce qui porte à croire qu'elles peuvent se former indépendamment de la chlorophylle, c'est qu'il s'en produit chez les Levûres et les Champignons qui manquent de cet agent.

Mais il est démontré que la chlorophylle est indispensable à la formation des hydrates de carbone, féculents, sucres, amidon... Par les radiations calorifiques et chimiques qu'elle emprunte, elle produit des décompositions et des combinaisons, qui font un appel d'acide carbonique et un dégagement d'oxygène : c'est ce qui a fait dire que la chlorophylle décompose l'acide carbonique, fixe le carbone et rejette l'oxygène. — La nature intime du phénomène étant encore inconnue, nous résumerons du moins de la manière suivante ce qui en paraît.

La *sève brute* arrive à la feuille par les vaisseaux du ligneux et rencontre l'acide carbonique entré par les stomates. Le grain de chlorophylle, absorbant des rayons lumineux, emploie à deux opérations l'énergie physique emmagasinée : par la chlorovaporisation, il concentre la sève brute en produisant de la vapeur; par l'assimilation chlorophyllienne, il décompose l'acide carbonique et peut-être une partie d'eau, dégage l'oxygène, et fabrique des hydrates de carbone d'où dérivent tous les composés organiques.

La sève ainsi concentrée par la perte d'eau et modifiée par l'adjonction de nouvelles substances, part par les fibres du liber, et se dirige vers toutes les parties de la plante pour les nourrir : celle qui va aux racines est dite *sève des-*

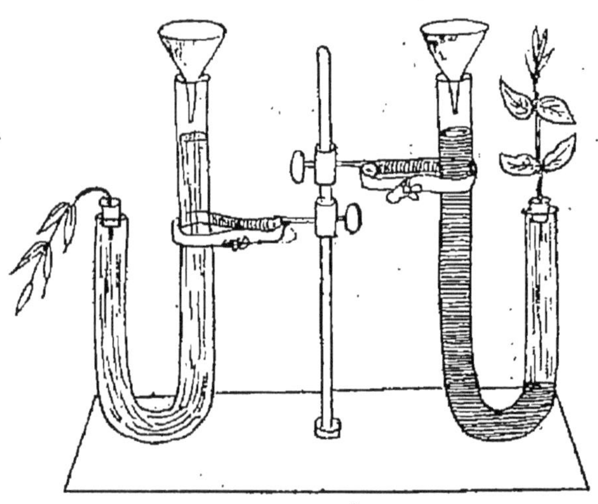

Fig. 198 *bis*. — Expériences montrant l'aspiration de l'eau par un rameau portant des feuilles. — A droite, l'aspiration de l'eau est mesurée par l'ascension du mercure dans la branche qui porte les feuilles. — A gauche, le tube étant plein d'un liquide non nutritif, le rameau se fane et se penche.

cendante. C'est ainsi que la sève s'*élabore* dans les feuilles sous l'action de la chlorophylle.

Comme cette opération ne se fait qu'à la lumière, les plantes chlorophylliennes utilisent pendant la nuit les substances produites pendant le jour : elles vivent alors à leurs propres dépens, comme les plantes sans chlorophylle vivent aux dépens d'un milieu organique étranger.

2° Absorption chez les végétaux sans chlorophylle. — Grâce aux notions qui précèdent, on comprend que les plantes sans chlorophylle ne peuvent vivre dans un milieu purement minéral : ne pouvant fabriquer, du moins en quantité suffisante, la matière organique aux dépens des substances minérales seules, elles doivent l'emprunter au milieu extérieur.

Nous parlerons ici de toutes les plantes qui font à des milieux organiques des emprunts de cette sorte.

a) *Plantes saprophytes.* On nomme *saprophytes* ou *humicoles*, les plantes qui vivent dans les matières organiques en voie de décomposition.

De ce nombre sont les Champignons qui poussent sur le fumier, les Moisissures qui se développent sur les bois pourris ou sur le cuir, les Levûres qui pullulent dans les infusions, et même certaines Orchidées.

b) *Plantes parasites.* On nomme *parasites* les végétaux qui poussent sur des êtres vivants et vivent à leurs dépens.

Parmi les parasites sans chlorophylle, nous citerons la *Cuscute*, qui vit sur la Luzerne, le Chanvre..., dont elle puise la sève à l'aide de racines suçoirs; l'*Orobanche*, qui se développe sur la racine du Thym; les Champignons parasites, qui vivent emprisonnés dans la plante-nourrice, comme la Rouille du Blé, l'Ergot de Seigle, le Meunier (*Cystopus*) du Chou et des Laitues.

Certaines plantes parasites sont pourvues de chlorophylle : par exemple, le *Gui*, parasite du Pommier; le *Rhinante*, parasite des racines de Graminées. Elles épuisent moins leurs hôtes, puisque leur chlorophylle leur permet de fabriquer des principes organiques aux dépens des matières minérales prises dans l'air.

Il existe certains parasites qui n'accomplissent que sur deux hôtes successifs toute leur évolution : de ce nombre est la Rouille du Blé qui vit au printemps sur l'Épine-vinette et en été sur le Blé.

c) *Symbiose.* On donne ce nom au cas où deux végétaux vivent en commun, non point en lutte pour satisfaire des intérêts différents, mais en bonne harmonie pour se rendre de mutuels services.

L'exemple le plus remarquable est celui des Lichens.

Les Lichens (*fig.* 199 à 201) ne peuvent plus être considérés comme des plantes autonomes, formant un groupe caractérisé : c'est une association d'Algue et de Champignon. Dans le mycélium du Champignon, vivent les cellules vertes, tantôt isolées, tantôt groupées, de l'Algue. L'Algue, protégée par l'abri du Champignon, fabrique, à l'aide de sa

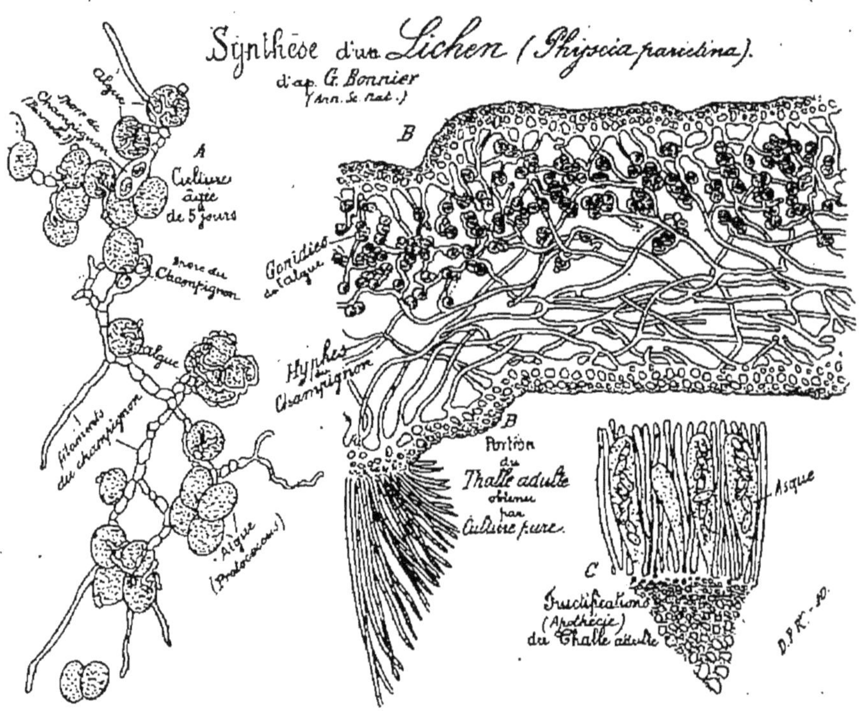

Fig. 199 à 201. — Lichen, ou Algue et Champignon associés. — En A, on assiste à la germination des spores. — En B, on distingue les parties propres à chacun des deux associés développés. — En C, la fructification.

chlorophylle, des hydrates de carbone dont elle fait bénéficier le Champignon. Le Champignon puise dans le rocher des substances minérales et crée des albuminoïdes aux dépens des hydrates fournis par l'Algue. Ainsi grâce à ce mutuel concours, les Lichens peuvent vivre dans des conditions où la vie serait impossible pour des végétaux simples.

3° Absorption de l'oxygène. — Pour les actions chimiques qui sont essentielles à la nutrition, l'oxygène de l'eau et des principes organiques ne suffit pas : la plante doit en emprunter directement au dehors par la respiration.

L'absorption d'oxygène libre, avec dégagement d'acide carbonique, se fait dans toutes les parties de la plante, par les racines, la tige et les feuilles : elle se fait constamment, à l'obscurité comme à la lumière, quelle que soit la température, indépendamment de l'état hygrométrique de l'air.

En général, le rapport de l'acide carbonique exhalé à l'oxygène absorbé est plus petit que l'unité : il passe par un minimum pendant l'hiver et par un maximum durant l'été. Pour une plante annuelle, il est maximum au moment de la germination et de la floraison. C'est dire que l'oxygène se consomme en plus grande quantité au moment où la vie présente le plus d'intensité.

Nécessité de l'oxygène. Asphyxie. L'oxygène est tellement nécessaire à la plante, que, s'il vient à manquer, elle périt par *asphyxie*.

On a remarqué que le défaut d'oxygène ne produit pas l'asphyxie avec la même rapidité chez tous les végétaux : quelques-uns offrent une assez longue résistance, et ils continuent à exhaler de l'acide carbonique.

La théorie proposée pour expliquer cette résistance est assez plausible. Le végétal continue à vivre en empruntant l'oxygène à ses propres réserves qu'il décompose : aussi la résistance est-elle plus longue chez les végétaux qui possèdent une plus forte réserve de matières nutritives. C'est ce fait même qui déconcerta un moment M. Pasteur, en 1872, lorsqu'il découvrit que des prunes, soustraites à l'oxygène dans un bocal, produisaient de l'acide carbonique et exhalaient une odeur d'alcool, comme si elles eussent été en pleine fermentation. Il eut raison de dire que les cellules du parenchyme, pour continuer à vivre, empruntaient de l'oxygène au sucre de réserve et provoquaient ainsi la formation d'alcool et d'acide carbonique.

Cette série de phénomènes nous conduit à parler des fermentations.

Fermentations. — Dans un sens très général, la fermentation est une décomposition chimique où la substance attaquée disparaît en quantité énorme sous l'action d'une cause petite qui est un être vivant. Les transformations digestives, aussi bien que la fermentation alcoolique, sont comprises dans cette notion générale.

Nous ne dirons rien de la *fermentation propre*, celle que l'être vivant produit en décomposant ses propres réserves pour en absorber l'oxygène : c'est ce qu'il serait aisé de réaliser en soustrayant à l'air des tubercules de Betterave ou de Pomme de terre.

Il y a deux sortes de fermentations produites dans des milieux organiques par de petits êtres vivants. Ou bien l'être vivant n'est pas nécessaire par sa propre présence : un *ferment soluble*, substance azotée, sécrétée par lui, suffit à cet effet. Ou bien la présence de l'être vivant est nécessaire : on le nomme alors *ferment figuré*, et la fermentation est fonction de sa vie. C'est une Algue (Bactérie), ou un Champignon (Levûre), toujours un végétal microscopique unicellulaire (*fig.* 202).

M. Pasteur avait d'abord défini la fermentation : *la vie sans air*. Mais on sait aujourd'hui que les ferments ne vivent pas tous à l'abri de l'air.

Plusieurs ne vivent, il est vrai, qu'à l'abri de l'air et sont tués par l'oxygène libre : on les nomme *anaérobies*. Tels sont, par exemple, le *Bacillus amylobacter* et le *Vibrio septicus*. — Le premier transforme le sucre et l'amidon en acides butyrique et carbonique... : il est l'agent actif qui désorganise les végétaux ; il réduit le Chanvre et le Lin aux seules fibres textiles. — Le second est l'agent de la putréfaction des animaux morts : il peut même, sous le nom de septicémie gangréneuse, envahir les corps des animaux vivants et leur causer la mort.

D'autres ferments absorbent l'oxygène de l'air : on les nomme *aérobies*. Tels sont, par exemple, le ferment acétique, le ferment lactique, plusieurs bactéries pathogènes, entre autres celles du charbon et du choléra. — Ainsi le ferment acétique, ensemencé sur du vin, absorbe plus de

50 fois son poids d'alcool en une heure, et transforme le vin en vinaigre en oxydant l'alcool.

Enfin certains ferments sont *tantôt aérobies, tantôt anaérobies,* suivant les circonstances. — Ainsi la Levûre de bière, à l'air libre, absorbe l'oxygène de l'air et transforme le sucre en acide carbonique et en eau. Au contraire, à l'abri de l'air, elle détermine la fermentation alcoolique,

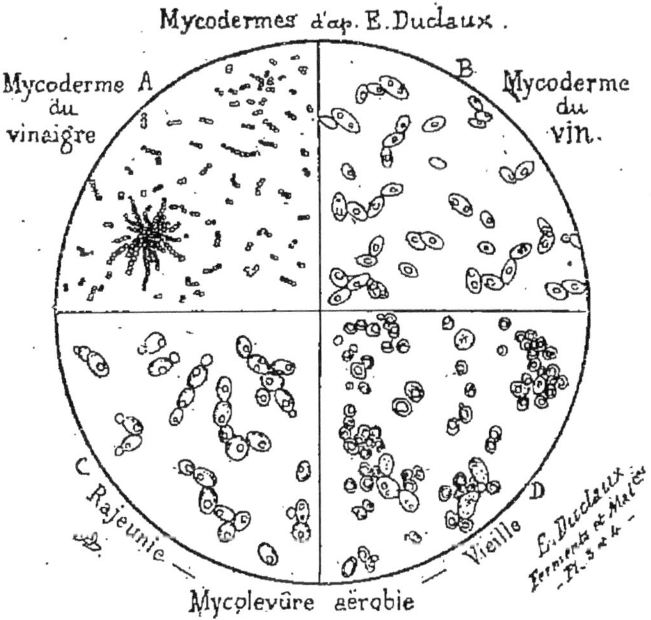

Fig. 202. — Ferments figurés.

en transformant le sucre en alcool et en acide carbonique.

C'est donc dans la nécessité de l'oxygène pour l'entretien de la vie que se trouve l'explication de la fermentation alcoolique. La Levûre vivante, étant à l'abri de l'air, a besoin, pour croître et se développer, d'emprunter l'oxygène au sucre : le sucre étant ainsi décomposé, il se dégage de l'acide carbonique et il reste de l'alcool.

Fixation de l'azote. — L'azote, corps simple indispensable au renouvellement de tout protoplasme, est absorbé dans le sol sous forme d'azotates, et dans l'air sous forme de vapeurs ammoniacales. Jusqu'à ces derniers temps, on ne savait pas comment le sol peut garder sa richesse en azotates. Il est acquis désormais qu'un *ferment nitrificateur* est l'agent puissant qui renouvelle les composés d'azote. — Il agit constamment sur les produits ammoniacaux (urée) excrétés par les animaux. — C'est grâce à lui que, suivant la belle découverte de M. Berthelot, la terre arable nue, traversée par un courant lent d'air pur, fixerait en deux mois de 95 à 178 kilogrammes d'azote par hectare. — Si les Légumineuses ont la propriété d'activer cette fixation d'azote, c'est qu'elles portent, sur leurs racines, des nodosités où pullulent des colonies de ce même ferment.

III. **Mise en réserve.** — Les composés ternaires et azotés, fabriqués par le végétal aux dépens des matières puisées dans le sol ou dans l'air, sont les véritables aliments dont la plante se nourrit. Ces aliments ne sont pas tous consommés immédiatement : une certaine quantité est mise en réserve, tantôt pour être utilisée à brève échéance, tantôt pour être assimilée après un temps assez considérable. Ainsi, la feuille utilise durant la nuit une part de ce qu'elle a emmagasiné durant le jour ; dans les plantes annuelles, les réserves sont consommées dans la saison même de leur formation ; les plantes bisannuelles et vivaces utilisent au printemps les réserves de l'année précédente. Les rhizomes, les bulbes, les cotylédons... permettent à la vie ralentie de se prolonger durant un temps très considérable.

1° Hydrate de carbone. — Les *hydrates de carbone* ou composés ternaires mis en réserve sont : l'amidon, les sucres, la cellulose, l'inuline, les gommes et mucilages.

L'*amidon* (*fig.* 203 et *fig.* 204) se trouve fréquemment dans les cellules végétales, en grains aussi variables par la forme que par les dimensions. Les grains d'amidon sont formés de couches concentriques, alternativement brillantes et ternes, et déposées successivement comme les couches superposées des cristaux ordinaires.

Les grains d'amidon se *forment* également dans les cellules incolores et dans les cellules à chlorophylle. — Dans les cellules incolores, le grain d'amidon se produit aux dépens d'un hydrate déjà existant, du glucose par exemple,

Fig. 203. — Grains d'amidon dans des cellules d'Avoine.

et sous l'influence de petites masses de nature azotée, nommées *leucites*. — Dans les cellules à chlorophylle, le grain d'amidon apparaît au dedans même du grain de chlorophylle où il est le résultat de la synthèse opérée par la chlorophylle aux dépens de l'acide carbonique et de l'eau.

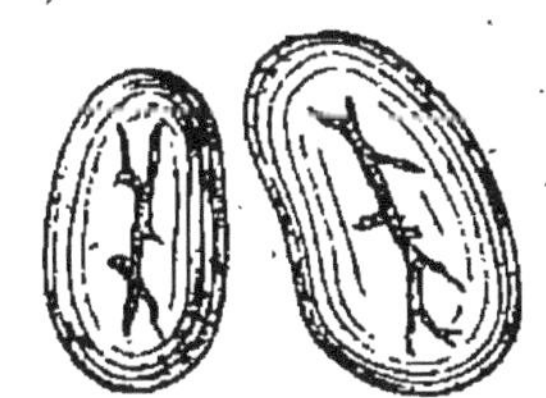

Fig. 204. — Fécule ou grains d'amidon du Haricot.

Insoluble dans l'eau froide, l'amidon se gonfle dans l'eau bouillante et se transforme en *empois*. Dans l'eau acidulée, il subit diverses modifications qui le conduisent à l'état de glucose (saccharification). Le même effet est obtenu par l'action d'un ferment soluble, nommé *diastase*.

L'amidon est très abondant dans les graines (cotylédons) et dans les tubercules.

Le tubercule de Pomme de terre en contient 25 pour 100 de son poids.

Le *sucre* est aussi une réserve abondamment répandue dans les tissus végétaux, particulièrement dans la Betterave, la Carotte... Il est soluble, et cependant il est localisé dans certains tissus. Pour devenir assimilable, le sucre doit être interverti ou transformé en glucose.

La *cellulose*, très abondante dans tous les végétaux, est à l'état de réserve dans certaines graines, comme celles du Dattier. Comme les sucres, elle doit être attaquée par un ferment soluble et transformée en glucose, avant d'être assimilée.

L'*inuline*, substance dissoute dans le suc cellulaire de l'Aunée, du Dahlia, de certains Champignons et Lichens, apparaît en sphéro-cristaux par la dessiccation ou par l'action de l'alcool (voir *fig.* 26).

Enfin les *gommes* et les *mucilages*, qui sont des hydrates amorphes, translucides, constituent aussi une réserve nutritive. Les gommes sont solubles dans l'eau, les mucilages se gonflent sans se dissoudre.

2° ALBUMINOÏDES. — Les albuminoïdes se mettent en réserve à l'état de grains d'*aleurone* (voir *fig.* 22). Les grains d'aleurone sont de la matière albuminoïde privée d'eau ; dès qu'on rend de l'eau aux cellules qui les contiennent, ils disparaissent et passent à l'état de suc cellulaire. Dans les graines sèches, comme celle du Ricin, les albuminoïdes sont donc à l'état d'aleurone ; dans les cellules en pleine activité, ils sont à l'état de suc intracellulaire.

En examinant les grains d'aleurone dans l'huile ou la glycérine, on y rencontre souvent des *cristalloïdes protéiques*, qui se gonflent et se déforment dans l'eau, et des *globoïdes* où le phosphore est combiné avec le calcium et le magnésium.

3° CORPS GRAS. — Les matières grasses de réserve se rencontrent, en proportion très variable, dans les graines et les fruits d'un très grand nombre de végétaux. Suivant leur état physique et leur constitution, elles forment des huiles, des beurres ou des cires (*fig.* 205).

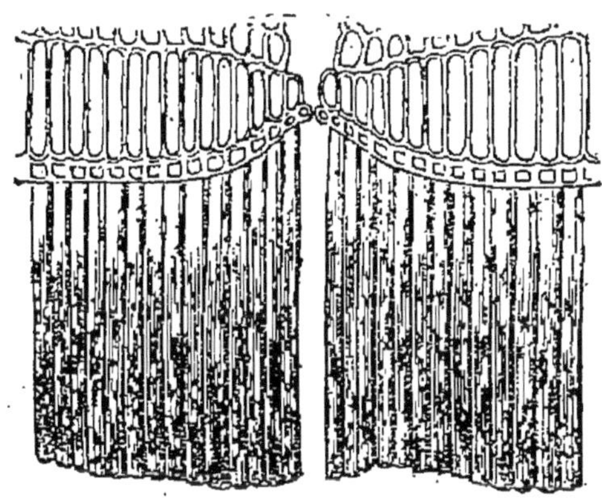

Fig. 205. — Cire en plaques à la surface des feuilles de *Klopstockia*.

IV. Utilisation des aliments ou Assimilation. — L'assimilation est l'acte par lequel le végétal consomme les aliments qu'il a fabriqués et mis en réserve. Comme les matières de réserve ont une certaine stabilité qui les rend impropres à la circulation et à l'assimilation, elles doivent préalablement subir une opération que nous appellerons *digestion*. C'est après avoir parlé de la digestion des réserves que nous traiterons de l'assimilation.

1° Digestion des réserves. — La digestion des réserves consiste dans leur transformation en principes solubles, capables de cheminer, de cellule en cellule ou à travers les tubes criblés du liber, dans tout l'organisme, jusqu'aux points où leur utilisation est nécessaire.

Cette digestion s'opère surtout au printemps, au moment de la reprise de la végétation. Elle est tout à fait semblable à celle qui s'opère chez les animaux. Des ferments solubles, de nature albuminoïde, sont sécrétés par les cellules vivantes, ou peut-être quelquefois par des ferments figurés auxiliaires. On distingue, entre autres : la *pepsine* (*fig.* 206 à 208), analogue à celle du suc gastrique des animaux, apte à digérer les albuminoïdes ; la *diastase*, ou *ptyaline*, qui transforme en glucose les hydrates de carbone; l'*invertine*, qui intervertit les sucres et en fait de la glucose assimilable; l'*émulsine*, qui divise et dédouble les substances grasses; la *cellulase*, qui change la cellulose en glucose assimilable.

La digestion une fois opérée, les éléments dissous entrent en circulation et émigrent vers les points où l'utilisation se fait. Comme l'utilisation se fait en deux régions

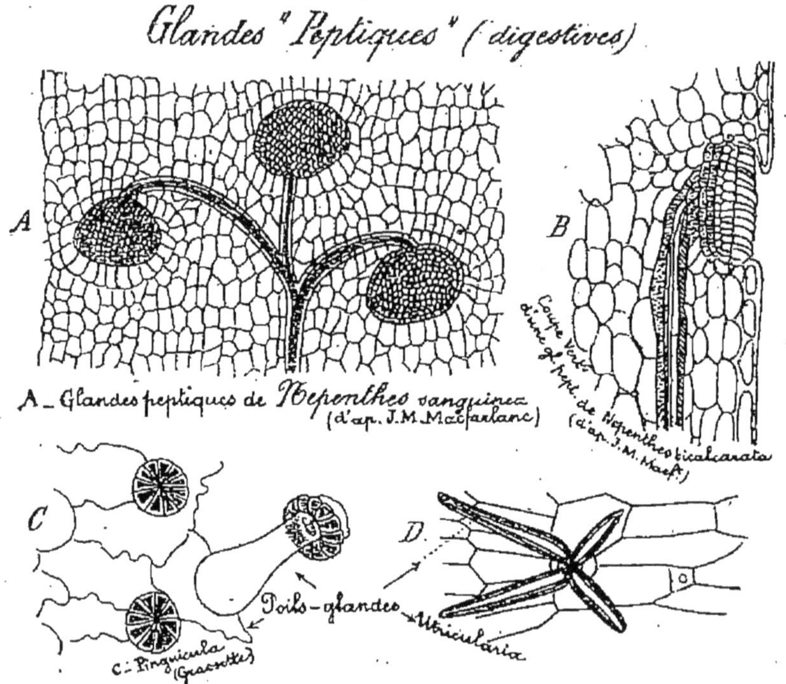

Fig. 206 à 208. — Glandes peptiques de trois plantes carnivores : Nepenthes (A, B), Grassette (C), Utriculaire (D).

principales, au sommet de la tige et des rameaux, et à l'extrémité des racines, où se forment les tissus nouveaux, il se produit dans la plante un double courant : l'un vers l'extrémité de la tige et l'autre vers l'extrémité des racines : de la sorte, le courant de sève élaborée est à la fois ascendant et descendant. Tantôt ces matériaux nutritifs sont immédiatement utilisés, tantôt ils passent une seconde fois à l'état de réserve.

2° Assimilation proprement dite. — Sous ce nom

nous comprenons l'ensemble des phénomènes par lesquels les aliments précédemment élaborés sont utilisés. Cette utilisation consiste sans doute en deux choses : une partie, celle des albuminoïdes, est employée à refaire le tissu vivant, à régénérer le protoplasme ; l'autre partie, surtout les glucoses, les carbures et les graisses, est utilisée à favoriser les échanges protoplasmiques et l'activité vitale.

La série des phénomènes constituant l'assimilation n'est point connue. On sait quels éléments y concourent, quels éléments en résultent sous forme de déchets : on ne saurait dire quels intermédiaires servent de traits d'union. Une combustion sans doute intervient, puisque l'oxygène est essentiel à l'assimilation et que l'acide carbonique en est un produit constant : mais il serait téméraire de regarder cette combustion comme un phénomène aussi simple que celle de nos foyers.

V. Déchets de l'assimilation. — Les principaux produits de la nutrition sont : l'acide carbonique, les sels, le latex, les résines, les huiles essentielles, etc... Les uns sont rejetés par la plante, les autres sont emmagasinés dans le tissu excréteur.

L'*acide carbonique* se dégage constamment des végétaux. Il provient principalement des composés ternaires, hydrates et corps gras : mais ces substances, avant de subir leur dernière oxydation, passent par les états d'acides lactique, butyrique... L'acide carbonique exhalé peut ne pas représenter intégralement celui de la désassimilation : car le phénomène de respiration se fond en partie avec la fonction chlorophyllienne.

Certains acides forment des *sels* avec des bases, et spécialement avec la chaux. L'oxalate de chaux, en cristaux variés, et le carbonate de chaux dans les cystolithes du Figuier, sont les deux principaux. Les cellules à cristaux se rencontrent surtout dans les organes en voie de croissance.

Le *latex* (*fig.* 209 et *fig.* 210) est un liquide blanc laiteux

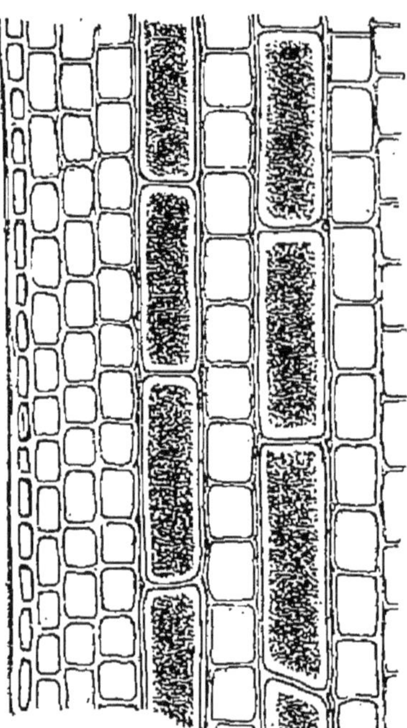

Fig. 209. — Vaisseaux utriculeux de l'*Allium*, remplis de déchets sécrétés après l'assimilation.

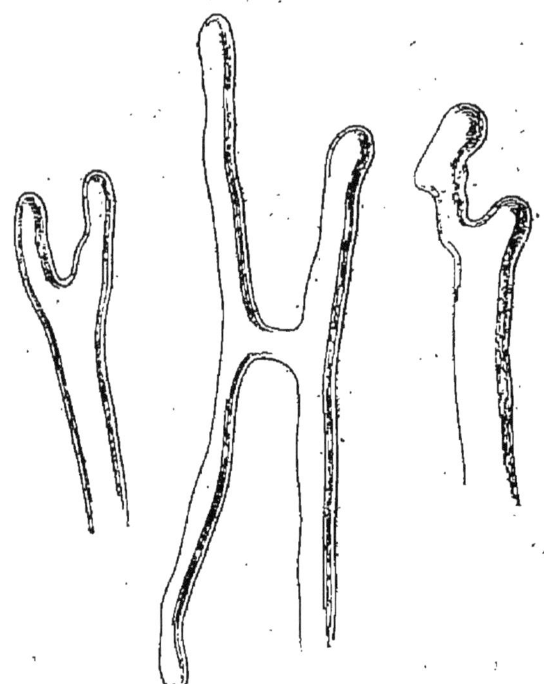

Fig. 210. — Cellules allongées servant de réservoir de latex dans un Champignon (Fistuline).

ou rougeâtre; il est formé de diverses substances et tient en suspension des corpuscules qui lui donnent sa couleur. Ce qui montre que le latex est un liquide d'excrétion et non une substance de réserve, c'est que, en cas d'inanition, la plante s'étiole sans utiliser le latex qu'elle contient. Il abonde dans la Laitue, la Chicorée, le Pavot, la Chéli-

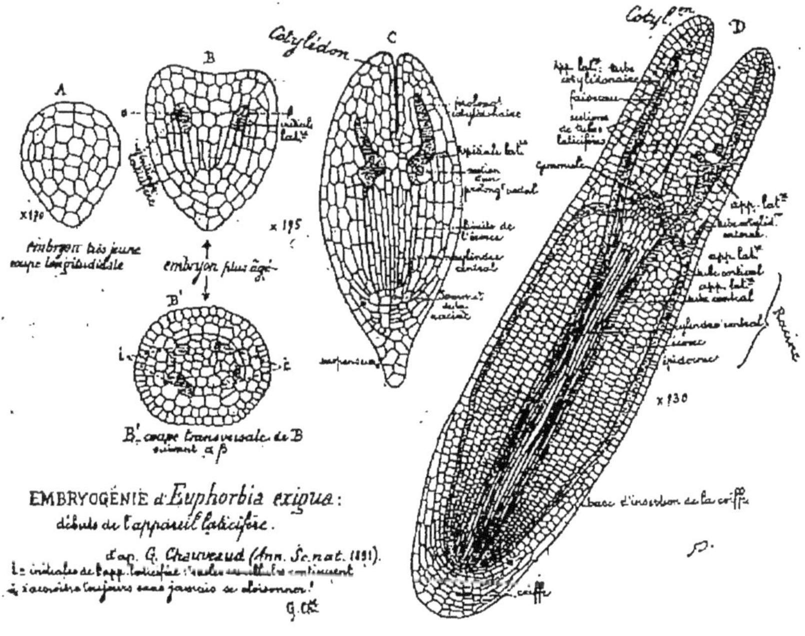

Fig. 211. — Embryogénie de l'*Euphorbia exigua*, montrant la formation du système laticifère.

doine, le Figuier, l'Euphorbe (*fig.* 211). Tantôt il circule dans des tubes ouverts et anastomosés, tantôt dans des canaux formés de longues cellules ramifiées. — Le latex d'un certain nombre d'Euphorbiacées est exploité comme *caoutchouc*; le latex solidifié des Papavéracées constitue *l'opium*.

Les *résines* (*fig.* 212) et *les huiles essentielles* sont des carbures d'hydrogène sécrétés par certaines plantes, comme les Conifères, les Ombellifères... Ces produits, inutiles au végétal, circulent dans des canaux formés aux dépens de méats cellulaires et agrandis par la destruction des cellules voisines (voir *fig.* 60). Ils sont avantageusement exploités dans plusieurs espèces : résine, camphre, essence de térébenthine.

Le résultat de la désassimilation des matières azotées est difficile à déterminer : on pense que telle est l'origine de certains principes azotés cristallisables, comme la sparagine, la leucine, la tyrosine...

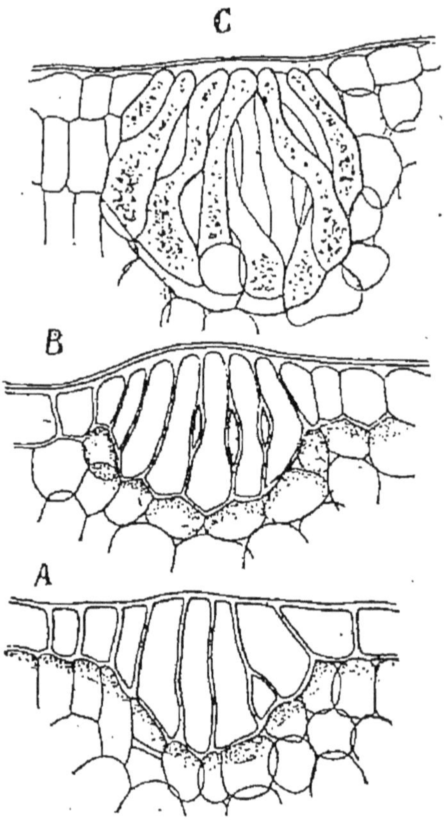

Fig. 212. — Section d'une feuille de *Psoralea hirta*, montrant, à divers stades de développement (A, B, C), les cellules sécrétrices de résine.

VI. Effets de la nutrition. — Nous distinguerons deux sortes d'effets : les effets physiques et les effets physiologiques.

1° Effets physiques. Chaleur. — Laissant de côté le développement d'électricité dans toutes les plantes et la phosphorescence de quelques-unes, nous ne parlerons ici que de la chaleur.

Comme les diverses réactions chimiques de la nutrition peuvent être ramenées à une oxydation, elles sont nécessairement pour la plante une source de chaleur.

Une partie de cette chaleur est employée à l'exercice des phénomènes vitaux, l'autre partie se dégage.

Dans les plantes sans chlorophylle, toute l'activité vitale est empruntée à la chaleur développée par la nutrition. Les plantes chlorophylliennes puisent à deux sources la chaleur qu'elles dépensent : elles prennent une part de l'énergie produite par l'assimilation ; elles empruntent aux radiations solaires le supplément d'énergie dont elles ont besoin pour la fonction chlorophyllienne et la chlorovaporisation.

Le dégagement de chaleur produit par les plantes est facile à mettre en évidence, surtout près des bourgeons en voie d'éclosion et des graines en voie de germination. On prend un thermomètre différentiel de Leslie. Autour de chacune des boules on dispose des graines d'Orge ou de Blé : d'un côté, les grains sont secs; de l'autre, ils sont humectés et en germination. Par le déplacement de l'index du thermomètre, on constate qu'un dégagement de chaleur a lieu du côté où la germination se fait. D'ailleurs, c'est au moment même où la plante absorbe le plus d'oxygène par la respiration qu'elle dégage aussi la plus grande somme de chaleur.

2° Effets physiologiques. — Le premier effet de la nutrition est l'*entretien* de la plante, c'est-à-dire la substitution moléculaire qui répare l'usure du protoplasme, et les combinaisons chimiques indispensables à l'exercice de l'activité vitale.

Le second effet est l'*accroissement* : sans se diviser, la plante s'accroît par les bourgeons et dans le sens latéral : il y a multiplication cellulaire et développement des cellules déjà formées. Cet accroissement ne peut point être illimité : il existe pour chaque espèce une taille maximum. Mais, avant d'avoir atteint cette taille, une plante peut fournir des fragments qu'on détache et qui sont capables de vivre par eux-mêmes.

La mise en *réserve* peut aussi, d'une certaine façon, être considérée comme un effet de la nutrition.

Enfin, la *reproduction* est l'effet physiologique le plus remarquable, puisqu'elle permet à la plante d'étendre sa vie dans l'espace et de la perpétuer dans le temps ; c'est à l'étude de la reproduction que nous allons consacrer la troisième partie de notre travail.

LIVRE TROISIÈME

FONCTIONS DE REPRODUCTION

Idée générale de la reproduction chez les végétaux : 1° multiplication végétative ou scissiparité; 2° reproduction proprement dite (spores, œufs, graines).

Idée générale de la reproduction chez les Végétaux. — Tandis que les minéraux peuvent s'accroître indéfiniment et durer toujours, l'être vivant est borné à la fois dans l'espace et dans le temps : chaque individu ne peut dépasser une taille maximum, ni conserver l'existence au-delà d'un âge plus ou moins avancé. Pour assurer la diffusion de l'espèce et sa conservation, l'être vivant doit donc se reproduire, c'est-à-dire se survivre à lui-même dans un être issu de lui et semblable à lui.

Chez les végétaux, les individus nouveaux se forment de deux façons : ou bien par *scissiparité*, ou multiplication végétative, quand un fragment quelconque détaché de la plante en continue la vie; ou bien par *reproduction proprement dite*, quand des éléments spéciaux, spores, œufs, graines, s'isolent de la plante pour la faire revivre.

1° Multiplication végétative ou scissiparité. — Ce mode de multiplication, très pratiqué en agriculture, consiste à détacher d'un individu robuste un fragment qui en reproduise exactement toutes les propriétés.

La nature elle-même avait indiqué à l'homme ce procédé de reproduction. Ainsi le Fraisier développe en diverses directions des tiges rampantes ou *stolons* (voir *fig.* 119); à chaque nœud poussent des racines adventives et se forme un pied nouveau promptement capable de se suffire à lui-même : c'est un *marcottage naturel.* — L'homme l'imite dans le *marcottage artificiel* de la Vigne. Il recourbe et abaisse jusqu'en terre une branche de Vigne : quand des racines adventives se sont formées, il détache du vieux cep la branche vivante qui constitue désormais un individu nouveau.

Nous avons dit que les tubercules de Pomme de terre sont des tiges souterraines. Ces fragments de tige, séparés de la plante, peuvent donner naissance à des plantes nouvelles, grâce au développement des bourgeons qu'ils possèdent. C'est un *bouturage naturel*. Nous en trouvons d'autres exemples dans l'Ail et le Lis, dans la Ficaire : ainsi, les bourgeons des bulbes du Lis et de l'Ail se séparent de la tige souterraine qui se détruit, et reproduisent fidèlement la plante; de même certains bourgeons axillaires de la Ficaire prennent un développement considérable, et les bulbilles formés, tombant à terre, germent et produisent une plante semblable (*fig.* 213). — L'homme imite encore la nature en pratiquant le *bouturage artificiel*. Il multiplie les Géraniums, les Bégonias, etc. en détachant de la tige un simple rameau qu'il met en terre. La greffe peut être ramenée à la bouture : tandis que, par la bouture, le bourgeon détaché est planté dans le sol, il est au contraire, par la greffe, planté sur un autre végétal.

Fig. 213.
Bulbille (B) de la Ficaire.

Ainsi, dans le marcottage, la plante nouvelle n'est séparée de la plante-mère qu'après avoir pris racine dans le sol; dans le bouturage, la plante nouvelle n'est confiée au sol qu'après avoir été détachée de la plante-mère.

La multiplication par *propagules*, chez les Muscinées, nous offre une sorte de passage de la scissiparité à la reproduction proprement dite. Les propagules sont des corps pluricellulaires pédicellés, fusiformes ou lenticulaires. Ils se forment au sommet de la tige des Mousses et des Hépatiques : une fois tombés sur le sol, ils émettent des filaments végétatifs qui reproduisent la plante. — Comme ils se sont différenciés en vue de la dissociation, et non en vue de la nutrition du végétal, ils peuvent être considérés comme de vrais organes de reproduction. Cependant, nous n'y trouvons encore ni les spores, ni l'œuf ni la graine (*fig.* 214 et 215).

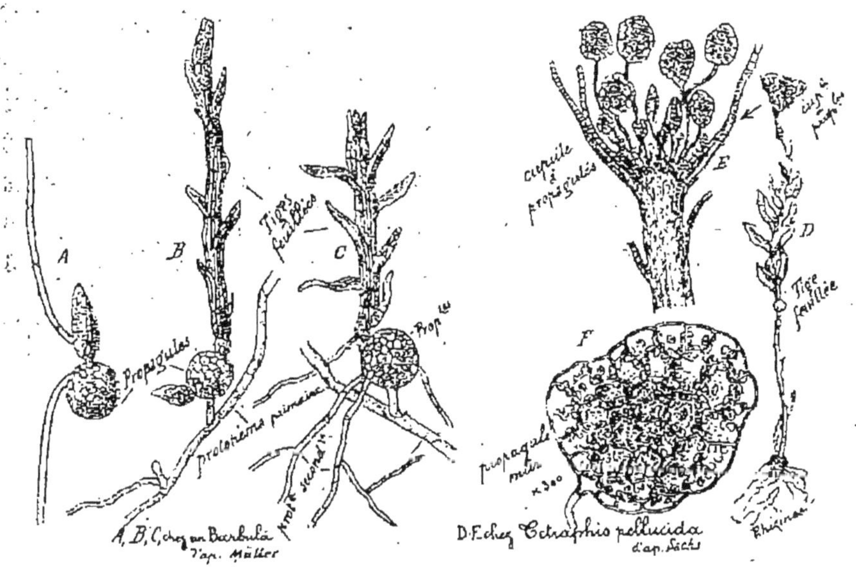

Fig. 214 et 215. — Multiplication par propagules dans deux espèces de Muscinées.

2° Reproduction proprement dite. — Les éléments de la reproduction proprement dite sont les *spores*, les *œufs* et les *graines*.

La *spore* ne se rencontre que chez les Cryptogames. Elle consiste en une simple cellule à l'état de vie ralentie, ayant un protoplasme plus condensé et une réserve nutritive plus riche que les cellules ordinaires, et capable de produire une plante semblable à la plante-mère. — La multiplication par spore est comme une transition de la multiplication végétative à la reproduction par un œuf.

L'*œuf* est une cellule résultant de la fusion de deux cellules distinctes : l'une est dite fécondée par l'autre. Nous verrons que presque toutes les espèces végétales se reproduisent par des œufs : chez les Phanérogames seulement, l'œuf devient une graine.

La *graine* résulte d'un premier développement de l'œuf : une plantule s'est formée, autour de laquelle se sont accumulées des réserves nutritives. L'état de vie ralentie peut se prolonger fort longtemps dans la graine.

Pour étudier méthodiquement la reproduction chez les végétaux, nous commencerons par les Cryptogames. Ce sera le meilleur moyen de suivre la merveilleuse unité qui règne dans la nature. Les mêmes phénomènes se passent à tous les degrés de l'échelle végétale : ils sont simples et faciles à saisir dans les êtres inférieurs ; s'ils sont plus compliqués, ils demeurent les mêmes dans les êtres plus élevés.

CHAPITRE PREMIER

REPRODUCTION DES CRYPTOGAMES

I. Reproduction des Thallophytes : Bactéries, Levûres, Agarics, *Sciadium arbuscula*, Chlamydomonade, *Pandorina morum*, Spirogyre et Moisissure, *Cystopus candidus*, *Œdogonium*, *Fucus vesiculosus* (Varec), Algues floridées. — II. Reproduction des Muscinées. Développement des Sphaignes (anthéridies, archégones, formation de l'œuf, sporogone, germination des spores). Hépatiques. — III. Reproduction des Cryptogames vasculaires : 1° développement de la Fougère (formation des spores, développement des spores, formation de l'œuf, développement de l'œuf); 2° diverses modifications dans la reproduction des Cryptogames vasculaires.

Les Cryptogames tirent leur nom de ce que les organes reproducteurs sont cachés, ou moins visibles que dans les fleurs des Phanérogames. Ils ne portent ni fleurs ni graines : ils se reproduisent par des œufs et par des spores. Leur variété est telle, qu'au lieu de présenter ici, comme type normal, un seul mode de reproduction, nous prendrons dans les trois groupes, Thallophytes, Muscinées et Cryptogames vasculaires, les exemples les plus caractéristiques.

I. Reproduction des Thallophytes. — Les Thallophytes comprennent les végétaux les plus infimes, dont le tissu est à peine différencié. On y distingue les Algues, munies de chlorophylle, les Champignons, toujours dépourvus de chlorophylle, et les Lichens, association d'une Algue et d'un Champignon.

Chez tous les Thallophytes, nous trouvons la reproduction par *spores* : plusieurs même n'ont que des spores et jamais d'œufs, les Agarics et la Levûre de bière parmi les Champignons, les Bactéries parmi les Algues. — La plupart des Thallophytes se reproduisent tantôt par des spores, tantôt par des œufs : mais cette succession d'œufs et de spores est loin d'avoir la régularité que nous lui trouverons chez les Muscinées et les Fougères ; elle est essentiellement capricieuse, puisque la formation des œufs n'a lieu d'ordinaire que lorsque le milieu devient défavorable à la végétation. Par une disposition providentielle, l'œuf se forme alors pour que l'état de vie ralentie permette au végétal de traverser une période difficile.

Nous n'étudierons pas séparément les Champignons et les Algues : mais nous tâcherons de montrer la marche progressive de la nature vers le mode le plus parfait de reproduction, celle qui s'opère par des œufs.

Bactéries. — Les Bactéries sont des Algues unicellulaires : lorsqu'elles se groupent en longs chapelets, les individus restent distincts. Chaque bâtonnet en voie de croissance bourgeonne à son extrémité et produit une spore, comme on le voit dans les cultures du bacille du Charbon (*fig.* 216 à 219) et du *Spirobacillus* (*fig.* 220). Les spores, en se développant, forment de nouvelles bactéries. Elles ont cela de remarquable qu'elles offrent beaucoup plus de résistance que les individus adultes à tous les agents bactéricides, chaleur ou antiseptiques.

Levures. — Dans les Levûres, ferments figurés qui occupent le plus bas degré parmi les Champignons, la reproduction se fait par simple bourgeonnement, tant que la nourriture abonde. Mais, en cas de disette, il se fait une vraie sporulation. Une cellule se divise en trois ou en quatre au dedans de l'enveloppe. Les cellules ainsi protégées peuvent traverser des temps difficiles. Dès que l'abondance revient, elles se gonflent et germent comme des spores et reproduisent la Levûre normale. Exemple : Levûre de bière (voir *fig.* 36 à 39).

Agarics. — Dans les Agarics, ou Champignons comestibles, on n'a découvert jusqu'ici que la reproduction par spores. On sait que sur le mycélium ou blanc de Champignon pousse un pied aérien qui se termine en « chapeau » (voir *fig.* 72 et 73). Sous le « chapeau », on aperçoit des

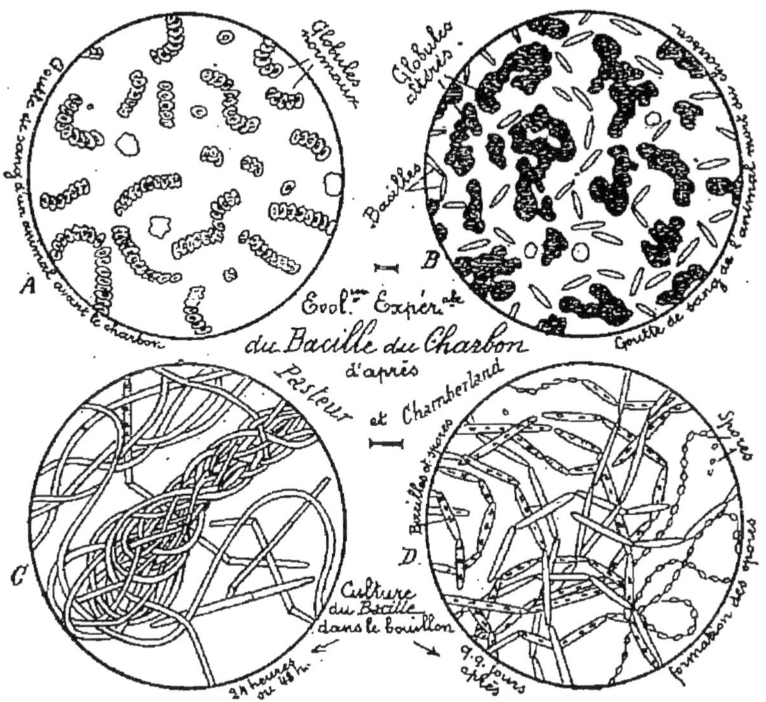

Fig. 216 à 219. — Le bacille du Charbon et ses effets sur le sang. — En D, formation des spores.

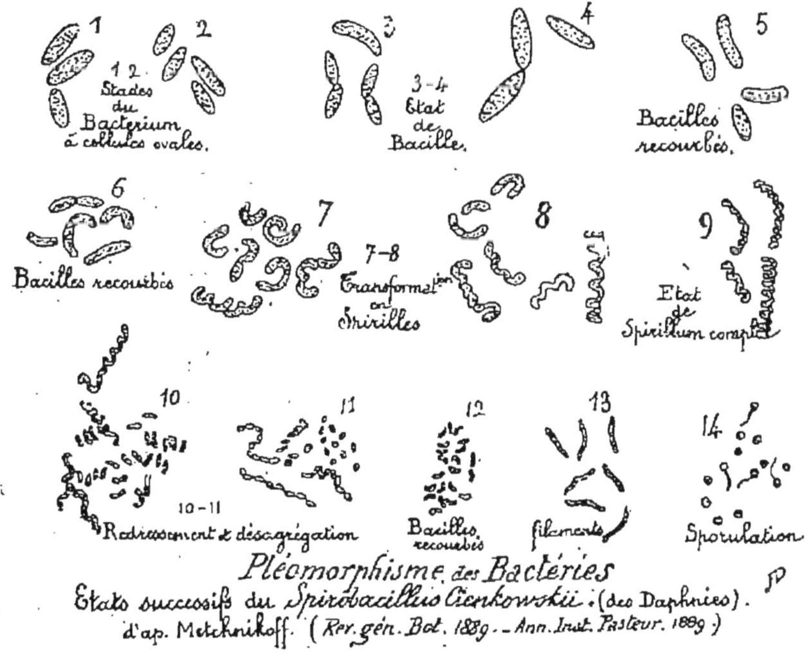

Fig. 220. — Diverses transformations d'une Bactérie. En 14, sporulation.

lames rayonnantes, ou *hymenium*, dont le bord inférieur contient deux sortes de cellules : les *paraphyses* ou cellules stériles ; les *basides* ou cellules fertiles. Les cellules fertiles produisent chacune deux spores.

Les spores tombent à terre, germent dans un milieu nourri de substances organiques, et produisent les longs filaments qui constituent le mycélium ou partie végétative de l'Agaric.

Sciadium arbuscula. — Parmi les Algues siphonées, le *Sciadium arbuscula* (*fig.* 221 à 225) nous offre un bel

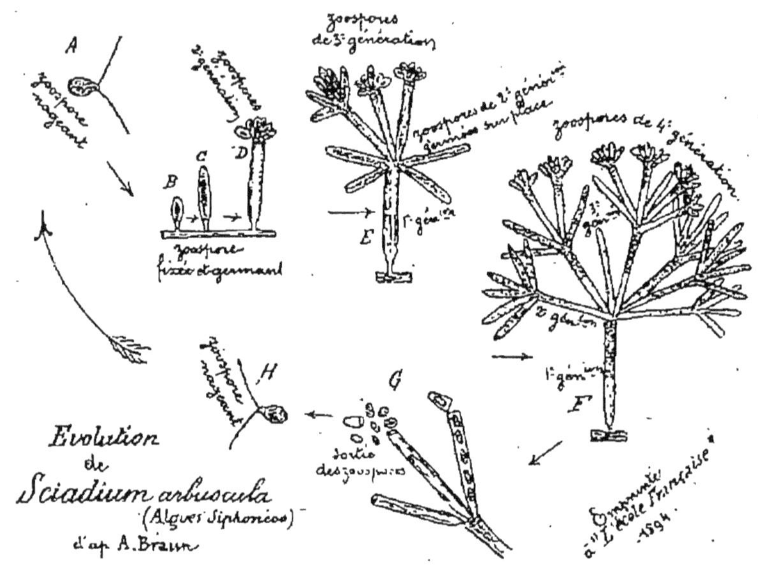

Fig. 221 à 225. — Divers stades de l'évolution d'une Algue siphonée. Reproduction par spores.

exemple de reproduction par spores après bourgeonnement. Une zoospore nageant à l'aide de cils trouve à se fixer dans un milieu nutritif. Elle germe, et par une série de bourgeonnements cellulaires, forme une colonie arborescente. Chacune des branches devient à la fin comme un sporange ou réservoir de spores, d'où l'on voit les zoospores sortir pour recommencer ailleurs le même cycle de développement.

Cette évolution nous présente en raccourci l'image de

ce qui se passe dans les plantes supérieures, où la forme arborescente est le résultat de la disposition en une sorte de colonie de toutes les cellules produites par division ou bourgeonnement.

CHLAMYDOMONADE. — Le *Chlamydomonas Braunii*, Algue voisine de la précédente, nous offre un exemple de la

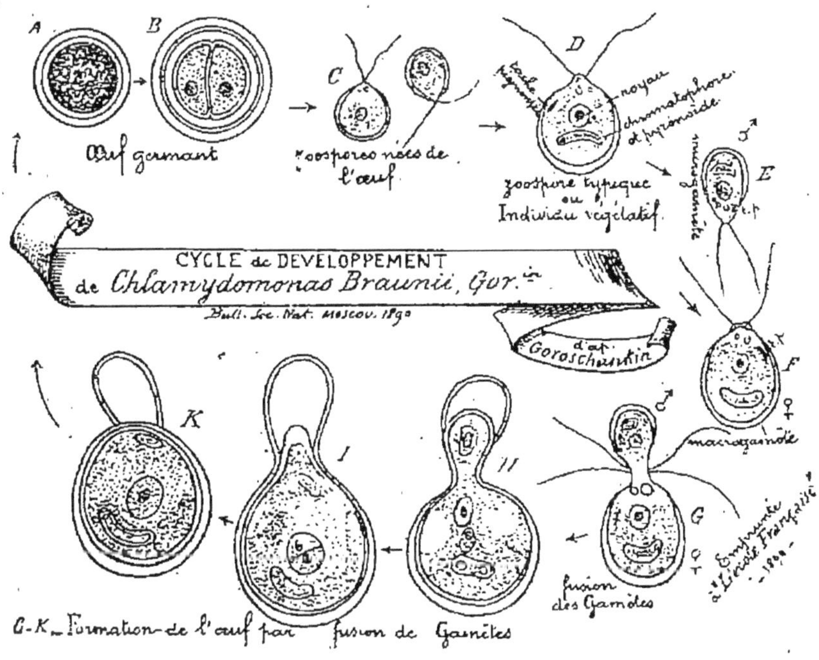

Fig. 226 à 233. — Evolution d'une Algue. — Reproduction par fusion de gamètes et formation d'un œuf.

formation d'un œuf par fusion de deux éléments ou gamètes (*fig.* 226 à 233). En voici le cycle complet.

Un œuf déjà formé germe, se divise, et produit des zoospores munies de deux cils vibratiles. Ces zoospores sont des individus végétatifs capables de se reproduire par division.

Dans la suite des générations de cette Algue, lorsque la nourriture se fait rare, il se forme des individus inégaux, dont l'un est dit *microgamète* et l'autre *macrogamète*. La fusion des deux gamètes produit l'œuf, où la vie est à la fois plus intense pour renouveler l'être et plus capable de supporter l'état de ralentissement des fonctions.

Ce que nous trouvons ici se rencontrera désormais à tous les degrés de l'échelle des êtres vivants. La vraie reproduction est celle qui se fait par un œuf. L'œuf se forme par la fusion de deux gamètes. Les deux gamètes sont des

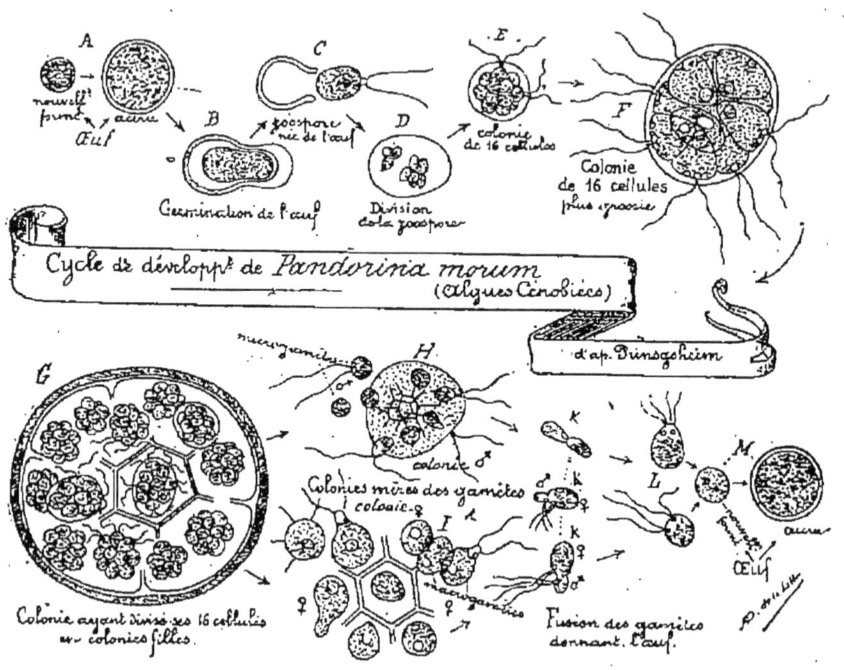

Fig. 234 à 245. — Evolution d'une Algue cénobiée (Pandorina morum). — Formation d'un œuf par fusion de gamètes (chaque lettre de la figure indique un stade spécial du cycle).

cellules inégales : la plus petite est l'élément fécondateur ou actif, la plus grosse est l'élément fécondé ou passif.

Pandorina morum. — Dans les Algues cénobiées, le *Pandorina morum* ne présente qu'une légère différence avec le cas précédent (*fig.* 234 à 245). La zoospore née de l'œuf, au lieu de produire des individus qui restent isolés, donne naissance à une colonie d'individus qui restent emprisonnés dans une enveloppe commune. Au bout d'un certain temps, la colonie-mère s'étant divisée elle-même en colonies-filles, l'enveloppe se brise, et chaque colonie-fille vit pour son propre compte. Alors les unes engendrent des microgamètes, les autres des macrogamètes : par la fusion des gamètes de noms contraires se forment des œufs nouveaux, dont la germination reproduira le même cycle.

Spirogyre et Moisissure. — Deux exemples, déjà étudiés au chapitre de la classification (1re partie, ch. iv), pourraient être rappelés ici pour montrer la formation des œufs. — Les Spirogyres (voir *fig.* 34) sont des Algues qui ne se reproduisent que par bourgeonnement, tant que la nourriture abonde. Quand la disette se fait sentir, la vie se ramasse, en quelque sorte, pour mieux résister par la fusion de deux cellules. Ces deux cellules, empruntées à des individus contigus, jouent le rôle de gamètes, bien qu'elles soient égales en apparence. — Dans la Moisissure blanche, Mucor mucedo, le mycélium produit des massues où les spores se forment, tant que la nutrition est active : si le milieu devient défavorable, deux cellules contiguës se fusionnent pour former un œuf (voir *fig.* 74 et 75).

Cystopus candidus. — Le *Cystopus candidus* (*fig.* 246) (Meunier du Chou) est un Champignon parasite du Chou. — La spore, tombée sur une feuille, s'y allonge en un long filament qui passe par un stomate, pénètre dans les lacunes du parenchyme, et se nourrit du suc cellulaire à l'aide de suçoirs.

Tant que la nutrition est active, le mycélium s'accroît et envahit la feuille du Chou. Il émet alors des rameaux hors de son hôte : ces rameaux sont des sporanges, qui se remplisssent de spores. Dans le Champignon que nous étudions, ces spores produisent des zoospores munies de cils vibratiles : ces zoospores mobiles se fixent et germent comme la première spore.

Mais, à l'automne, quand la nourriture se fait rare, certains filaments se renflent et s'accolent par leurs extrémités. L'un, plus gros, sphérique, s'appelle *oogone* : son contenu protoplasmique s'est condensé en une oosphère. L'autre, plus petit, allongé, est une *pollinide* ou *anthéridie* :

pollinide, parce qu'il s'allonge comme un grain de pollen et verse son contenu dans l'oogone; anthéridie, parce

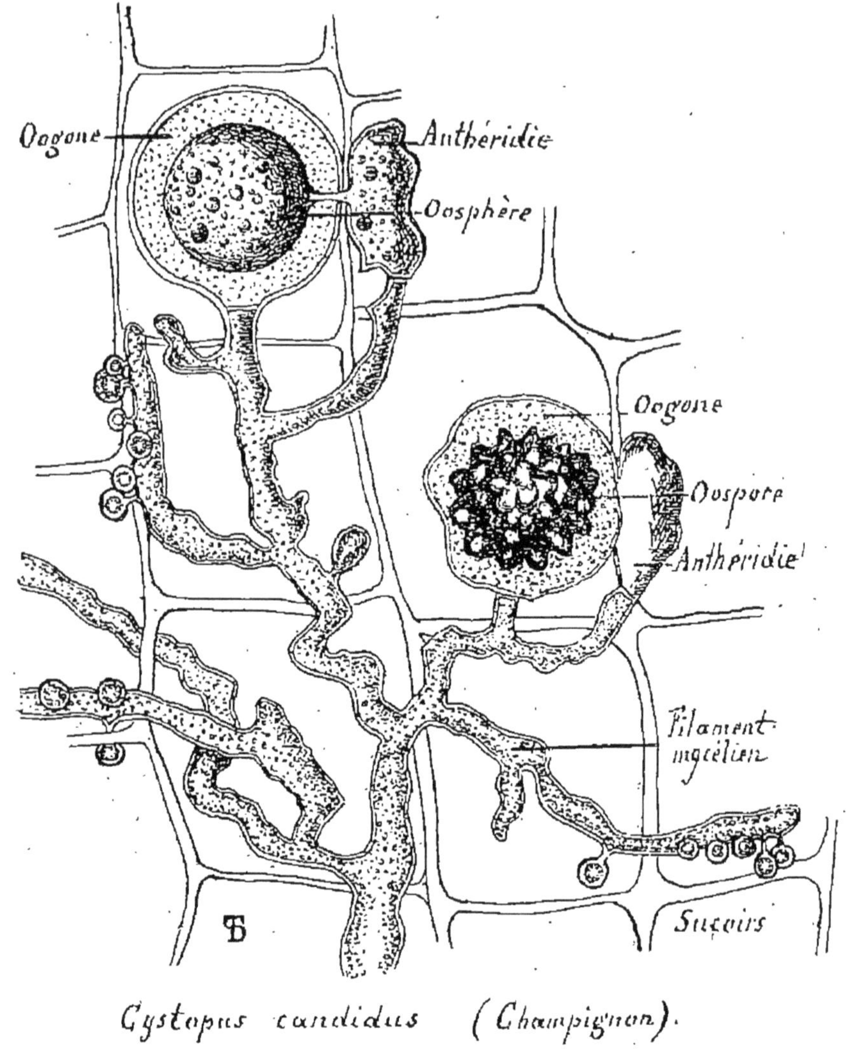

Fig. 246. — Formation de l'œuf dans le *Cystopus candidus*. — En haut, la fusion se fait entre le protoplasme de l'anthéridie et celui de l'oosphère. A droite, l'œuf apparaît constitué à l'état d'oospore. La reproduction du *Cystopus* par des spores n'est pas représentée ici.

que ce contenu est comme un anthérozoïde qui féconde l'oosphère.

De la fusion des deux protoplasmes résulte une cellule unique ou *oospore* : c'est l'œuf. Au printemps suivant, l'œuf germera, la membrane enveloppante se brisera, et il se formera des spores d'où naîtront de nouveaux *Cystopus*.

On voit donc qu'il y a alternance dans le mode de reproduction ; mais si l'œuf produit nécessairement des spores, les filaments nés des spores ne produisent pas nécessairement des œufs.

Œdogonium. — Nous trouvons la même succession

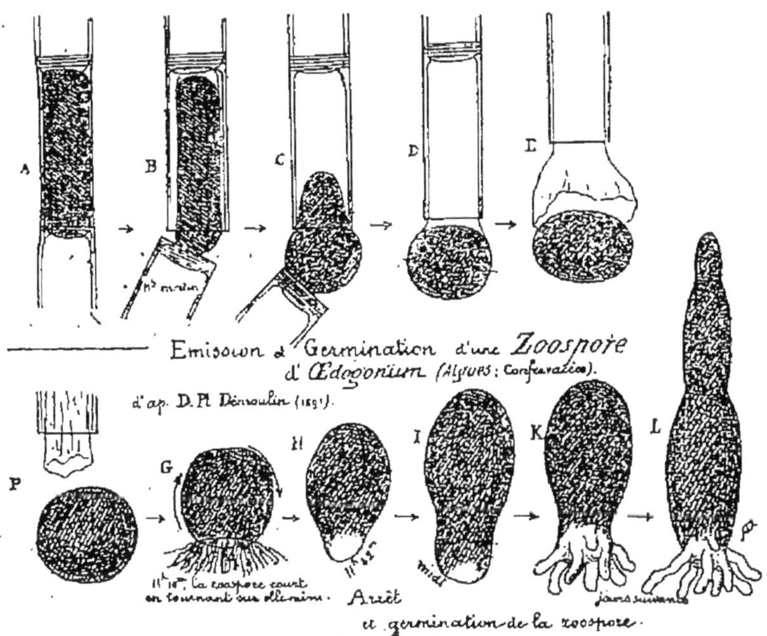

Fig. 247 à 257. — Reproduction par spores de l'*Œdogonium*.

dans l'*Œdogonium*. C'est une Algue filamenteuse, très commune dans les ruisseaux. Chacun des filaments est composé de cellules mises bout à bout et séparées par des cloisons.

Pour la reproduction par spores (*fig.* 247 à 257), une cloison se brise, le protoplasme de la cellule contiguë se rassemble en une masse sphérique ou *zoospore ;* la zoospore se munit d'une collerette de cils vibratiles et tourne sur elle-même jusqu'à ce qu'elle trouve à se fixer ; quand elle se fixe, elle perd ses cils, s'allonge par la base de manière à former des crampons qui l'attachent au sol, et la germination commence.

Au printemps, quand la sécheresse menace l'Œdogonium, on voit apparaître sur les filaments des organes reproducteurs destinés à former des œufs (*fig.* 258).

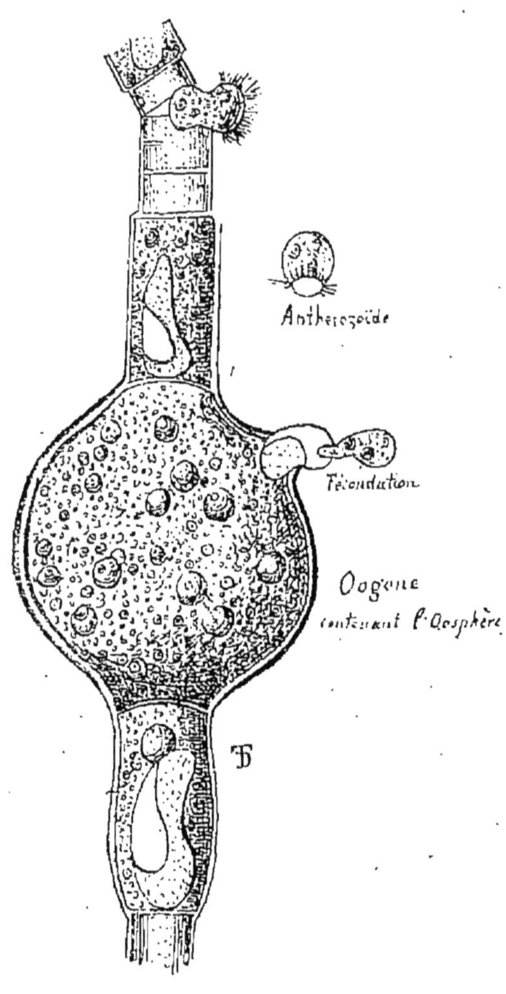

Fig. 582.
Formation de l'œuf dans l'*Œdogonium*.

Certaines cellules, plus courtes et moins riches en chlorophylle, deviennent des anthéridies. Pour cela, elles se partagent par une cloison longitudinale en deux portions ou anthérozoïdes. Une fente pratiquée sur le flanc de la cellule-mère met les deux anthérozoïdes en liberté : doués d'une forme ovoïde, munis d'une couronne de cils vibratiles, tous deux voyagent dans les eaux ; ce sont des microgamètes en quête d'un macrogamète à féconder.

Le macrogamète est non loin de là. C'est une cellule du filament, renflée, plus riche en provisions. Dans cet oogone, le protoplasme s'est condensé pour former une oosphère. Si la membrane de l'oogone se brise au moment où passe un anthérozoïde, celui-ci pénètre dans cette loge ouverte. La fusion des protoplasmes et des noyaux produit l'oospore ou œuf. Dans l'œuf ainsi formé et protégé par une forte membrane de cellulose, la vie peut traverser une assez longue période de ralentissement.

Dans certains cas, l'anthérozoïde n'est qu'une anthérospore, qui vient germer sur la paroi de l'oogone : de cette germination proviennent les vrais anthérozoïdes fécondant l'oosphère.

Fucus vesiculosus. — Le *Fucus vesiculosus*, ou Varec, est une Algue marine, qui s'attache aux rochers par un

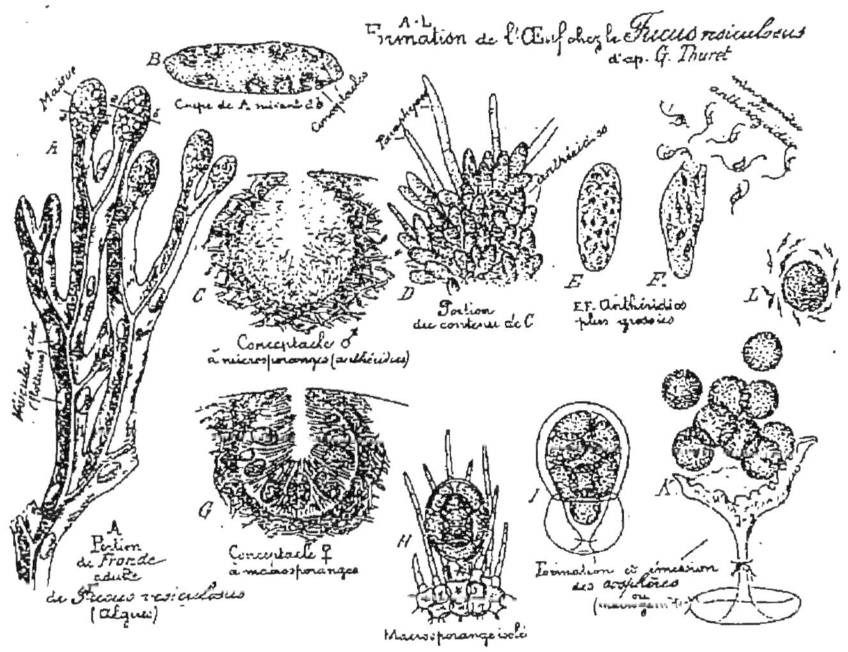

Fig. 259 à 268. — Formation de l'œuf dans le Varec. (Voir le texte à côté.)

crampon rameux. Le thalle peut atteindre jusqu'à plusieurs pieds de longueur. On remarque sur la fronde adulte (*fig.* 259 à 268) des vésicules à air qui servent de flotteurs et permettent aux massues des extrémités de surnager.

C'est dans les renflements qui terminent les branches que se trouvent les organes reproducteurs, les anthéridies et les oogones.

Si l'on coupe transversalement une des massues terminales, on y remarque un grand nombre de loges ou *conceptacles*. Les conceptacles sont de deux sortes. Les uns portent des éléments de petite dimension, ou microsporanges; les autres ont des éléments de plus grande dimension, ou macrosporanges. — Les microsporanges sont des anthéridies, remplies de cellules extrêmement petites, qui finissent par briser l'enveloppe, et, à l'aide de cils

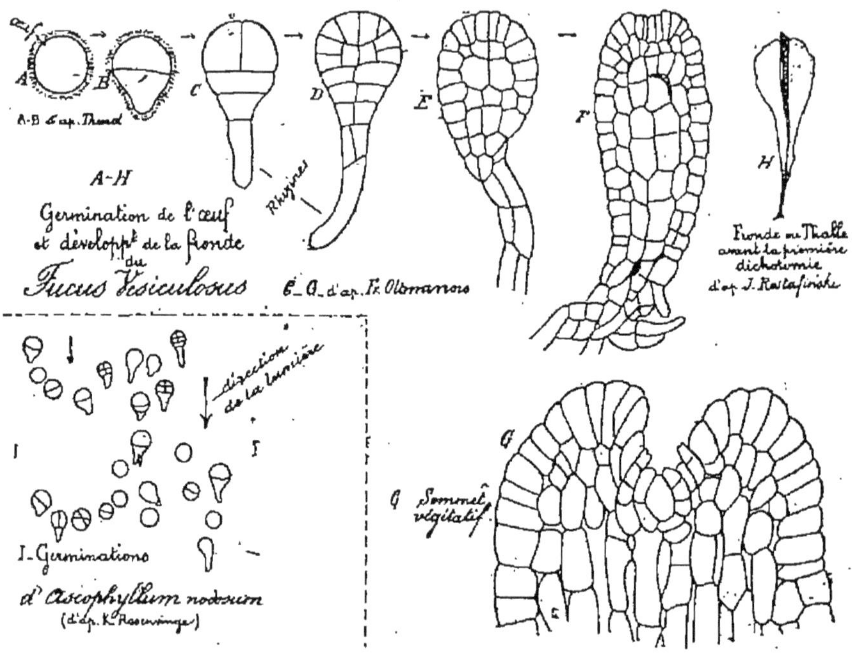

Fig. 269 et 270. — Germination de l'œuf dans le Varec (A-H). — En I, influence de la lumière sur les œufs en germination : les cellules s'accroissent et se multiplient plus activement dans la direction de la lumière.

vibratiles, courent dans les eaux. — Les macrosporanges contiennent des oosphères, qui brisent aussi leur enveloppe et se répandent aussi dans le milieu liquide.

De la rencontre et de la fusion des oosphères et des anthérozoïdes résulte la formation des œufs. Nous retrouvons donc encore ici la fusion des microgamètes et des macrogamètes. Les œufs germent et reproduisent de nouvelles frondes ou thalles de Varec (*fig.* 269 et 270).

C'est un fait à noter que le Varec ne se reproduit que

par des œufs : par là, il nous prépare à l'étude des Phanérogames où les spores n'existent jamais. Pour user déjà d'un mot qui sera défini plus tard, nous dirons que le Varec est dioïque, puisque les éléments ou gamètes reproducteurs proviennent de pieds différents.

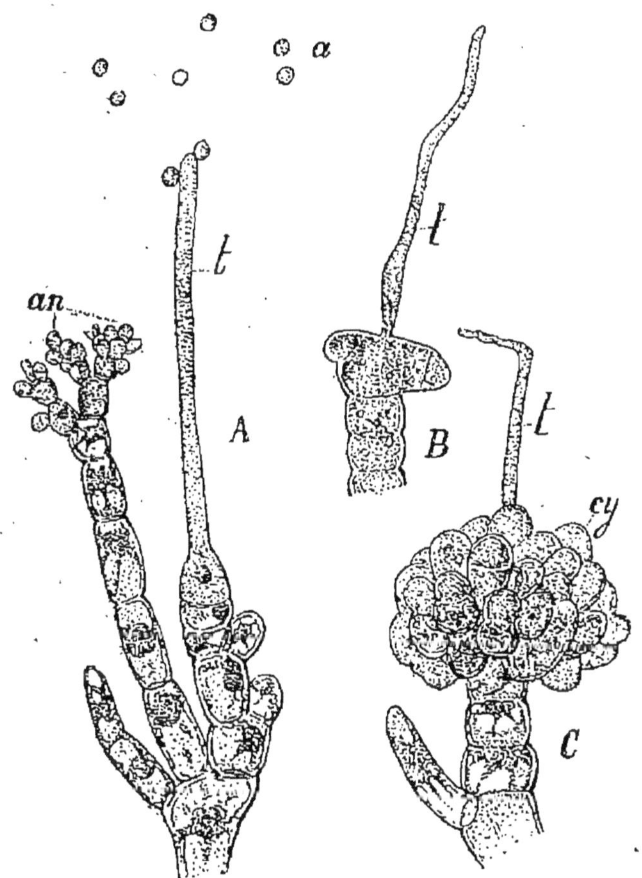

Fig. 271 à 273. — Reproduction d'une Algue floridée (Némale multifide), d'après van Tieghem. — A, formation de l'œuf : *an*, anthéridies ; *a*, anthérozoïdes isolés ; *t*, trichogyne, au sommet duquel adhèrent des anthérozoïdes. — B, premiers cloisonnements de l'œuf. — C, sporogone issu de l'œuf : chaque cellule *cy* est une spore.

Algues floridées. — Nous citerons comme dernier exemple ce qui se passe dans les Algues rouges nommées *floridées* (*fig.* 271 à 273). La reproduction s'y fait tantôt par des œufs, tantôt par des spores. Deux filaments du même pied portent, l'un les anthéridies, l'autre l'oogone. Les anthéridies, petites et nombreuses, sont des cellules dont le protoplasme se condense autour du noyau pour former autant d'anthérozoïdes. L'oogone est une cellule terminale qui s'allonge en un long style, nommé *trichogyne,* et en même temps condense son protoplasme à sa base pour former l'oosphère.

Les anthérozoïdes, dépourvus de cils, revêtus de cellulose, sont emportés par les courants d'eau : quand ils heurtent le trichogyne, ils y adhèrent fortement ; l'un d'eux résorbe son enveloppe de cellulose, ainsi que celle du trichogyne, et déverse son protoplasme et son noyau, d'abord dans le trichogyne, puis dans l'oosphère. De là résulte l'œuf, qui germe, se cloisonne, et produit bientôt une masse cellulaire qui est un sporogone : chaque élément est une spore capable de donner de nouveau l'Algue floridée.

Ce cas nous prépare aux Muscinées, où nous allons voir la succession régulière des œufs et des spores, où la plante normale naît des spores et non des œufs.

Il nous a paru bon de multiplier les exemples de reproduction des Thallophytes, soit parce que ces végétaux inférieurs sont peu connus, soit parce que nous y trouvons les commencements des phénomènes qui vont nous apparaître plus compliqués dans les êtres supérieurs.

II. Reproduction des Muscinées. — Chez les Muscinées, Mousses et Hépatiques, la reproduction offre beaucoup plus de régularité que chez les Thallophytes. Elle se fait par des spores et par des œufs. Elle se distingue de la reproduction des Thallophytes en ce que l'alternance des œufs et des spores est absolument régulière. Elle se distingue de la reproduction des Cryptogames vasculaires (Fougères, Prêles, Lycopodes...), en ce que l'œuf des Muscinées se forme sur la plante adulte et non sur le prothalle, tandis que, dans les Cryptogames vasculaires, l'œuf se forme sur le prothalle né des spores et non sur la plante adulte.

Nous prendrons pour exemple le développement des

Sphaignes, dont le rôle est si important dans la formation des tourbières.

Développement des Sphaignes (Muscinées). — Prenons une tige adulte du *Sphagnum acutifolium* (*fig.* 274 à 281). Nous y voyons deux sortes de rameaux : les uns portent les anthéridies, les autres des archégones.

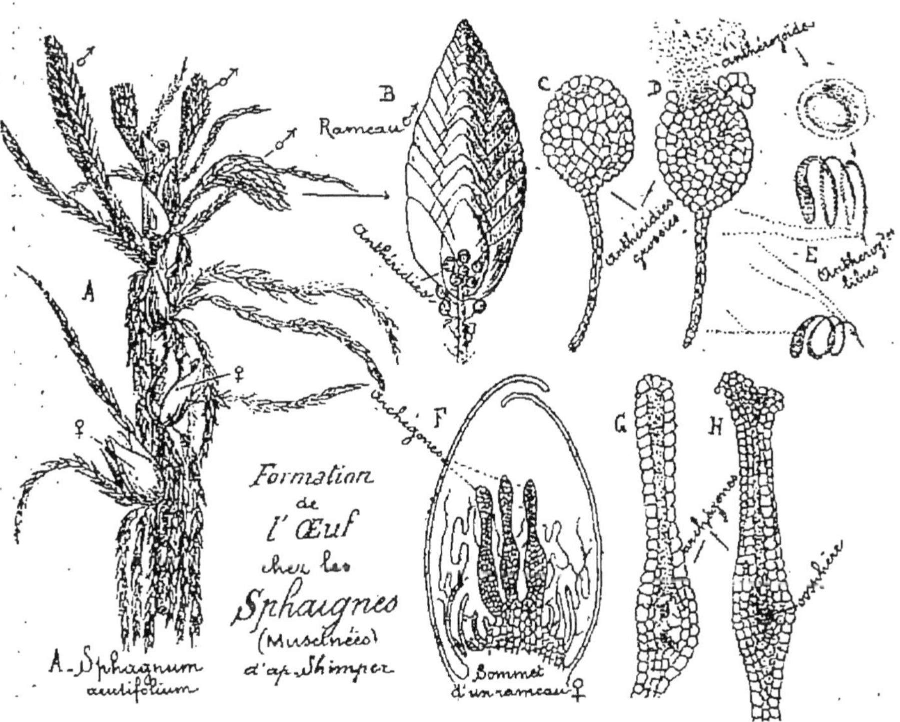

Fig. 274 à 281. — Formation de l'œuf dans les Sphaignes. — En haut, (B. C. D. E) se développent les anthérozoïdes ou éléments fécondants; en bas (F. G. H) se forment les archégones avec les oosphères.

Les *anthéridies* sont destinées à fournir les éléments fécondateurs, que nous avons déjà nommés tantôt microgamètes, tantôt anthérozoïdes.

Une anthéridie est un sac ovoïde, porté sur un pédicelle, et dont la paroi est formée par une seule assise de cellules. L'intérieur est rempli de petites cellules cubiques contenant chacune un anthérozoïde. A la maturité, la paroi se fend au sommet, et les anthérozoïdes s'échappent encore enfermés dans leurs cellules-mères. Les membranes des cellules-mères se dissolvent dans l'eau, et les anthérozoïdes, rendus libres, se déploient et nagent dans le liquide. Enroulés en spirale, renflés à la partie postérieure, et effilés à la partie antérieure, ils battent l'eau à l'aide de longs cils, et ils tournent sur leur axe en même temps qu'ils progressent.

Les *archégones*, formés au sommet de rameaux différents, sont destinés à fournir les éléments qui doivent être fécondés, et que nous avons nommés tantôt macrogamètes, tantôt oosphères.

Un archégone a la forme d'une bouteille à pied. La paroi du ventre a deux assises cellulaires, celle du col n'en a qu'une. Au milieu est une rangée de cellules, dont l'inférieure devient l'oosphère, tandis que toutes les autres se transforment en mucilage. Ce mucilage écarte les cellules terminales du col, ouvre le canal et se répand au dehors en une gouttelette retenue en face de l'orifice par un filet gélatineux.

Fécondation. La fécondation ne peut être faite que dans l'eau. Quand les anthérozoïdes, nageant librement dans le liquide, viennent à rencontrer la boulette gélatineuse de l'archégone, ils y sont retenus : alors, conduits à travers le canal, ils arrivent jusqu'à l'oosphère. Dès que la fusion des deux éléments s'est opérée, l'oosphère s'entoure d'une enveloppe de cellulose, et l'œuf se trouve formé. Les archégones non fécondés se flétrissent aussitôt, car, sur un même rameau, il ne se constitue d'ordinaire qu'un œuf.

Développement de l'œuf en sporogone (*fig.* 282 à 290). L'œuf se développe sans tarder sur la plante-mère et à ses dépens. Mais au lieu de reproduire immédiatement la plante normale qui lui a donné naissance, il forme un *sporogone*, d'où sortiront des cellules spéciales, appelées *spores*, qui germeront et renouvelleront la plante.

L'œuf se divise, par de nombreuses cloisons, en un massif cellulaire qui reste enveloppé dans l'archégone : l'archégone s'élargit sous la poussée de l'embryon et prend un aspect fusiforme. Quand l'archégone ne peut plus se dilater, il se déchire circulairement à sa base et se trouve soulevé par l'allongement du corps embryonnaire, au sommet duquel il forme une sorte de capuchon (*coiffe*). Quand les deux moitiés de l'archégone sont séparées, on voit apparaître le corps issu de l'œuf. Il se compose de deux parties : une partie grêle, long pédicelle cylindrique

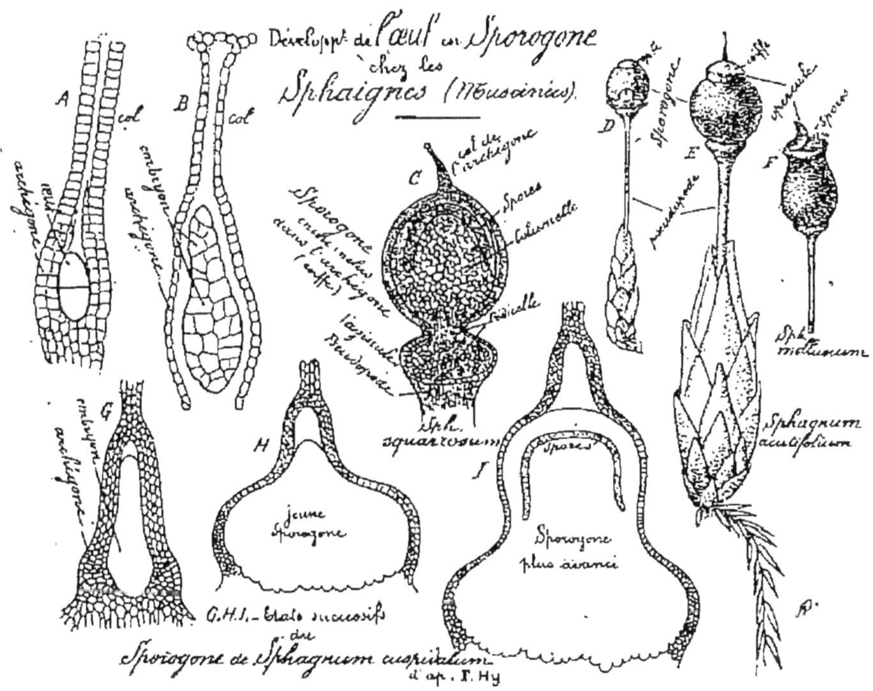

Fig. 282 à 290. — Développement de l'œuf des Muscinées. — A. B. C, formation du sporogone. — D. E. F, vue du sporogone porté sur son pseudopode et ouvert en F. — G. H. I, développement du sporogone d'une autre espèce.

ou pseudopode; une partie renflée, ou *capsule*, sphérique ou ovoïde, dans laquelle se forment les spores. Sous la capsule se trouve d'ordinaire un nœud ou apophyse. Le corps composé de la capsule et du pédicelle est ce qu'on nomme sporogone.

Le tissu de la capsule, d'abord homogène, ne tarde pas à se différencier. Le massif central, ou *columelle*, est formé de larges cellules chlorophylliennes : tout autour apparaît le sac *sporifère* dont toutes les cellules donnent naissance à quatre *spores*. Quand les spores sont mûres, la coiffe et l'opercule tombent, et les spores s'échappent par l'orifice. A peine les spores sont-elles dispersées, que le sporogone se dessèche, disparaît, et la Mousse reprend son aspect ordinaire (*fig.* 291 et 292).

Germination des spores. Les spores peuvent rester plus ou moins longtemps à l'état de vie ralentie. Dans des conditions favorables, elles germent. La membrane enve-

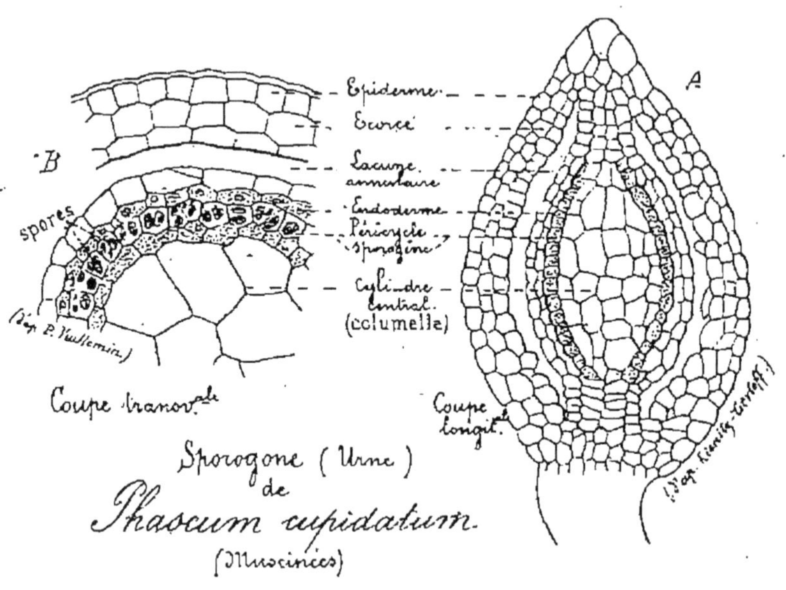

Fig. 291 et 292. — Etude du sporogone. — En A, coupe longitudinale; en B, coupe transversale. — Remarquer spécialement la chambre à air, ou lacune annulaire, et la zone sporogène.

loppante ou exospore se brise, et l'on voit se former plusieurs tubes, où la chlorophylle apparaît de bonne heure pour favoriser la nutrition. Le prothalle filamenteux, nommé *protonéma*, se cloisonne, se ramifie, et constitue un feutrage vert, d'où se détachent des poils ou rhizoïdes qui vont puiser la nourriture dans le sol (*fig.* 293 à 298).

Sur le protonéma se forment des tubercules ou renflements qui se développent ensuite en autant de pieds de Mousses. Quand les tiges feuillées sont devenues capables de se suffire, la prothalle ou protonéma disparaît sans laisser aucune trace. Chaque pied de Mousse individualisé produit des organes reproducteurs, et ainsi recommence le cycle évolutif que nous avons décrit.

Nous avons eu l'occasion de dire plus haut (page 185), que les Mousses présentent une multiplication par *propagules*, dont la nature formerait comme un intermédiaire

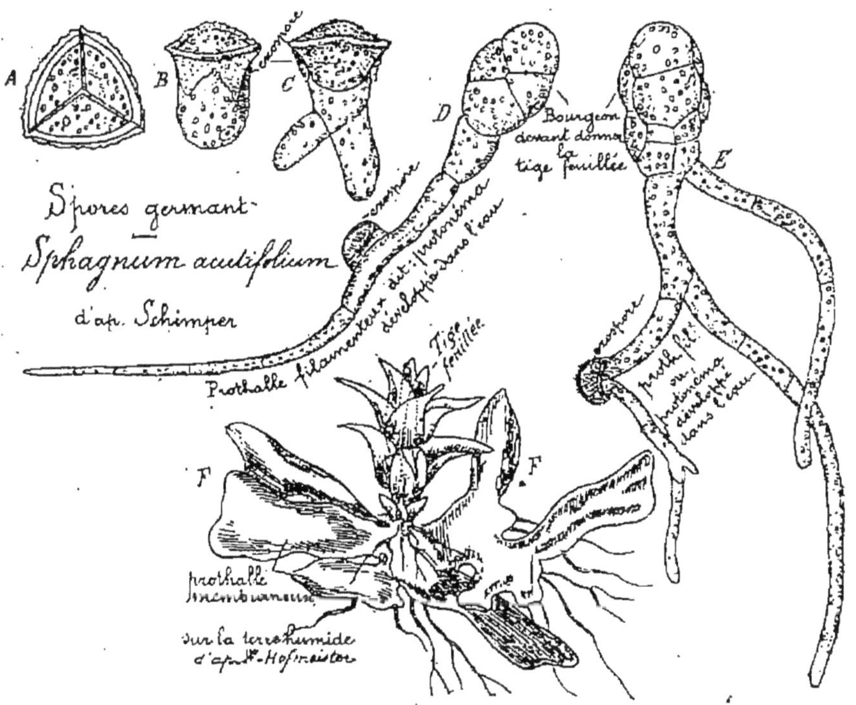

Fig. 293 à 298. — Développement de la spore des Sphaignes en prothalle membraneux. Sur ce prothalle se formeront les organes producteurs de l'œuf.

entre la scissiparité ou division végétative et la vraie reproduction.

Hépatiques. — Nous n'avons aucune différence importante à signaler entre le développement des Mousses et celui des Hépatiques. Chez les Hépatiques, le sporogone reste plus longtemps emprisonné dans l'archégone. Au moment de la déhiscence de la capsule, le pédicelle s'allonge rapidement pour favoriser la dissémination des spores.

De plus, les spores des Hépatiques sont souvent mélangées à des filaments stériles, élastiques. La brusque tension des *élatères* favorise la dispersion des spores.

Enfin, la germination des spores, au lieu de produire un protonéma important, donne immédiatement la tige feuillée.

En résumé, chez les Muscinées, la tige feuillée donne des organes reproducteurs, anthéridies et archégones, qui produisent l'œuf; l'œuf donne un sporogone d'où émanent les spores; et les spores germent en un protonéma d'où sort ensuite la tige feuillée.

III. **Reproduction des Cryptogames vasculaires.** — Les Cryptogames vasculaires, Fougères, Prêles, Lycopodes, ont un mode de développement très analogue à celui des Muscinées. L'alternance des spores et des œufs est très régulière : mais la plante normale naît de l'œuf et non de la spore : par conséquent les spores se forment sur la plante normale, tandis que c'est le prothalle qui porte les organes formateurs de l'œuf.

Nous prendrons pour type caractéristique la classe des Fougères, la plus nombreuse et la plus répandue : puis nous indiquerons les modifications qui se produisent dans les Prêles et les Lycopodes.

1° Développement de la Fougère. — *Formation des spores* (*fig.* 299 à 304). Si nous partons de la plante adulte, nous assistons dans un premier stade à la formation des spores.

Si l'on prend une foliole de la fronde de Fougère, on remarque sur la face inférieure de petites taches brunes appelées *sores*. Les sores sont tantôt isolés et tantôt groupés, tantôt nus et tantôt protégés par une excroissance membraneuse de l'épiderme ou indusie.

Un sore est formé d'un groupe de sacs aplatis, attachés par des pédicelles à la nervure de la foliole : ces sacs, que le microscope découvre sous les indusies, sont des *sporanges*.

Chaque sporange est formé de cellules dont la membrane est brune et dont les parois sont minces. Sur le bord de ce sac aplati, on distingue, en forme d'*anneau*, une assise de cellules plus grandes que les autres, dont les cloisons sont épaissies sur la face interne et sur les faces latérales de manière à donner à chacune d'elles la forme d'un U. En se desséchant, les cellules de l'anneau se contractent da-

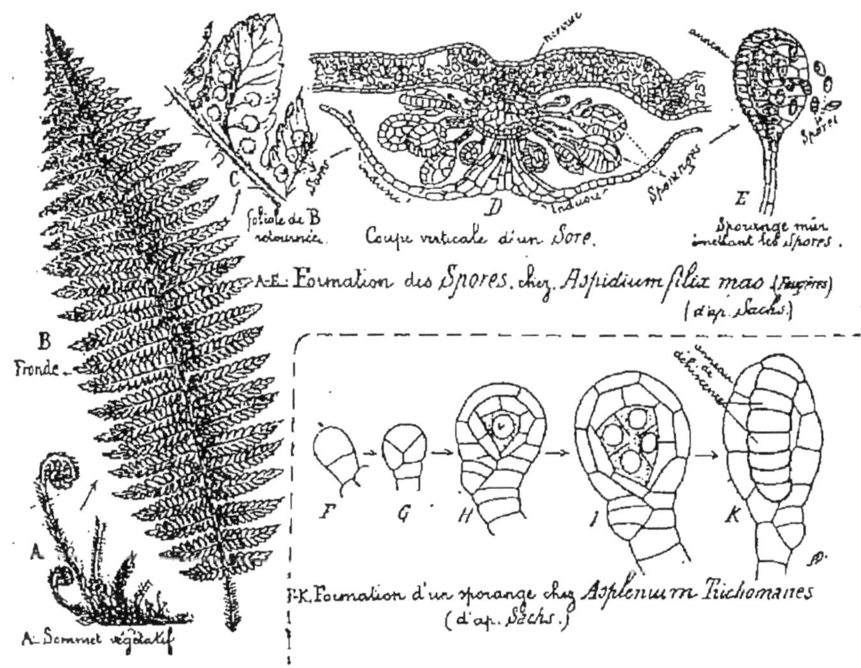

Fig. 299 à 304. — Première partie du développement de la Fougère, depuis l'état adulte jusqu'à la sortie des spores E. — F-K, formation d'un sporange : remarquer en K l'anneau de déhiscence formé de cellules en forme d'U : le dessèchement de ces cellules amène la rupture de l'enveloppe du sporange.

vantage sur la face externe : les branches de l'U se rapprochent, et les parois du sporange se déchirent suivant la direction de l'anneau.

Les spores, projetées au dehors par cette déhiscence, sont de simples cellules constituées par un protoplasme condensé et riche en réserves nutritives. Elles se sont formées aux dépens des cellules du sporange. Le sporange, né, comme les poils, du développement particulier d'une cellule épidermique, produit par divisions successives, des cellules mères de spores.

Développement de la spore en prothalle (*fig.* 305 à 311). La spore, pourvue de deux membranes, l'une externe épaisse, et l'autre interne et mince, peut passer un temps assez long à l'état de vie ralentie. Mais, sur un sol humide,

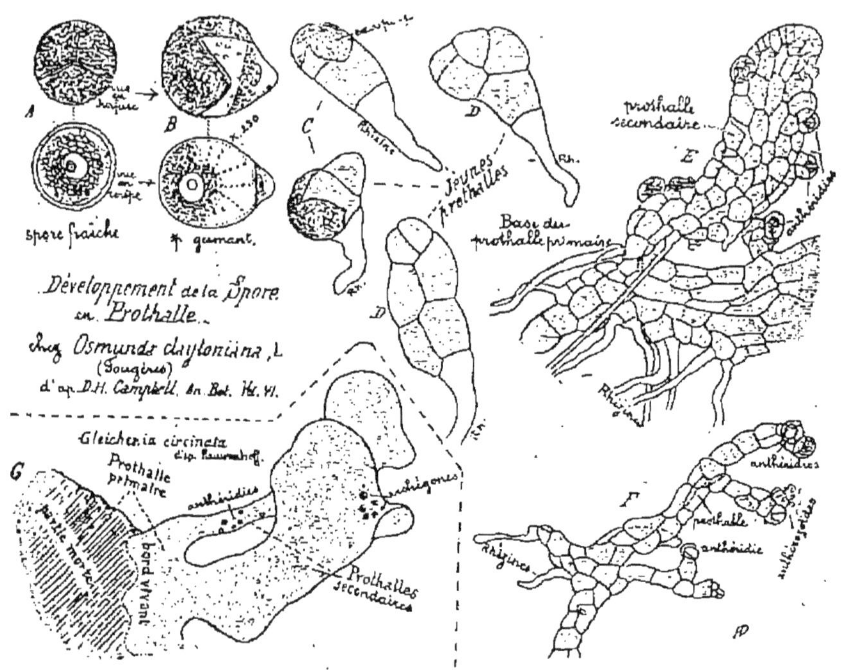

Fig. 305 à 311. Deuxième partie du développement de la Fougère : depuis la germination de la spore jusqu'au prothalle muni des organes reproducteurs. — E.F, jeune prothalle n'ayant que des anthéridies. — G, prothalle plus avancé ; les archégones apparaissent près de l'échancrure antérieure.

elle germe en déchirant sa membrane externe et donne naissance à un *prothalle*.

Le protoplasme, ayant brisé l'exospore, s'allonge en tube, se cloisonne transversalement, et puise par des rhizines les éléments du sol. Le cloisonnement se faisant aussi latéralement, le prothalle devient une lame verte étroitement appliquée contre la terre humide. D'abord triangulaire, puis échancré en forme de cœur, le prothalle ne dépasse guère un centimètre carré.

Sur la face inférieure du prothalle se développent, comme des proéminences, deux sortes d'organes, qui vont concourir à la formation de l'œuf : les *anthéridies*, plus précoces, sont nombreuses et situées dans la région postérieure et latérale ; les *archégones*, plus tardifs, sont disposés près de l'échancrure antérieure. Un prothalle insuf-

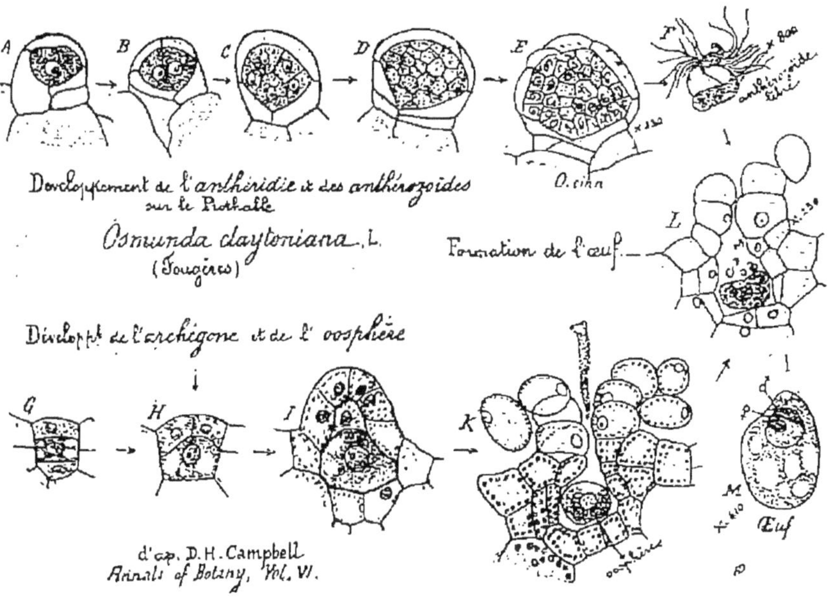

Fig. 312 à 324. — Troisième partie du développement de la Fougère : formation de l'œuf. — A-F, formation de l'anthéridie, anthérozoïde libre. — G-L, formation de l'archégone. — M, œuf résultant de la fusion de l'anthérozoïde et de l'oosphère.

fisamment nourri demeure petit et ne produit que des anthéridies.

Formation de l'œuf (*fig.* 312 à 324). L'œuf doit résulter de la fusion des éléments fournis par les anthéridies et les archégones.

Une *anthéridie*, analogue aux poils par son origine épidermique, est un sac arrondi dont la paroi latérale est formée par un seul plan de cellules : une cellule terminale forme couvercle ; une cellule centrale se segmente en un grand nombre de cellules mères d'anthérozoïdes. C'est précisément cette division portée à l'excès de cette cellule centrale qui caractérise les anthéridies : car les nombreuses individualités qui en résultent, venant à manquer de provisions, devront sortir de l'anthéridie pour chercher à exercer ailleurs leur activité. Le protoplasme des cellules-mères se condense de manière à former une spirale dont le dernier tour de spire porte de nombreux cils vibratiles. Lorsque l'anthéridie mûre se gonfle dans l'eau, elle perd son couvercle; l'eau dissout la paroi des cellules-mères, et les anthérozoïdes devenus libres commencent à voyager : grâce à la réserve nutritive que chacun emporte avec lui, ils peuvent vivre quelque temps : mais ils ne tardent pas à périr, s'ils ne rencontrent un archégone ouvert sur leur chemin.

L'*archégone* commence de la même façon qu'une anthéridie et ne s'en distingue pas tout d'abord. Il prend naissance par une cellule épidermique sur la face inférieure du prothalle, sur le coussinet de l'échancrure. La première cellule se divise en trois par des cloisons transversales : la cellule basilaire est stérile; la moyenne est la cellule centrale de l'archégone, et produit l'*oosphère* et la *cellule de canal;* la troisième se divise en quatre rangées de quatre cellules superposées, entourant un méat quadrangulaire où se trouve un canal.

Sur une coupe longitudinale de l'archégone, on voit l'oosphère au fond du canal. Le canal était primitivement une cellule; cette cellule s'est détruite par gélification; le mucilage résultant s'est gonflé, a écarté les cellules du col, et constitue à l'orifice ainsi formé une goutte de liquide gluant. Tel est l'état de l'archégone prêt à recevoir l'anthérozoïde.

L'un des anthérozoïdes nageant sous le prothalle vient-il à rencontrer l'archégone, il est retenu par le mucilage; en tournoyant dans la gelée, il s'engage dans le canal de l'archégone et arrive jusqu'à l'oosphère. La fusion des protoplasmes et des noyaux forme l'œuf, qui s'enveloppe aussitôt de cellulose, pendant que le col de l'archégone se flétrit.

Développement de l'œuf en plantule (*fig.* 325 à 331). L'œuf ainsi formé dans le prothalle se partage en quatre cellules par deux cloisons perpendiculaires. Grâce à des cloisonnements ultérieurs, ces quatre cellules forment le pied, la première racine, la tige et la première feuille. — Le pied se développe sur le prothalle auquel il emprunte la matière nutritive nécessaire à la jeune plante. — Au bout de peu

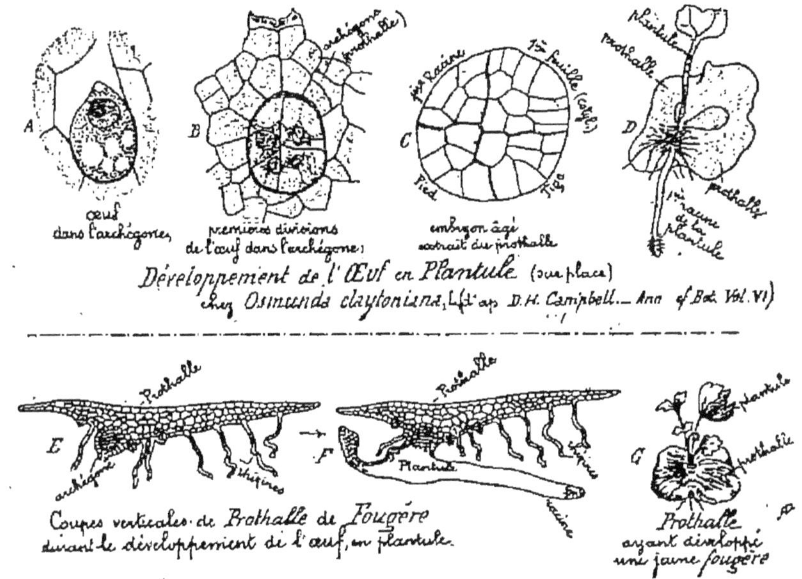

Fig. 325 à 331. — Quatrième partie du développement de la Fougère.— A-D, developpement de l'œuf. — E.F.G, l'œuf apparaît se développant dans le prothalle jusqu'à l'état de jeune plante (G).

de temps, le prothalle se flétrit, et la jeune Fougère apparaît munie de racines, d'une tige et de feuilles.

Alors est terminé le cycle du développement de la Fougère. La Fougère naît donc d'un œuf formé dans un prothalle : elle produit des spores d'où provient le prothalle avec ses éléments reproducteurs.

2° Diverses modifications dans la reproduction des Cryptogames vasculaires. — Chez les *Fougères*, toutes les spores issues d'une même plante feuillée sont égales, donnent des prothalles identiques, tous aptes à développer à la fois des anthéridies et des archégones.

Chez les *Équisétacées* (Prêles) et quelques *Lycopodinées*, les spores sont semblables en apparence, mais différentes en réalité : car certaines spores donnent des prothalles qui ne portent que des anthéridies ; d'autres donnent des prothalles portant des archégones seulement.

Les *Hydroptérides* (Marsilia, Pilularia) et certaines *Lycopodinées* (Sélaginelle, Lépidodendron...) ont deux sortes de spores : les macrospores et les microspores. La différence ne porte pas seulement sur la dimension, mais encore sur la nature ; car les prothalles nés des macrospores n'ont que des archégones, et les prothalles nés des microspores n'ont que des anthéridies.

Prenons la Pilulaire (*fig.* 332) pour exemple. Sur la tige rampante de cette plante marécageuse, et dans les bouquets

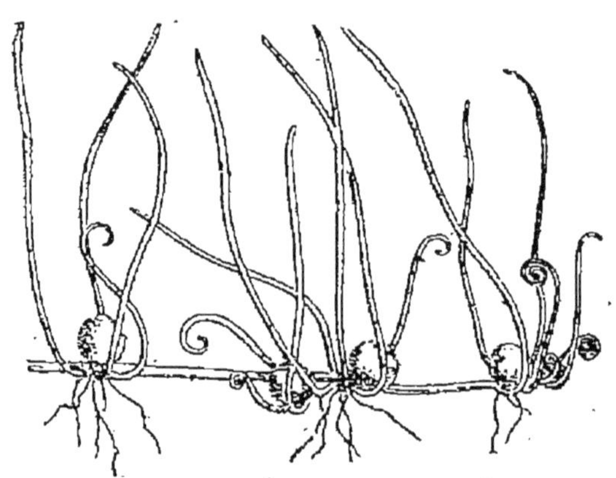

Fig. 332. — Pilulaire : tige rampante portant des feuilles linéaires et des sporocarpes sphériques.

de feuilles, on aperçoit, sous forme de sphères, des *sporocarpes* ou appareils à spores (*fig.* 333). Chaque sporocarpe contient quatre loges, et dans chaque loge il y a deux sortes de sporanges : les microsporanges, où se trouvent de nombreuses microspores ; les macrosporanges, où il n'y a qu'une macrospore. — Des microspores naissent des prothalles rudimentaires n'ayant que des anthéridies ; de la macrospore naît un prothalle où se forme un archégone (*fig.* 334 et 335).

La fécondation et la germination de l'œuf se ſont comme dans les Fougères.

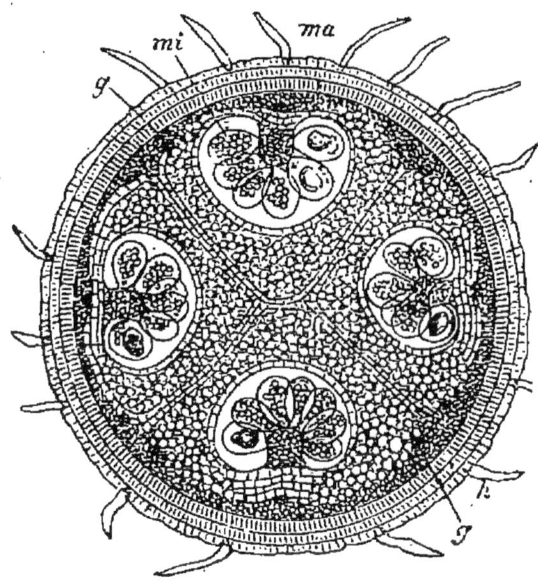

Fig. 333. — Section du sporocarpe d'une Pilulaire : *h*, poils; *g*, faisceaux libéro-ligneux. — On voit ici quatre loges, et dans chaque loge plusieurs sporanges. Les microsporanges *mi* contiennent de nombreux éléments ou microspores ; les macrosporanges *ma* ne contiennent qu'un seul élément ou macrospore.

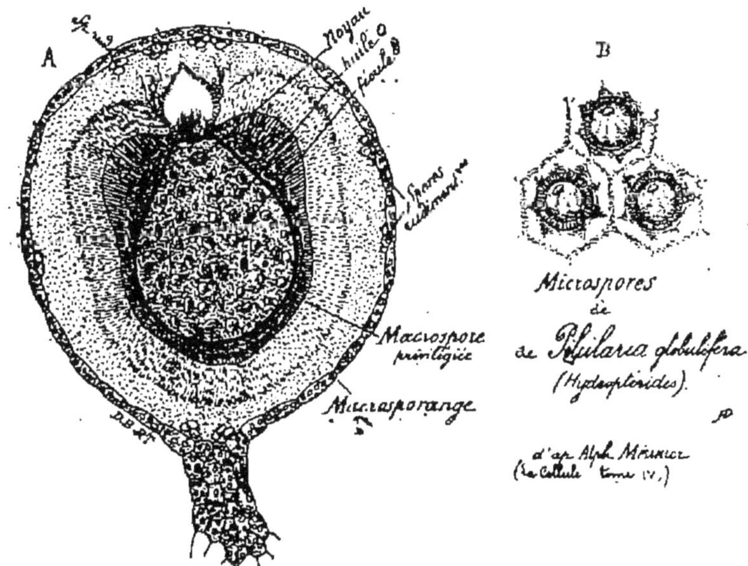

Fig. 334 et 335. — Macrospore (A) et microspores (B) de la Pilulaire.

Si nous voulions établir un trait d'union entre les Cryptogames et les Phanérogames, nous assimilerions les microspores des Cryptogames aux grains de pollen des Phanérogames, et la macrospore au sac embryonnaire. En effet, le pollen germe comme la microspore en une sorte de prothalle rudimentaire d'où sort l'élément fécondant ; et le sac embryonnaire produit un endosperme et des ovules qu'on peut assimiler au prothalle et aux archégones dérivés de la macrospore.

En tout cas, il n'y a pas de doute que la reproduction des Cryptogames ne nous ait préparés à bien comprendre la reproduction des Phanérogames.

CHAPITRE II

FORMATION DE L'ŒUF CHEZ LES PHANÉROGAMES

MORPHOLOGIE ET PHYSIOLOGIE DE LA FLEUR

§ 1. *Constitution générale de la fleur.* — I. Inflorescence ou disposition de feuilles sur la plante : 1° inflorescence solitaire; 2° inflorescence groupée (grappes, cymes). Modifications des bractées. — II. Origine foliaire des diverses parties de la fleur : 1° formes de transition; 2° métamorphose progressive; 3° métamorphose régressive; 4° structure anatomique. — III. Conformation de la fleur : 1° fleurs verticillées (complètes, incomplètes); 2° fleurs alternes ou cycliques; 3° fleurs mixtes.

§ 2. *Caractères des diverses parties de la fleur.* — I. Calice : idée générale, structure des sépales, développement du calice, préfloraison, épanouissement. — II. Corolle : idée générale, structure, origine, épanouissement, concrescence. — III. Androcée : 1° description générale; 2° structure de l'étamine (formation de l'anthère, déhiscence de l'anthère, pollen); 3° formation de l'étamine; 4° diverses modifications de l'androcée. Gymnospermes. — IV. Pistil : 1° description générale; 2° liberté ou concrescence des carpelles; placentation; 3° relations du pistil avec les autres parties de la fleur; 4° origine, développement et structure du carpelle (ovaire, style, stigmate, ovule, différentes sortes d'ovules, développement du sac embryonnaire). Gymnospermes.

§ 3. *La formation de l'œuf.* — I. Pollinisation : 1° directe; 2° indirecte (influence du vent, des insectes). Nectaires. — II. Germination du pollen. — III. Fusion des éléments.

Pour étudier le cycle évolutif des Phanérogames, nous devons chercher comment se forme l'œuf sur la plante adulte, et comment ensuite l'œuf se développe pour reproduire une plante semblable.

Comme le mot même l'indique, les organes qui concourent à la formation de l'œuf chez les Phanérogames sont visibles; leur ensemble constitue la *fleur*. Par son origine, la fleur n'est qu'une pousse feuillée, composée d'un rameau modifié et de feuilles différenciées; à ce point de vue, elle aurait pu être étudiée en même temps que la tige et les feuilles. Mais, à cause des fonctions spéciales dévolues à la fleur, elle apparaît comme un tout nettement séparé du reste de la plante et mérite d'être étudiée à part.

Fig. 336.
Bractée du Tilleul.

La fleur peut être définie : un ensemble de pièces d'origine foliaire portées par un rameau appelé *pédicelle*. A l'endroit où le pédicelle s'attache sur la tige se trouvent d'ordinaire des feuilles rudimentaires ou incomplètement différenciées, les *bractées* (*fig*. 336). Le sommet du pédoncule, plus ou moins dilaté, est le *réceptacle* des pièces florales. La fleur est dite sessile, quand le pédoncule n'existe pas.

Les pièces florales, au complet, forment quatre parties : 1° le *calice*, composé de feuilles généralement vertes; 2° la *corolle*, composée de feuilles généralement colorées; 3° l'*androcée*, qui porte les étamines où sont les grains de pollen; 4° le *pistil*, qui contient les cellules destinées à la formation des œufs.

Nous étudierons, en trois paragraphes, la constitution générale de la fleur, les caractères des diverses parties de la fleur, le rôle essentiel de la fleur ou la formation de l'œuf.

§ 1er. — CONSTITUTION GÉNÉRALE DE LA FLEUR

I. Inflorescence ou disposition des fleurs sur la plante. — On nomme *inflorescence* la manière dont la plante fleurit, c'est-à-dire la disposition des pousses florales par rapport aux pousses végétatives. Elle est constante dans une même plante, mais assez variable d'un groupe à un autre groupe d'espèces. Ces modifications se rattachent cependant à un petit nombre de types bien définis.

On distingue d'abord l'inflorescence *solitaire* et l'inflorescence *groupée*.

1° Inflorescence solitaire. — Elle existe quand le pédicelle, pourvu ou non de bractées, ne se ramifie pas :

la fleur apparaît alors isolément çà et là sur le rameau végétatif.

Ou bien la fleur occupe le sommet de la tige, comme dans les Anémones (voir *fig.* 82 et 83), la Tulipe et le Pavot ; ou bien elle est à l'aisselle des feuilles comme dans le Mouron rouge (*fig.* 337), la Violette, la Pervenche. Suivant le cas, l'inflorescence solitaire est dite *terminale* ou *axillaire*.

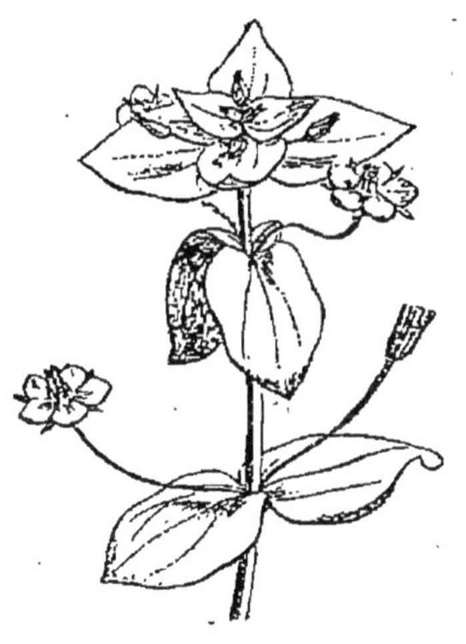

Fig. 337. — Fleur solitaire du Mouron rouge.

2° INFLORESCENCE GROUPÉE. — Quand le pédoncule se ramifie à l'aisselle des bractées, les fleurs sont rapprochées par groupes : de là l'inflorescence *groupée*.

Tantôt le pédicelle, simple ou rameux, termine la tige principale ou une branche feuillée ordinaire : tantôt le pédicelle, simple ou rameux, provient de la différenciation d'une branche située à l'aisselle d'une feuille. Suivant le cas, l'inflorescence groupée est dite *terminale,* comme dans le Blé et le Lilas, ou *axillaire*, comme dans les Labiées (Menthe, Lavande, Sauge).

Il existe deux types principaux d'inflorescence groupée : la *grappe* et la *cyme* (*fig.* 338 et 339). Dans la *grappe,* le support commun de l'inflorescence, dépourvu de fleur, plus ou moins allongé, porte sur les côtés les pédicelles floraux. Dans la *cyme,* le support commun est terminé par une fleur, sous laquelle se développent des rameaux terminés par des fleurs et remplacés à leur tour par des rameaux de troisième ordre, et ainsi de suite.

a) *Diverses formes de la grappe.* Dans la *grappe proprement dite*, le pédicelle commun est long et les pédicelles secondaires ont une certaine longueur. Elle est simple dans le Lis (*fig.* 340), le Fuschia, le Lin ; composée dans la Ronce et le Tabac (*fig.* 341).

Dans l'*épi*, le pédicelle commun est long et les pédicelles secondaires sont nuls. L'épi est simple dans le Noisetier à étamines, dans la Verveine; il est composé dans le Blé (*fig.* 342).

Dans le *corymbe*, toutes les fleurs arrivent sensiblement à la même hauteur, parce que la grappe se raccourcit vers le sommet, tant dans le pédicelle commun que dans les

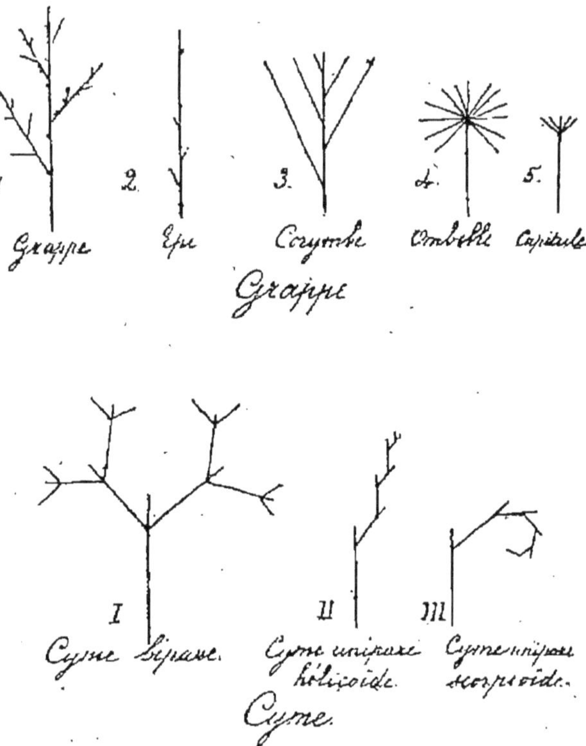

Fig. 338 et 339. — Figures schématiques de la grappe et de la cyme : leurs variétés.

pédicelles secondaires. Le corymbe est simple dans le Pommier (*fig.* 343), composé dans l'Alisier.

Dans l'*ombelle*, le pédicelle commun est nul, et les pédicelles secondaires sont longs. L'ombelle est simple dans le Lotier, composée dans la Carotte (*fig.* 344).

Dans le *capitule*, le pédicelle commun est très court, et les pédicelles secondaires sont nuls. Alors les fleurs sont sessiles et placées côte à côte sur l'extrémité élargie du

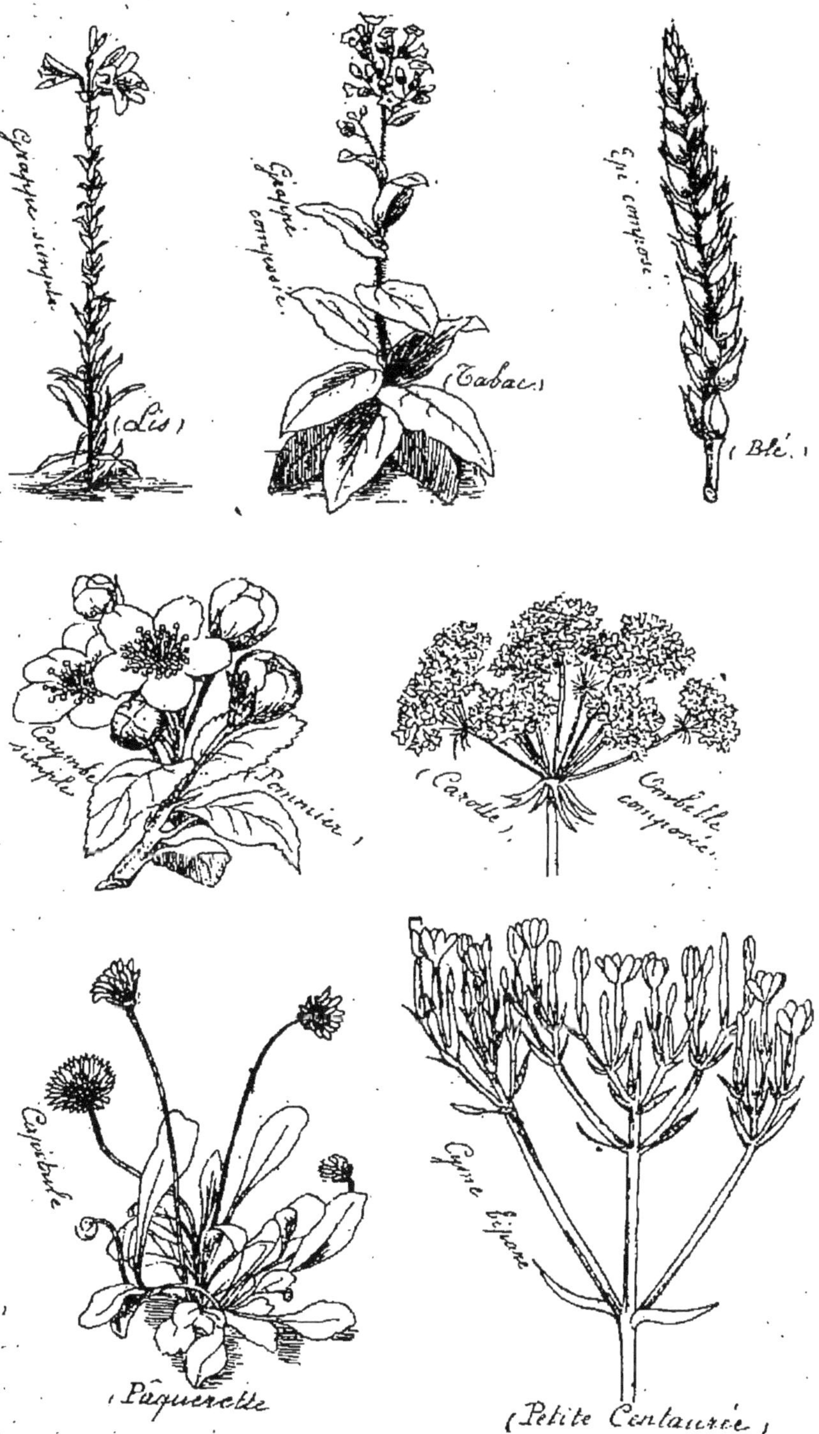

Fig. 340 à 346. — Divers exemples d'inflorescence.

pédicelle commun, comme dans la Pâquerette (*fig.* 345), le Pissenlit, le Figuier, le Séneçon.

b) *Diverses formes de la cyme.* La cyme est bipare ou unipare. La cyme normale est *bipare*; le pédicelle commun, terminé par une fleur, donne naissance à deux pédicelles secondaires; ceux-ci, terminés aussi par une fleur, donnent naissance à des pédicelles tertiaires, et ainsi de suite. C'est ce qu'on voit dans le Bégonia, la Petite Centaurée (*fig.* 346).

Fig. 347. — Myosotis. Cyme scorpioïde.

Si l'un des rameaux avorte constamment, la cyme est dite *unipare*. Elle est appelée *scorpioïde*, si l'avortement a toujours lieu du même côté, comme dans le Myosotis (*fig.* 347), et la Bourrache; *hélicoïde*, si le rameau avorte tantôt d'un côté et tantôt de l'autre, comme dans l'Ornithogale (Liliée).

Modifications des bractées. Si le pédicelle des fleurs solitaires est quelquefois dépourvu de bractées (Tulipe, Pavot, Mouron), celui des fleurs groupées ne l'est jamais. Les bractées, ordinairement petites et rudimentaires, peuvent subir de profondes modifications de forme, de consistance, de couleur.

Quand les bractées se réunissent à la base de l'ombelle ou du capitule pour protéger les fleurs, elles forment un *involucre*. Si l'ombelle est composée, il y a un involucre partiel ou involucelle à la base de chaque ombelle simple.

Quand toute l'inflorescence est enveloppée dans une même bractée, souvent de grande dimension, cette bractée protectrice est une *spathe* (*fig* 348) : on en voit autour de la fleur du Narcisse, de l'épi des Aroïdées, de l'ombelle de l'Ail. Dans les Aroïdées, elle prend une forme singulière et une couleur éclatante, blanche ou rouge écarlate.

Dans la Mauve, on voit les bractées former un second calice autour du calice de la fleur : c'est un *calicule.*

La *cupule*, qui enveloppe complètement ou partiellement la fleur et le fruit du Hêtre, du Châtaignier, du Chêne (*fig.* 349), est formée d'émergences écailleuses ou épineuses, provenant, non des bractées, mais d'une excroissance corticale du pédicelle.

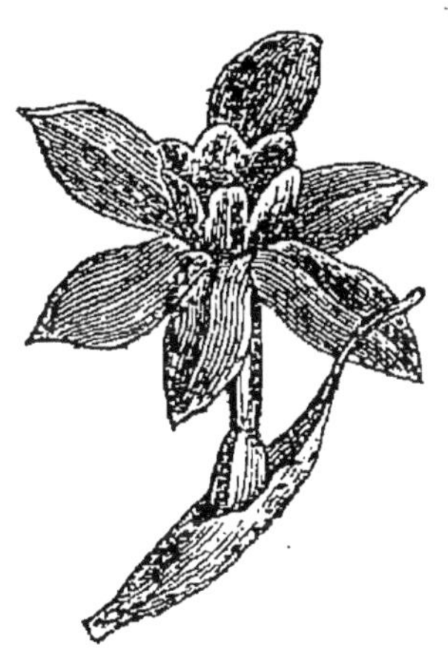

Fig. 348. — Spathe uniflore du Narcisse.

II. Origine foliaire des diverses parties de la fleur. — Nous avons dit que la fleur n'est pas autre chose qu'une pousse feuillée différenciée : le pédicelle représente la tige ou le rameau ; les enveloppes, les étamines et le pistil représentent les feuilles.

L'examen superficiel d'une fleur normale ne permet guère d'en faire la preuve. Mais, si l'on considère les formes de transition présentées par certaines fleurs, les cas de métamorphose progressive ou régressive qu'on rencontre dans certaines espèces, et surtout la structure intime des diverses parties de la fleur, on arrive à se convaincre que toutes les pièces florales ont une vraie origine foliaire.

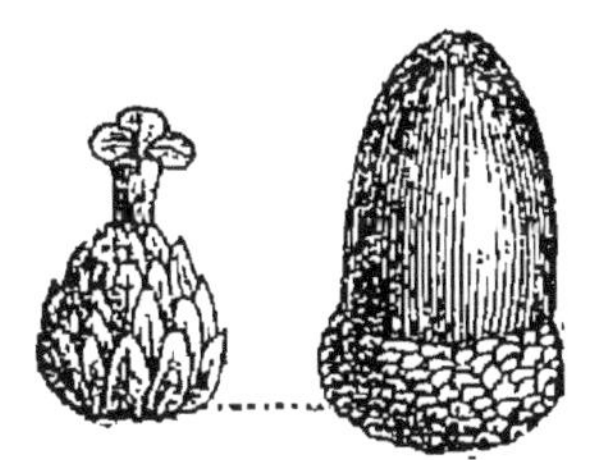

Fig. 349. Cupule du Chêne : fleur et fruit.

1° Formes de transition. — Si nous prenons souvent sur le fait la transition des feuilles normales aux pièces florales, nous serons légitimement induits à conclure que ce passage est une loi générale de la formation de la fleur. Or, les exemples de transition sont assez fréquents.

Feuilles et bractées. En examinant avec soin la succession des feuilles dans le Groseillier (*fig.* 350), on passe graduellement de la feuille à limbe palmé (D), avec pétiole élargi en gaîne, à une simple bractée constituant une *écaille* ou gaîne dilatée (A).

Bractées et sépales. La différence entre les bractées et les sépales du calice est si légère qu'on ne peut souvent les distinguer que par leur situation : les sépales sont verts comme les bractées ; parfois les bractées se colorent comme de vraies enveloppes florales.

Sépales et pétales. Ces pièces ne sont nettement distinctes ni par leur couleur ni par leur forme : il peut y avoir des sépales colorés, comme il y a des pétales qui restent verts. De plus, dans le Rosier par exemple, certains pétales gardent les découpures et les lobes des feuilles normales.

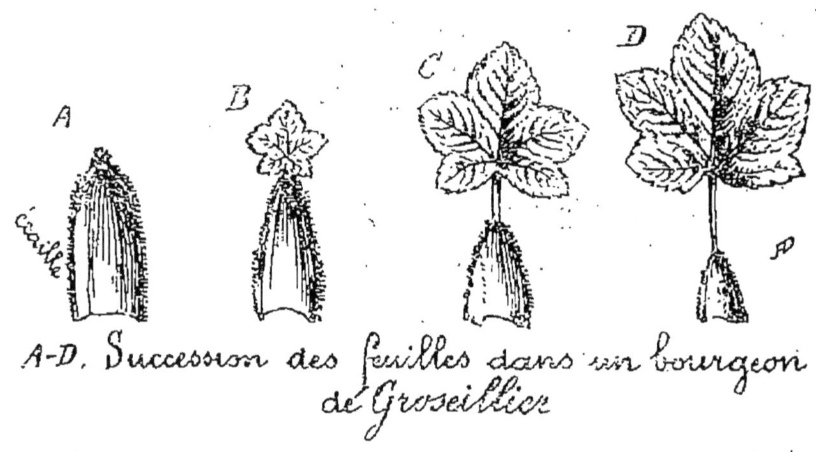

Fig. 350. — En D, feuille normale du Groseillier : elle s'amoindrit peu à peu en C et en B ; en A, elle est réduite à une écaille.

Pétales et étamines. Le Nénuphar blanc (*fig.* 351) nous permet de trouver tous les intermédiaires entre les sépales et les pétales d'un côté et les étamines de l'autre.

Étamines et pistil. En suivant l'évolution du bourgeon floral de la Rose (*fig.* 352 à 357) depuis sa formation, en été, jusqu'à son éclosion, au printemps suivant, on assiste à ces transformations lentes qui, avec des éléments foliaires identiques d'abord pour toutes les pièces florales, produisent des résultats finalement très différents. Ainsi la différence entre les étamines et le pistil, nulle d'abord, s'accentue à mesure que le bourgeon subit son évolution.

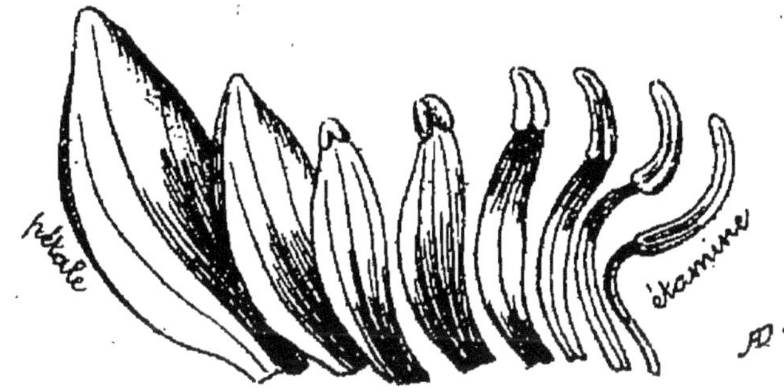

Formes de passage du pétale à l'étamine dans un Nénuphar blanc. (Nymphæa)

Fig. 351. — Formes de passage du pétale à l'étamine. Nénuphar blanc.

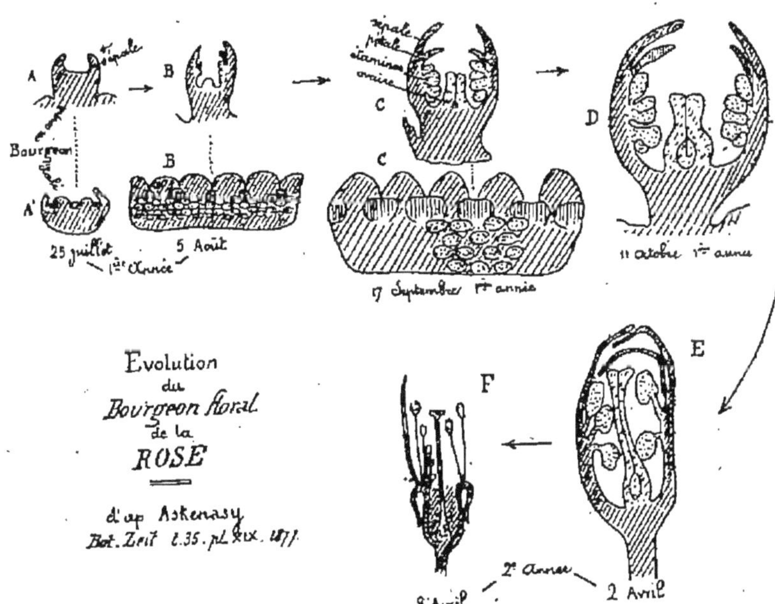

Fig. 352 à 357. — Divers stades d'un bourgeon floral de Rose, depuis son commencement en juillet jusqu'à son plein épanouissement en avril de l'année suivante.

2° MÉTAMORPHOSE PROGRESSIVE. — La métamorphose *progressive* nous permet de prendre sur le fait le passage des pièces florales d'un état à un autre état, d'un état inférieur à un état supérieur.

Tantôt on surprend la transformation des sépales en pétales (Renoncule, Primevère); tantôt ce sont les pétales qui deviennent des étamines ou des étamines des carpelles.

Prenons pour exemple la Joubarbe des toits (*fig.* 358 à 361). Dans certaines fleurs, au milieu des étamines normales (A), on voit des étamines singulièrement modifiées :

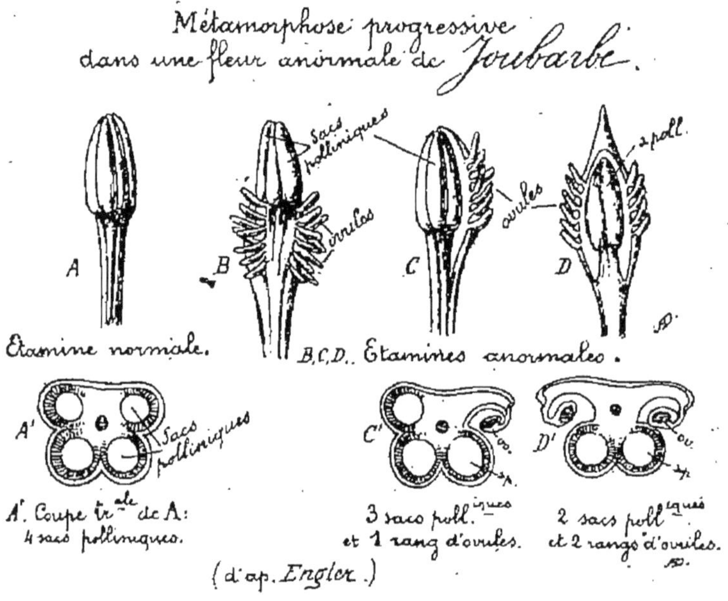

Fig. 358 à 361. — La Joubarbe des toits. Métamorphose progressive : des étamines évoluent en carpelles.

ou bien le filet s'est élargi en gouttière et développe sur chaque bord des ovules (B); ou bien un (C) ou plusieurs (D) sacs polliniques sont remplacés par une rangée d'ovules.

Une transformation analogue se voit aussi parfois dans le Pavot.

3° Métamorphose régressive. — La métamorphose *régressive* consiste dans le retour d'une pièce florale à un degré moins élevé, du carpelle à l'étamine, de l'étamine au pétale, du pétale au sépale, et enfin du sépale à la feuille.

En réalité, c'est moins un retour qu'un arrêt de *développement :* l'élément foliaire ne va pas jusqu'au bout de son évolution, il reste dans un stade de développement inférieur à celui qu'il devait atteindre.

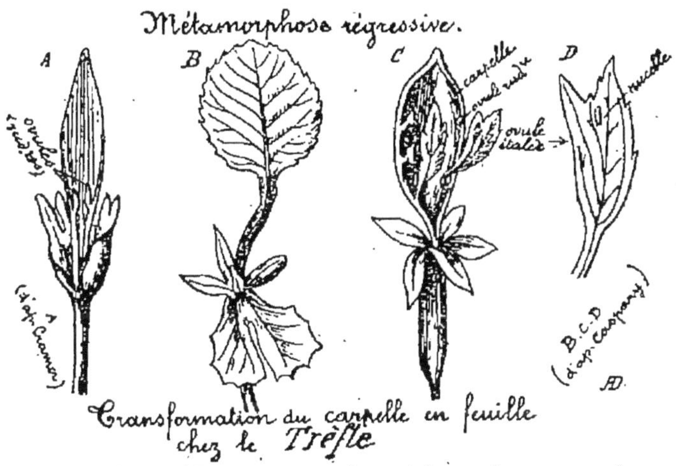

Fig. 362. — Le Trèfle. Métamorphose régressive : transformation du carpelle en feuille.

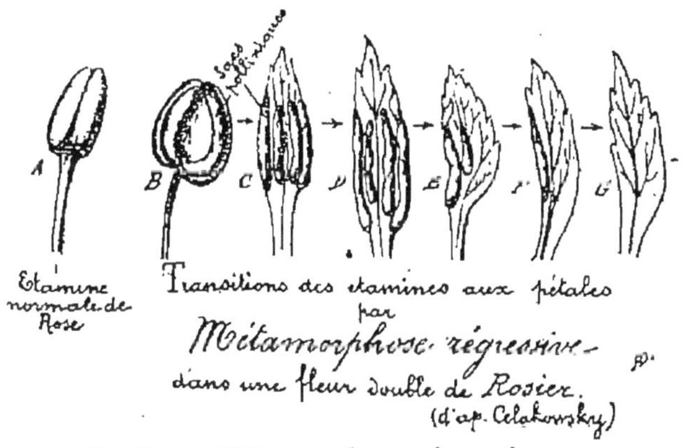

Fig. 363. — La Rose. Métamorphose régressive : transformation d'une étamine en feuille.

Le Trèfle (*fig.* 362) nous offre un exemple de la transformation du carpelle en feuille. — Dans la fleur double du Rosier, nous assistons au retour des étamines à l'état de pétales. Ce changement des étamines en pétales est la plus fréquente des métamorphoses régressives ; c'est de cette façon que, d'ordinaire, se forment les fleurs *doubles* de la Rose (*fig.* 363), de la Violette, de la Giroflée ; on voit en effet diminuer le nombre des étamines à mesure que celui des pétales augmente. Dans la figure ci-contre, on trouve des étamines dans tous les stades de la régression.

La Rose prolifère (*fig.* 364 à 367) nous offre, dans sa fleur monstrueuse, un pareil exemple de régression. Plusieurs étamines se sont transformées en pétales ; les sé-

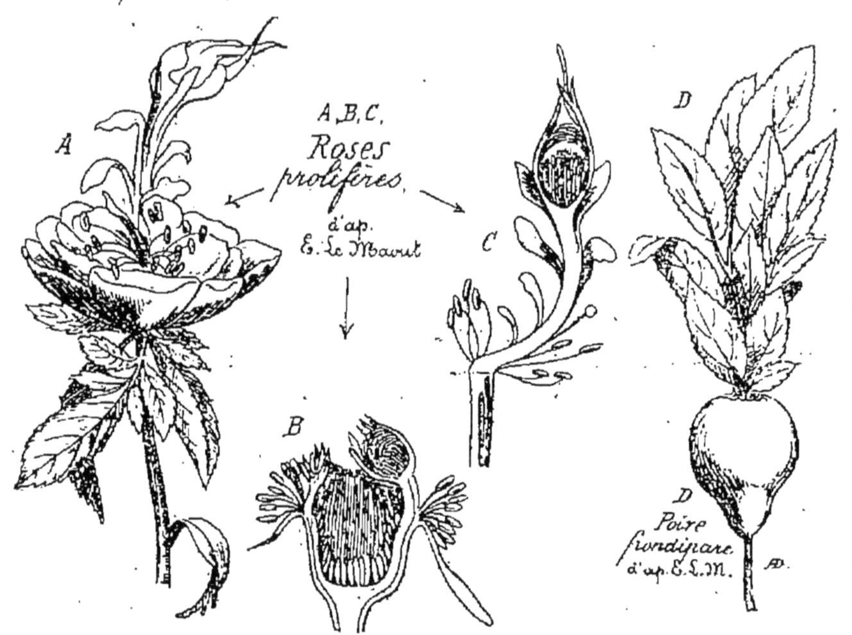

Fig. 364 à 367. — Métamorphose régressive. — A. B. C, dans la Rose prolifère, une partie de la fleur continue son évolution en tige et en fleurs. — D, dans la Poire frondipare, une partie de la fleur a donné le fruit, l'autre partie a continué l'évolution végétative.

pales du calice sont demeurés à l'état de feuilles normales ; le pédicelle, au lieu de produire des carpelles, a continué de croître pour s'épanouir plus haut en une nouvelle fleur.

La fleur du *Magnolia Figo* (*fig.* 368) porte deux sépales qui sont de véritables feuilles : tandis que l'une, à gauche, est réduite à la partie basilaire, l'autre, à droite, est pourvue d'un limbe normal.

4° Structure anatomique. — Si les faits morphologiques qui précèdent nous inclinent raisonnablement à croire que les pièces florales sont des feuilles modifiées, leur structure anatomique en donne une preuve plus convaincante encore. Dans les bractées et les sépales, le parenchyme, les nervures et les faisceaux libéro-ligneux répètent absolument les caractères de la feuille : comme dans la feuille, le ligneux est du côté interne et le liber en dehors, Cette structure ne s'atténue que graduellement dans les autres parties; elle ne s'efface jamais tout à fait.

III. **Conformation de la fleur.** — Les feuilles différenciées qui composent la fleur sont insérées autour du sommet

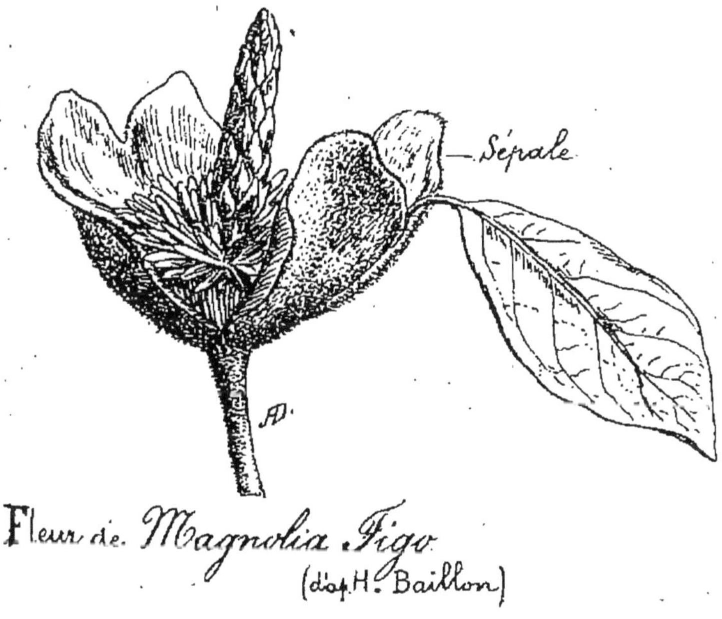

Fig. 368. — Métamorphose régressive : un des sépales du Magnolia Figo donne une feuille normale.

du pédicelle suivant les règles de la disposition des feuilles ordinaires sur la tige; elles sont verticillées ou alternes; *verticillées*, quand chacune des séries de pièces florales est insérée au même niveau; *alternes*, quand elles sont insérées isolément et forment des cycles superposés. Parfois, la conformation est *mixte*, parce que les deux dispositions se succèdent sur la même fleur.

1° Fleurs verticillées. — Une fleur verticillée est dite *complète*, lorsqu'elle comprend les quatre parties que nous avons déjà nommées : calice, corolle, étamines et pistil. Elle est *incomplète*, lorsqu'un ou plusieurs verticilles font défaut, ou même lorsque les pièces d'un verticille subissent une réduction ou une suppression.

a) Fleurs verticillées *complètes*. Supposons les diverses parties de la fleur projetées sur un même plan horizontal perpendiculaire au pédicelle : nous en aurons alors le *diagramme* ou figure schématique. Le diagramme de la fleur de Lin (*fig.* 369) nous fournira un exemple de fleur verticillée complète.

Fig. 369. — Diagramme de la fleur de Lin : verticilles à cinq pièces florales.

La fleur de Lin présente d'abord, sous les bractées, une enveloppe formée de cinq sépales verts : c'est le calice. A l'intérieur de ce premier verticille se trouvent cinq pétales colorés alternant avec les sépales : c'est la corolle. Au dedans, cinq étamines constituant l'androcée alternent avec les pétales de la corolle et sont en face des sépales du calice. Enfin cinq carpelles, alternant avec les étamines, forment le quatrième verticille, celui du pistil.

Dans la fleur du Lin, il n'y a qu'un verticille pour chacune des quatre parties : chaque pièce alterne avec celles du verticille suivant et du précédent.

Mais ce cas particulier n'implique point une règle générale. Ainsi, tandis que la corolle et le calice n'ont généralement qu'un verticille, les étamines en ont souvent deux ou même davantage (*fig.* 370), comme dans le Poirier, le Géranium, l'Ancolie, les Malvacées. Il arrive aussi, dans la Primevère par exemple, que les étamines, au lieu d'alterner avec les pétales, leur soient adhérentes.

Le *nombre des pièces florales* dans chaque verticille est assez variable. — Chez les Monocotylédones, le nombre est 3 ou un multiple de 3 (*fig.* 371) : Lis, Iris, Blé, etc... — Chez les Dicotylédones, le nombre est 2 (*fig.* 372) : Circée, 4 (*fig.* 373 et 374) : Giroflée, Moutarde, ou 5 : Géranium, Œillet, Lin, Ronce, etc....

b) *Fleurs verticillées incomplètes.* Quand la fleur a ses

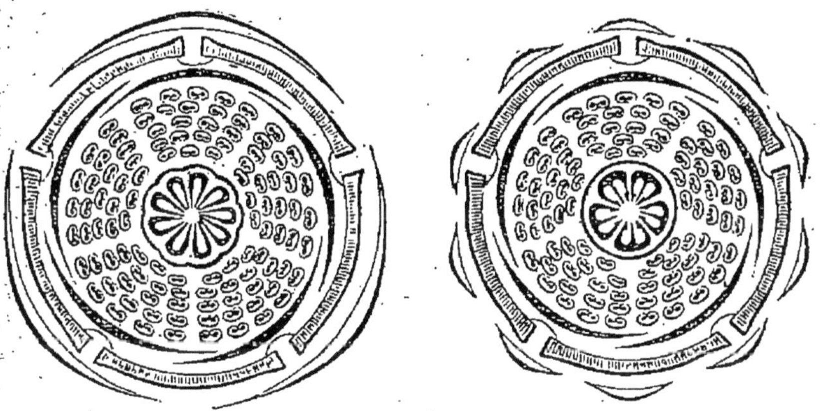

Fig. 370. — Diagrammes de Malvacées. Fleurs verticillées complètes, où chaque groupe d'étamines s'est notablement multiplié.

quatre parties, elle est dite *hermaphrodite*, parce qu'elle possède les deux organes reproducteurs, androcée et pistil. La fleur peut perdre des verticilles et devenir incomplète de plusieurs manières.

Si l'un des verticilles de l'enveloppe vient à manquer, la plante reste encore *hermaphrodite,* mais elle est *apétale* : quelle que soit la couleur du verticille qui reste comme enveloppe, il est toujours considéré comme étant le calice. Dans cette catégorie rentrent les fleurs de l'Orme, de l'Anémone, de la Clématite....

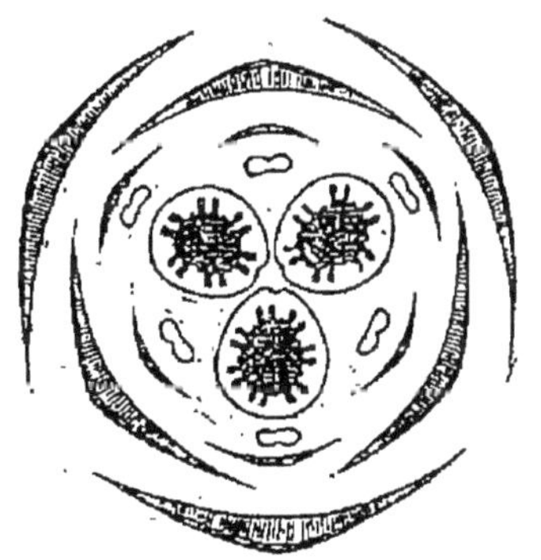

Fig. 371. — Fleur à type 3 répété pour le calice, la corolle et l'androcée : trois carpelles seulement.

Avec un calice et une corolle, la fleur peut n'avoir que l'un des deux organes reproducteurs. La fleur est dite *staminée*, si les étamines existent sans pistil ; elle est dite *carpellaire* ou pistillée, si le pistil existe sans étamines. Lorsque sur un même individu se trouvent réunies des fleurs staminées et des fleurs carpellaires, la plante est dite *monoïque*, comme la Courge, le Ricin... ; lorsque les deux organes staminé et carpellaire se trouvent séparés sur des individus différents, la plante est dite *dioïque*, comme le Gui, le Dattier... On nomme *polygames* les plantes où, sur le même individu, se trouvent à la fois des fleurs hermaphrodites, des fleurs staminées et des fleurs carpellaires, comme le Frêne, la Pariétaire.

Fig. 372. — Diagramme de Circée. — Fleur à deux pièces florales pour chaque verticille.

La fleur peut se réduire à deux verticilles. Tantôt ces deux verticilles sont l'androcée et le pistil, et alors la plante est hermaphrodite (Frêne). Tantôt l'un des verticilles est un calice, et l'autre un des deux organes reproducteurs, androcée ou pistil : ainsi l'Ortie a des fleurs qui n'ont qu'une enveloppe et qu'un seul organe reproducteur.

Enfin la fleur peut n'avoir qu'un verticille, et c'est l'androcée ou le pistil : elle est dite *nue*, comme dans le Saule

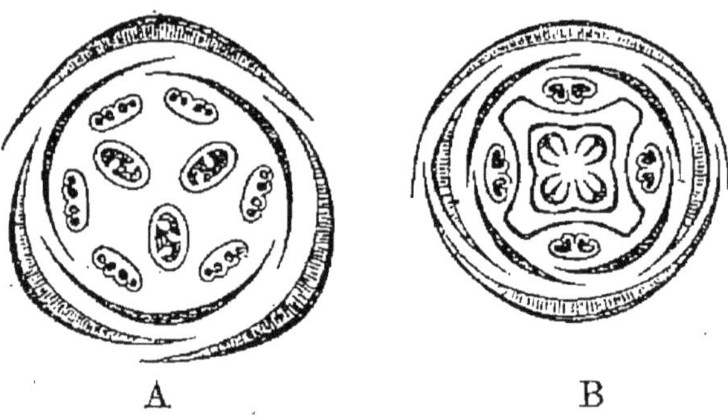

Fig. 373 et 374. — A, fleur trimère, avec étamines doublées. — B, fleur tétramère, ou à quatre pièces florales dans chaque verticille.

(*fig.* 375). Si le verticille unique n'a qu'une seule étamine ou un seul carpelle, la fleur atteint la dernière limite de simplification (Platane, Naïade...).

La fleur peut devenir incomplète sans la suppression

complète d'un verticille, mais par l'avortement d'une ou plusieurs pièces des verticilles existants.

Aucune réduction n'est plus fréquente que celle du nombre des carpelles : la Carotte devrait avoir cinq carpelles, et elle n'en a que deux, sans qu'il reste aucun vestige des carpelles absents. — L'avortement partiel ou complet des étamines n'est pas rare : dans la Scrofulaire, une étamine est avortée ; il y en a trois dans les Iridées. Dans ce dernier cas, des mamelons ou *staminodes* représentent les étamines manquées.

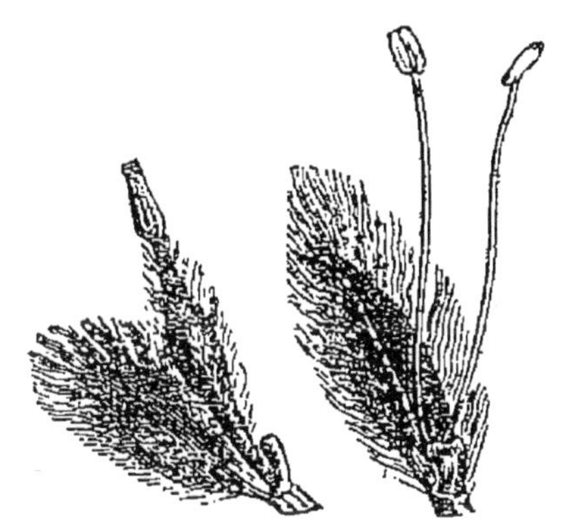

Fig. 375. — Fleurs nues du Saule : à droite, fleur staminée ; à gauche, fleur pistillée.

2° Fleurs alternes ou cycliques. — On appelle *cycliques*, ou *spiralées*, ou *alternes*, les fleurs dont les pièces sont disposées isolément à chaque nœud ; elles se succèdent en cycles superposés, le long d'une spire serrée qui fait de nombreux tours au sommet du pédoncule. C'est ce qu'on observe dans les Magnoliacées, les Cactées, les Nymphéacées (Nénuphar).

Tantôt les quatre formations y sont bien distinctes les unes des autres, parce que chacune comprend exactement un ou plusieurs tours de spire. — Tantôt on passe insensiblement des sépales aux pétales, des pétales aux étamines : sur cette spirale commune il est impossible de dire où commence et finit chacune des parties. Là, plus qu'ailleurs, les transitions des formes florales sont faciles à saisir.

3° Fleurs mixtes. — On appelle *mixtes* les fleurs qui renferment à la fois des verticilles et des cycles. Dans beaucoup de Renonculacées, le calice et la corolle sont nettement disposés en verticilles alternants de cinq feuilles chacun : mais les étamines et les pistils se suivent en une spirale commune.

Symétrie florale. Dans les fleurs verticillées, on peut trouver des plans de symétrie : il n'en existe pas dans les fleurs cycliques ni dans les fleurs mixtes.

On nomme *régulières* les fleurs verticillées où l'on peut mener autant de plans de symétrie qu'il y a de pièces florales (Géranium, Jacinthe, Primevère). On nomme *irrégulières* celles où la symétrie est troublée, soit par des varia-

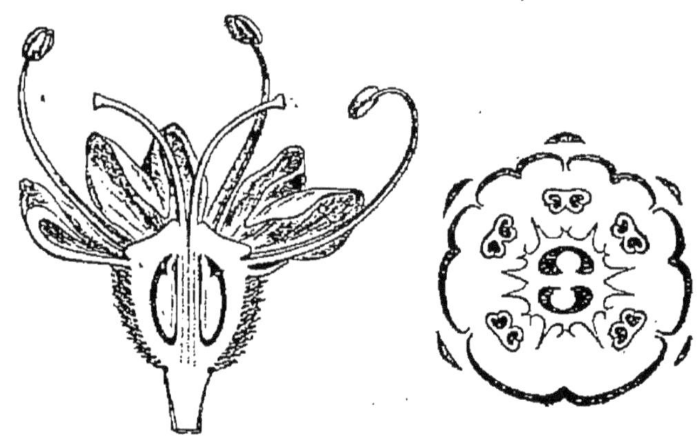

Fig. 376 et 377. — Diagramme et coupe longitudinale de la fleur de Carotte. La fleur est irrégulière par réduction et suppression de certaines pièces, et cependant symétrique.

tions dans la forme et la dimension des pièces florales, soit par la réduction ou disparition de quelques-unes de ces pièces, soit par les deux causes à la fois : Haricot, Sauge, Violette, Capucine, Orchis, Carotte (*fig.* 376 et 377).

Il n'existe souvent qu'un seul plan de symétrie dans les fleurs irrégulières : Haricot (*fig.* 378 et 379), Violette, Orchis.

§ 2. — CARACTÈRES DES DIVERSES PARTIES DE LA FLEUR

Nous allons étudier séparément les diverses parties de la fleur, au point de vue de la forme, de la structure, du développement et du rôle à remplir. Les deux premières parties, le calice et la corolle, ne sont que des enveloppes :

on les nomme *périanthe*. Les deux parties internes, l'androcée et le pistil, sont les organes essentiels de la fleur.

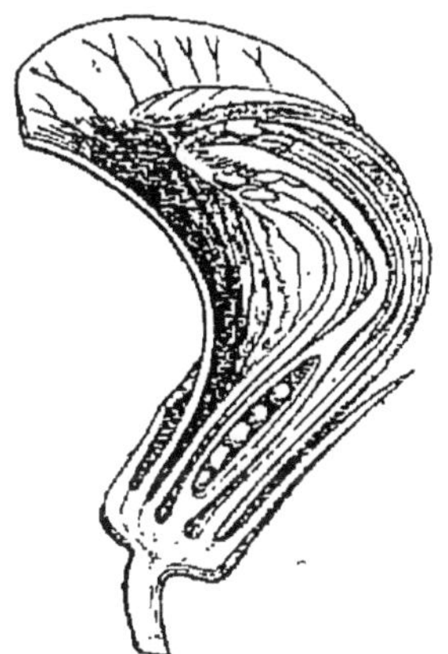

Fig. 378. — Coupe longitudinale de la fleur du Haricot.

I. Calice. — Le *calice* est l'enveloppe extérieure de la fleur, lorsqu'elle en a deux : c'est l'enveloppe simple, lorsqu'il n'y en a qu'une. Il constitue le premier verticille de la fleur. Les pièces qui le composent portent le nom de *sépales*.

Les sépales sont ordinairement sessiles : leur limbe, inséré sur une large base, est le plus souvent entier et terminé en pointe. La coloration verte n'est pas absolument constante dans le calice : si la chlorophylle vient à manquer, les sépales sont colorés ou *pétaloïdes* (Tulipe, Clématite, Anémone).

Le calice est *régulier*, quand les sépales ont même forme et même dimension, ou lorsque des sépales différents alternent régulièrement (Crucifères). Il est dit *irrégulier*, lorsque l'un des sépales est plus grand que les autres, et que ceux-ci vont en décroissant de chaque côté (Haricot, Capucine...).

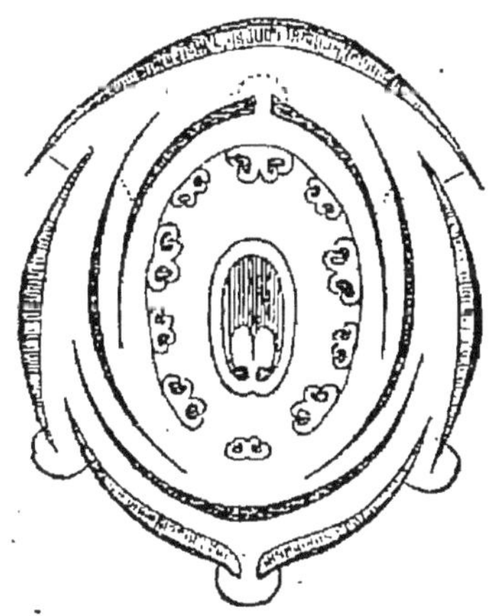

Fig. 379. — Diagramme de la fleur du Haricot. La fleur est irrégulière, et cependant elle possède un plan de symétrie.

Tantôt les pièces du calice demeurent libres, et alors le calice est dit *dialysépale* ou polysépale (Renoncule, Giroflée, Géranium). Tantôt les pièces du calice sont réunies et forment un tube terminé par autant de découpures qu'il y a de sépales, et alors le calice est dit *gamosépale* (*fig.* 380 et 381) ou monosépale (Pois, Tabac, Sauge).

Le calice peut présenter les aspects les plus variés. Il

peut être cylindrique, campanulé ou en forme de cloche, prismatique, anguleux, etc...

Structure des sépales. Il est à peine besoin de signaler la structure des sépales, puisqu'elle diffère très peu de la structure des feuilles ordinaires. L'épiderme a des stomates sur les deux faces ; un parenchyme très lacuneux occupe les interstices laissés par les nervures ; les nervures sont le résultat de la ramification des faisceaux libéro-ligneux. Quand le calice devient gamosépale, tantôt la soudure ne se fait que par le parenchyme, tantôt elle se fait même par les faisceaux qui s'anastomosent d'un sépale à l'autre. Les cellules épidermiques forment souvent au dehors des saillies qui donnent au calice un aspect velouté.

Fig. 380. — Calice gamosépale de Labiée.

Développement du calice. Puisque les pièces florales ne sont que des feuilles métamorphosées, les sépales du calice doivent avoir la même origine et le même développement que les feuilles ordinaires. Ils commencent sous forme de petits mamelons à la surface du réceptacle. La croissance est d'abord terminale, puis elle est intercalaire. Si la zone de croissance intercalaire est à quelque distance de la base, les sépales restent libres et le calice est dialysépale : si cette zone de croissance intercalaire occupe la base commune des sépales, ces pièces se trouvent soudées et constituent le calice gamosépale.

Fig. 381. — Calice gamosépale de Silénée.

Préfloraison. On nomme *préfloraison* la disposition des pièces florales dans le bouton avant l'épanouissement de la fleur. Elle est *valvaire* (Mauve) quand les sépales sont accolés sans se recouvrir ; *tordue*, quand chaque sépale recouvre en partie l'un de ses voisins (Cyclame) ; *spiralée*, quand les sépales se recouvrent comme s'ils étaient disposés en spirale (Tulipe) ; *imbriquée*, quand l'un des sépales, étant extérieur, recouvre l'un de ses voisins qui est intérieur ; *cochléaire*, quand l'un des sépales recouvre ses deux voisins...

Épanouissement. Tant que la croissance est plus rapide sur la face externe des sépales, le calice est fermé : quand la croissance l'emporte sur la face interne, le calice s'ouvre, les sépales se séparent et se redressent. Dans l'Eucalyptus, le calice est enlevé comme un opercule ; dans le Pavot, les sépales tombent.

La fleur, une fois épanouie, reste souvent ouverte jusqu'à ce que les pièces se flétrissent : mais souvent elle s'ouvre et se ferme périodiquement sous l'influence de la lumière et de la chaleur. Ainsi les fleurs de Tulipe s'ouvrent à la lumière et se ferment à l'obscurité. Ces mouvements périodiques dépendent, comme ceux des feuilles ordinaires, de l'inégale répartition de l'eau dans les cellules placées à la base des pièces florales.

Nous avons déjà dit que le calice peut être partiellement réduit, ou même être entièrement supprimé (Frêne, Calle, Saule).

II. Corolle. — La corolle est l'enveloppe interne de la fleur : elle constitue le second verticille de la fleur complète. Quand le périanthe n'a qu'un verticille, on dit que la corolle fait défaut. Les pièces qui la composent portent le nom de *pétales*.

Fig. 382. — Pétales : sessile, à gauche ; muni d'un onglet, à droite.

Les pétales sont souvent sessiles : souvent aussi ils ont un pétiole ou *onglet* qui relie au réceptacle le limbe ou *lame* (*fig.* 382). Etant généralement dépourvus de chlorophylle, les pétales sont blancs ou de diverses couleurs. Parfois cependant ils sont verts comme des sépales (Jonc, Erable) : on les nomme alors *sépaloïdes*.

La corolle est *régulière*, quand les pièces sont égales ou lorsque des pétales dissemblables alternent régulièrement (Giroflée). Elle est *irrégulière*, lorsqu'un ou deux pétales sont plus développés et que les autres vont en décroissant (Capucine).

Les pétales de la corolle peuvent rester libres ou se réunir en un tout continu. Suivant le cas, la corolle est dite *dialypétale* (Crucifères, Rosacées...) ou *gamopétale* (Lilas, Campanule...) (*fig.* 383).

Fig. 383. — Corolle gamopétale d'une Labiée.

La corolle gamopétale régulière peut présenter les aspects les plus variés. Elle est dite *campanulée* lorsqu'elle ressemble à une cloche (Campanule); *infundibuliforme*, lorsqu'elle ressemble à un entonnoir (Tabac); *rotacée*, lorsqu'elle ressemble à une roue (Bourrache); *étoilée*, *urcéolée*, etc....

La corolle gamopétale irrégulière prend aussi diverses formes. Elle est dite *bilabiée*, lorsque le limbe est partagé transversalement en deux parties qui ressemblent à deux lèvres placées l'une au-dessus de l'autre (Sauge, Acanthe, Romarin...). Elle est dite *personnée* ou en masque, lorsqu'elle représente une sorte de tête animale (Gueule de loup).

Il arrive souvent que les pétales se ramifient. Ou bien cette ramification a lieu dans le plan du limbe, et il se forme des lobes, des dents, des segments. Ou bien elle se produit perpendiculairement au plan du limbe, et alors se forment des franges dont l'ensemble constitue une sorte de couronne.

La *structure* des pétales est tout à fait analogue à celle des sépales.

L'*origine* et le *développement* de la corolle sont de même nature que pour le calice.

La *préfloraison* offre les mêmes types. Seulement le type n'est pas toujours le même dans la corolle et le calice. Ainsi, dans la Mauve, la préfloraison du calice est valvaire, celle de la corolle est tordue.

L'*épanouissement* de la corolle ne suit pas toujours immédiatement l'ouverture du calice. Lorsque les pétales ne se séparent pas au sommet, il se fait une déchirure circulaire et la corolle est enlevée comme un couvercle, puis rejetée. Dans la Vigne, la corolle est repoussée par l'allongement des étamines.

Concrescence du calice et de la corolle. De même que les pièces d'un même verticille peuvent se souder, de même aussi les deux verticilles du périanthe peuvent se souder entre eux. Quand le calice et la corolle ont leur insertion très rapprochée sur le réceptacle, la croissance intercalaire de la base peut être commune : alors il se forme une sorte de coupe ou de tube, et c'est au bord seulement de l'anneau commun que les deux verticilles se séparent (Capucine).

La corolle peut manquer dans un bon nombre de familles végétales, soit parce qu'il ne se forme qu'une seule enveloppe, qu'on appelle alors calice (Urticacées, Cupulifères), soit parce qu'il ne se produit aucune enveloppe (Saule, Graminées...).

III. **Androcée.** — 1° DESCRIPTION GÉNÉRALE. — L'androcée est le troisième verticille de la fleur. Les pièces qui le composent sont des feuilles différenciées nommées *étamines*. Les étamines sont destinées à former et à disséminer le pollen d'où sortira l'élément fécondant de l'œuf.

L'étamine normale se compose de trois parties : le *filet*, cordon grêle plus ou moins long, rappelle le pétiole des feuilles ; l'*anthère*, sac membraneux, ordinairement divisé en plusieurs loges ou sacs polliniques, rappelle le limbe des feuilles ; enfin le *connectif* est la partie du limbe qui unit les sacs polliniques de chaque moitié à la moitié opposée (*fig.* 384).

La forme des étamines est assez variable. Si le filet devient nul, les étamines sont sessiles (Magnolier). Quand le connectif devient très court, les deux moitiés de l'anthère s'écartent en forme d'X (Blé, Sarrasin) : parfois le connectif s'élargit et forme avec le filet une sorte de T qui porte les anthères à l'extrémité de ses branches (Tilleul).

L'androcée est *régulier* lorsque les étamines sont égales,

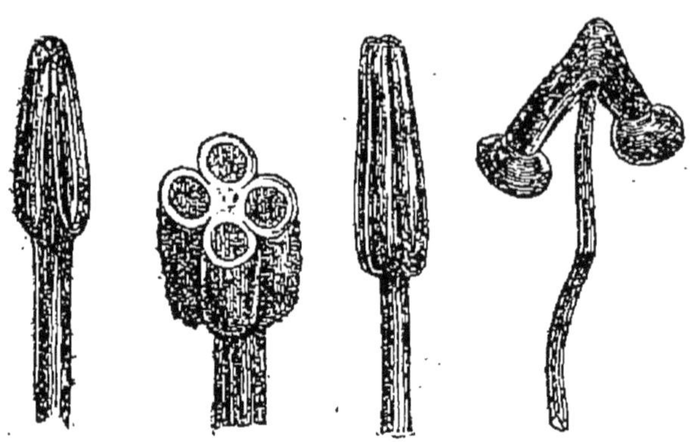

Fig. 384. — Diverses formes d'étamines.

ou, étant différentes, alternent régulièrement (Liliacées, Rosacées). Il est *irrégulier* lorsqu'une ou deux étamines sont plus grandes et que les autres vont en décroissant de chaque côté.

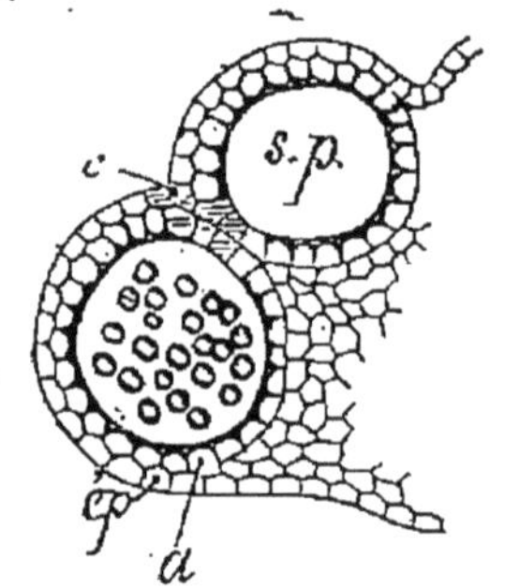

Fig. 385. — Une moitié d'anthère, ou deux sacs polliniques avant la déhiscence. — *s.p*, sac pollinique où sont les grains de pollen. — *c*, cloison qui se brisera au moment de la déhiscence. — *ép*, épiderme. — *a*, assise fibreuse de cellules en U, qui, en se contractant dans la région extérieure, provoquent la déchirure ou déhiscence.

2° STRUCTURE DE L'ÉTAMINE.— L'*anthère*. Prenons une coupe transversale de l'étamine au niveau de l'anthère. Elle nous présente en général quatre cavités ou *sacs polliniques*, remplies d'une poussière qu'on appelle le pollen. Ces cavités sont placées deux à deux de chaque côté de l'anthère.

Avant la *maturité de l'anthère*, tous les sacs sont isolés (*fig.* 385). Chacun d'eux présente au dehors une couche de cellules épidermiques. Sous l'épiderme apparaît une *assise fibreuse*, ainsi appelée à cause de l'épaississement des parois cellulaires : ces cellules épaissies sur la paroi interne ont la forme d'un U dont les branches sont tournées en dehors. La bande cellulaire qui unit les sacs polliniques de chaque côté de l'anthère n'a point de cellules fibreuses, de sorte qu'il n'y a que des cellules à parois minces dans le sillon peu profond de chaque moitié de l'anthère.

L'anthère a terminé son évolution et *atteint sa maturité* lorsque la fleur s'épanouit. Alors les étamines, exposées à l'air libre, transpirent abondamment et l'anthère s'ouvre par la déchirure (*déhiscence*) de son tissu.

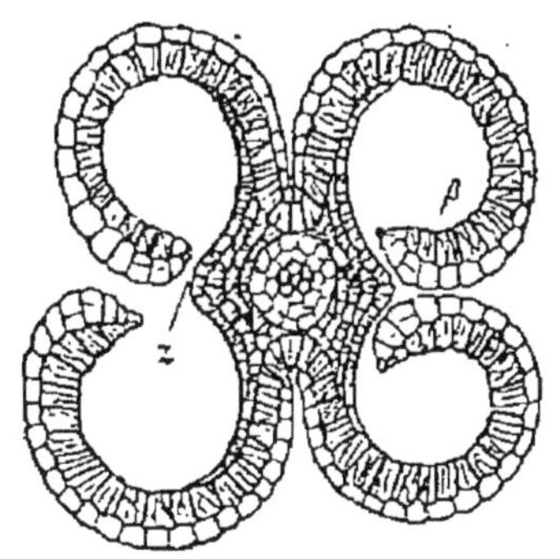

Fig. 386. — Coupe transversale de l'anthère au moment de la déhiscence. — Grâce à la déchirure opérée par le jeu de l'assise fibreuse, les sacs polliniques communiquent d'abord entre eux, puis avec le dehors par le sillon latéral.

Déhiscence de l'anthère (*fig.* 386). La déhiscence de l'anthère est déterminée par le jeu de l'assise fibreuse. Les cellules de cette assise sont fortement lignifiées sur leur face interne, tandis que leur paroi est mince du côté de l'épiderme. Au moment de la dessiccation, la paroi mince du dehors se contracte plus vite que la paroi interne lignifiée. La surface externe de l'assise fibreuse devenant plus petite, provoque la déchirure de l'anthère suivant le sillon médian où manquent les cellules lignifiées. Les deux sacs polliniques s'ouvrent suivant une fente commune et mettent leur pollen en liberté.

Divers modes de déhiscence. Les anthères ne s'ouvrent pas toutes de la même manière. — La déhiscence est *longitudinale* (*fig.* 387 et 388) lorsque sur les deux faces latérales de l'anthère se fait une fente en long, commune à deux sacs polliniques contigus : c'est le cas le plus fréquent

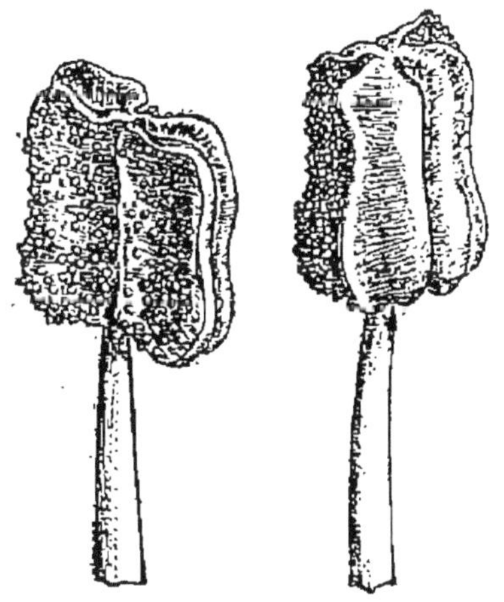

Fig. 387 et 388. — Anthère d'Ancolie au moment de la déhiscence. — A droite, l'anthère commence à s'ouvrir ; à gauche, les loges sont largement ouvertes. — C'est un cas de déhiscence longitudinale.

(Iris, Liseron). — La déhiscence est *terminale*, lorsque l'anthère s'ouvre par deux orifices situés à son extrémité supérieure (Pomme de terre). Elle est *valvaire* lorsque l'anthère s'ouvre par deux couvercles qui se soulèvent de bas en haut (Épine-vinette).

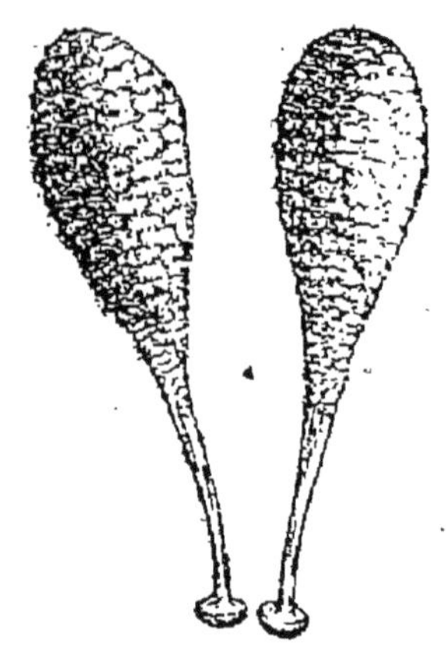

Fig. 389. — Pollen en masse dans *Orchis maculata*.

Quand la fente de déhiscence est tournée vers le centre de la fleur, l'étamine est dite *introrse* : elle est dite *extrorse* lorsque la fente est tournée en dehors.

Pollen. Le pollen, mis en liberté par la déhiscence de l'anthère, est une poussière extrêmement ténue dont chaque grain est une cellule à l'état de vie ralentie. La couleur du pollen n'est point uniforme : le jaune est cependant plus général.

Les grains de pollen ne sont pas toujours isolés. Dans certaines plantes, ils sont unis par groupes de quatre ou de multiples de quatre (pollen composé). Chez les Orchidées, tous les grains restent soudés en une seule masse (pollinie) (*fig.* 389).

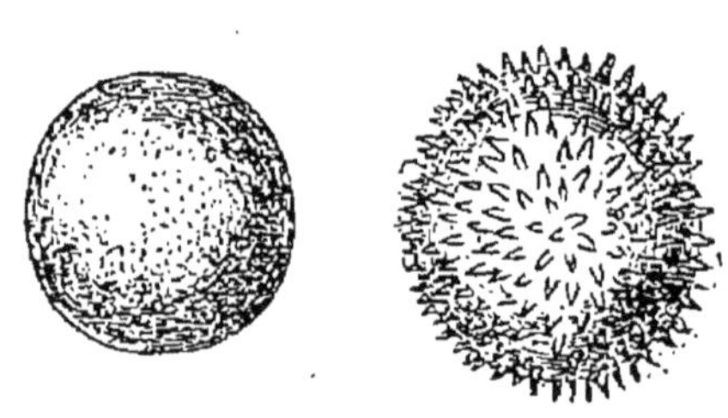

Fig. 390. — Grain de pollen sphérique (*Althæa*). — A droite, le pollen est revêtu de l'exine avec pointes en relief. — A gauche, le même, dépouillé de l'exine.

Le grain de pollen est tantôt sphérique (*fig.* 390), tantôt polyédrique (*fig.* 391), tantôt allongé. — La membrane enveloppante est le plus souvent double : l'*exine*, externe, est épaisse, fortement cutinisée, colorée, pourvue de spores et d'épaississements en relief; l'*intine*, interne, est mince, sauf en face des pores de l'exine, où elle constitue des bouchons de cellulose. — Le protoplasme est condensé ; il contient peu d'eau, mais il est riche en réserves nutritives. La cellule pollinique, contenant deux noyaux, pourrait être considérée comme l'association de deux cellules dont l'une a grandi aux dépens de l'autre.

Dans des conditions favorables, c'est-à-dire dans un milieu nutritif et sous l'influence d'une douce chaleur, le grain de pollen germe comme une spore de Cryptogame. Il se gonfle d'abord en absorbant de l'eau par les pores, et bientôt il pousse au dehors un *tube pollinique* par les points de plus faible résistance de l'exine. L'intine, utilisant les bouchons de cellulose et les réserves intérieures, se développe en une longue paroi, de sorte que la longueur du tube peut atteindre jusqu'à cent fois et mille fois le diamètre du grain primitif.

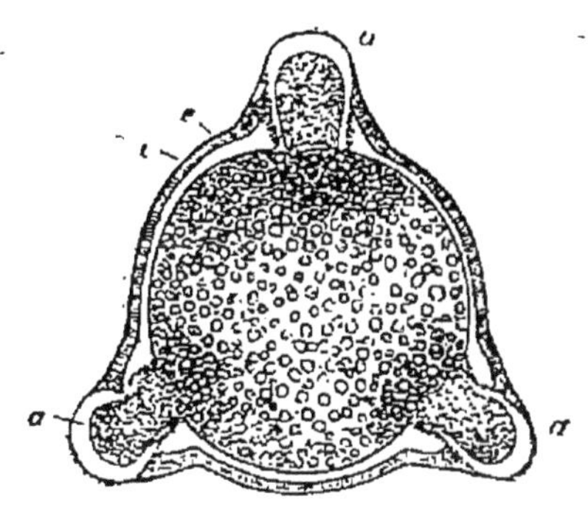

Fig. 391. — Pollen d'Epilobe, en coupe ; figure polyédrique : *a*, pores saillants ; *e*, exine ; *i*, intine.

Tandis que le pollen est dans cette période de vie active, il se nourrit tant aux dépens de ses réserves qu'aux dépens du milieu qui l'entoure. Son protoplasme se porte principalement dans le tube, vers l'extrémité. Là se trouvent les deux noyaux : l'un préside seulement à la vie de la cellule pollinique ; l'autre, dédoublé, est destiné à la fécondation de l'ovule (*fig.* 392).

Tel est en effet le vrai rôle du pollen, de l'anthère et de l'étamine par conséquent. Si le grain de pollen n'atteint pas un ovule du pistil, sa germination n'aboutit à aucun résultat.

3° Formation de l'étamine. — Sur une fleur très jeune, examinée à la loupe, l'étamine apparaît dans le bouton comme un petit mamelon. Le mamelon grandit, et bientôt un étranglement le divise en deux parts : une petite massue qui sera l'anthère, et un pédicelle qui sera le filet. La production d'un sillon médian assez profond et de deux sillons latéraux superficiels détermine la différenciation de l'anthère.

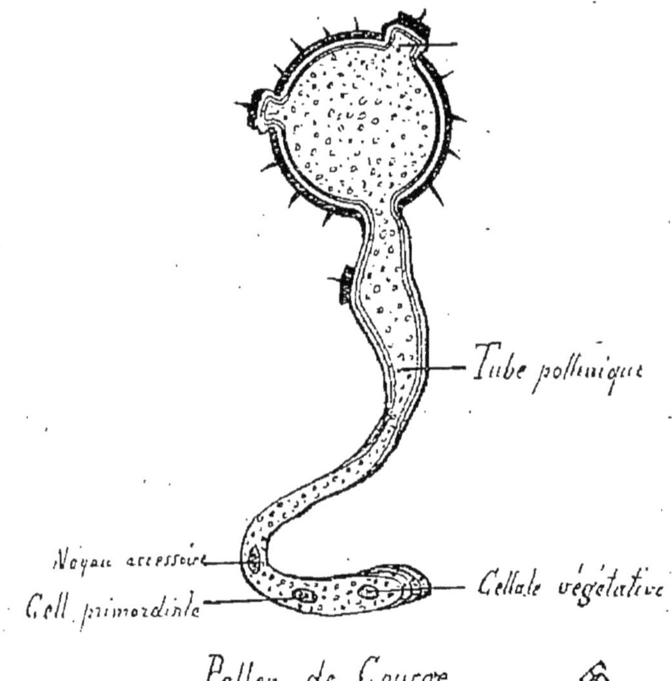

Fig. 392. — Grain de pollen en germination. — Remarquer l'exine avec ses pointes : les pores saillants, avec leur réserve nutritive ; vers l'extrémité du tube pollinique, le noyau végétatif, la cellule primordiale ou noyau fécondant.

Alors, sur une coupe transversale, on voit l'épiderme bien différencié, et quatre cellules (*fig.* 393) ou quatre groupes de cellules plus volumineuses que les autres. Le dédoublement de la couche sous-épidermique a donné deux sortes de cellules : les unes ont formé le parenchyme nourricier et l'assise qui deviendra fibreuse autour des sacs polliniques ; les autres donnent les cellules qui constituent les sacs polliniques et qui seront les cellules mères du pollen (*fig.* 394).

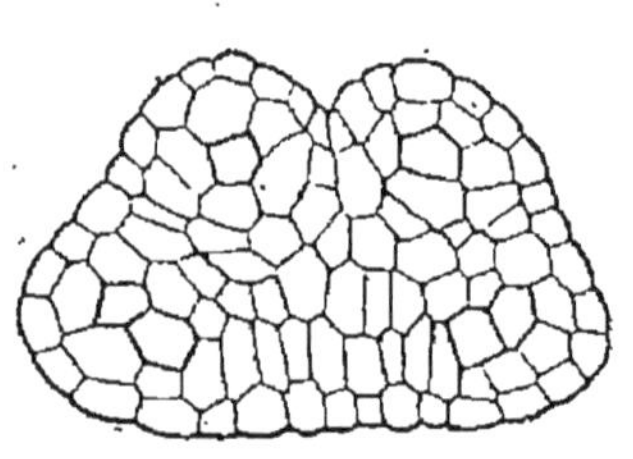

Fig. 393. — Formation de l'étamine, coupe de l'anthère : on voit les quatre sacs polliniques dessinés par l'apparition de grosses cellules.

Ces dernières se multiplient par segmentation et forment quatre massifs. La nutrition de ces massifs se fait aux dé-

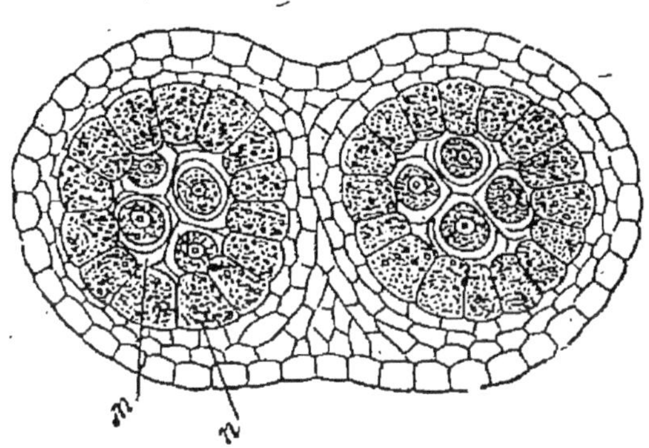

Fig. 394. — Formation de l'anthère : coupe transversale de deux sacs polliniques. — Sous l'épiderme et les cellules nourricières apparaissent : 1° les cellules de l'assise fibreuse en *n*; 2° les cellules-mères du pollen en *m*.

pens du parenchyme avoisinant, de sorte que bientôt les sacs polliniques ne sont séparés du dehors que par deux assises, l'épiderme et l'assise fibreuse (*fig.* 395).

Chacune des cellules-mères se divise simultanément en quatre cellules-filles, qui s'isolent peu à peu dans la cellule-mère par des cloisons. Puis la membrane de la cellule-mère se gélifie ainsi que les membranes communes aux cellules-filles. Ces dernières, ainsi associées en tétrades, grossissent, acquièrent leur forme définitive : ce sont les grains de pollen.

Quand les grains de pollen sont achevés et devenus indépendants dans les sacs polliniques, l'anthère est mûre; le

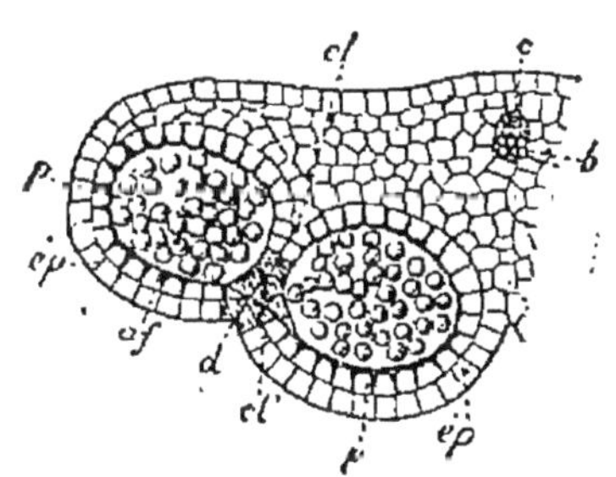

Fig. 395. — Coupe transversale d'une anthère arrivée à maturité et non encore ouverte (d'après Aubert). — *cl*, cloison de séparation des sacs polliniques, qui ne sera pas supprimée par la déhiscence; *cl'* (en hachures), cloison qui sera supprimée par la déhiscence; *p*, pollen dans les sacs polliniques; *ép*, épiderme; *af*, assise fibreuse dont le jeu déterminera la déhiscence; *d*, ligne de déhiscence; *c*, connectif avec faisceaux libéro-ligneux *b*.

filet qui la soutient s'allonge promptement, et l'étamine est définitivement constituée. Alors s'épanouit la fleur, ce qui prépare la dessiccation et la déhiscence de l'anthère.

Il peut arriver, chez les Orchidées par exemple, que la gélification des membranes des cellules-mères ne soit pas complète ; dans ce cas les grains de pollen demeurent associés en tétrades (Bruyère), ou même en totalité (pollinie des Orchis).

4° DIVERSES MODIFICATIONS DE L'ANDROCÉE. — *Concrescence des étamines.* Comme nous l'avons vu pour les sépales et les pétales, la zone de croissance des étamines peut être ou bien au-dessus de leur insertion sur le réceptacle, ou bien à leur base commune. Dans le premier cas, elles restent libres et se nomment *dialystémones;* dans le second cas, les filets sont soudés et forment un tube autour du pistil, elles sont alors *gamostémones.*

La soudure peut se faire de plusieurs façons. Tantôt toutes les étamines ne forment qu'un seul corps et sont dites *monadelphes* (Mauve) ; tantôt elles se partagent en deux groupes et sont dites *diadelphes* (Pois) ; tantôt elles constituent plus de deux groupes, et elles sont dites *polyadelphes* (Oranger).

La concrescence des étamines avec la corolle ou même le calice est bien plus fréquente, car les étamines sont beaucoup plus rapprochées des pétales et des sépales qu'elles ne le sont entre elles. Quand la corolle est gamopétale, la concrescence de l'androcée et de la corolle a presque toujours lieu : alors les étamines paraissent insérées sur la corolle (Campanulacées).

D'autres fois, les étamines sont concrescentes avec le pistil et forment avec lui une masse commune qu'on appelle *gynostème* (Orchis) (*fig.* 396).

Ramification des étamines (*fig.* 397 et 398). Les étamines se ramifient souvent. Quand les branches émanées du filet sont stériles, ou dépourvues de sacs polliniques, l'étamine est *appendiculée.* Lorsque chaque branche équivaut à une anthère et porte des sacs polliniques comme l'anthère principale, l'étamine est dite composée. L'Ail, le Romarin, la Bourrache sont dans le premier cas; le Ricin, la Mauve, le Millepertuis, le Tilleul rentrent dans le second.

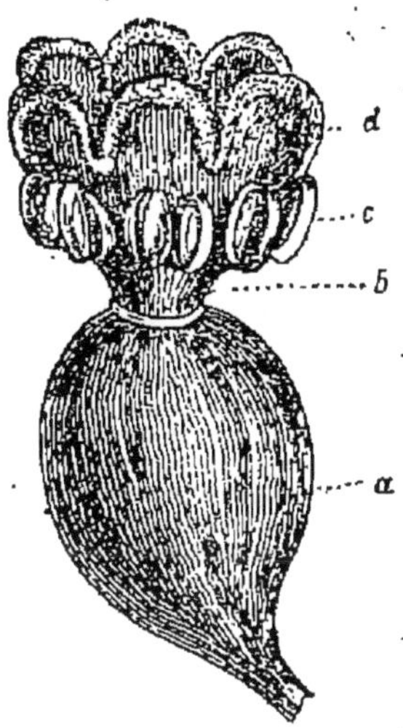

Fig. 396. — Anthères soudées sur le pistil : *a*, ovaire infère ; *b*, trace de l'insertion du calice ; *c*, anthères ; *d*, connectifs des anthères développés en papilles.

Avortement, absence, inégalité des étamines. Certaines étamines ne parcourent pas le cycle complet de leur développement, et par conséquent se trouvent réduites soit partiellement, soit totalement. Les unes ne gardent que leur filet, d'autres forment des écailles sans couleur, d'autres enfin se transforment en pétales (staminodes).

Ces modifications peuvent ne porter que sur une étamine, les autres demeurant fertiles ; parfois, elles frappent toutes les étamines, sauf une qui est fertile. Tantôt c'est un verticille entier qui s'atrophie, tantôt ce sont toutes les étamines qui avortent. Quand il n'existe pas même de trace rudimentaire des étamines,

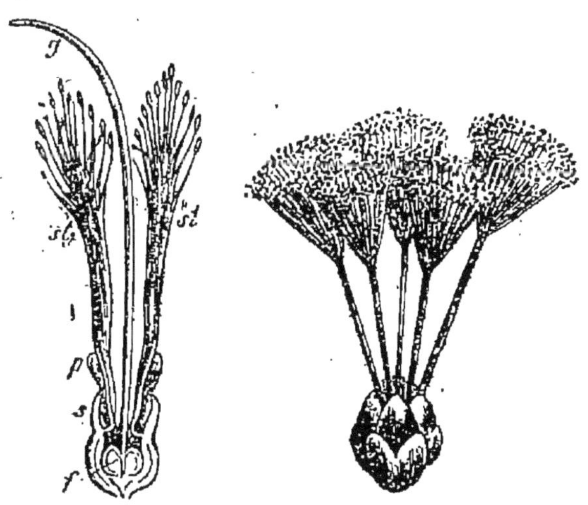

Fig. 397 et 398.— Etamines ramifiées. — A gauche, fleur de Calothammo coupée en long : *f*, ovaire ; *g*, style ; *st*, étamines ramifiées ; *p*, corolle ; *s*, calice. — A droite, fleur de Mélaleuce, avec étamines ramifiées en ombelle.

on peut admettre que la fleur est essentiellement carpellaire ou dépourvue d'androcée.

Même en restant fertiles, les étamines peuvent être inégales (*fig.* 399 et 400). Cette inégalité est souvent assez constante pour caractériser des familles. La fleur des Labiées a deux grandes et deux petites étamines ; les Crucifères ont un androcée formé de quatre grandes étamines et de deux petites...

Gymnospermes. Tout ce que nous avons dit jusqu'ici

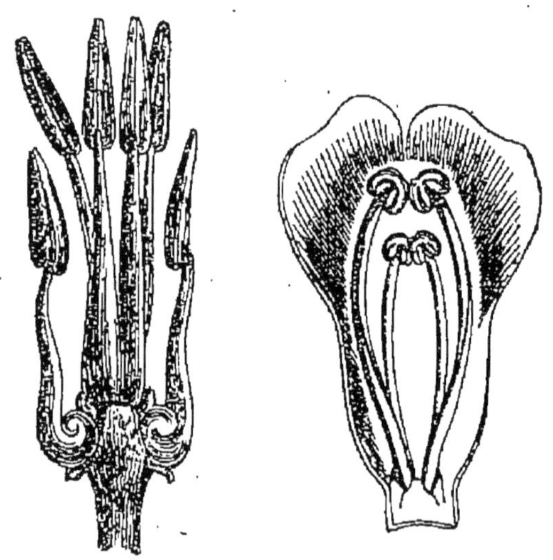

Fig. 399 et 400. — Etamines inégales. — A gauche, étamines de Crucifère : quatre grandes et deux petites. — A droite, étamines de Labiée : deux grandes et deux petites.

concerne surtout l'androcée des Angiospermes (Monocotylédones et Dicotylédones). Chez les Gymnospermes, où les fleurs sont dioïques, les fleurs à étamines sont groupées en cônes au sommet des rameaux.

Chaque fleur staminée est une écaille dont la face inférieure est creusée de deux cavités ou sacs polliniques contenant de nombreux grains de pollen. Quand ces grains sont mûrs, les sacs polliniques s'ouvrent chacun par une fente, et le pollen se répand dans l'air.

Les grains de pollen des Gymnospermes sont toujours formés de plusieurs cellules, de deux au moins : les noyaux sont séparés par une cloison persistante. La dispersion du pollen par le vent est favorisée par deux ampoules pleines d'air, creusées entre l'exine et l'intine de chaque grain. Une seule cellule prend part à la germination : l'autre demeure stérile (*fig.* 401 et 402).

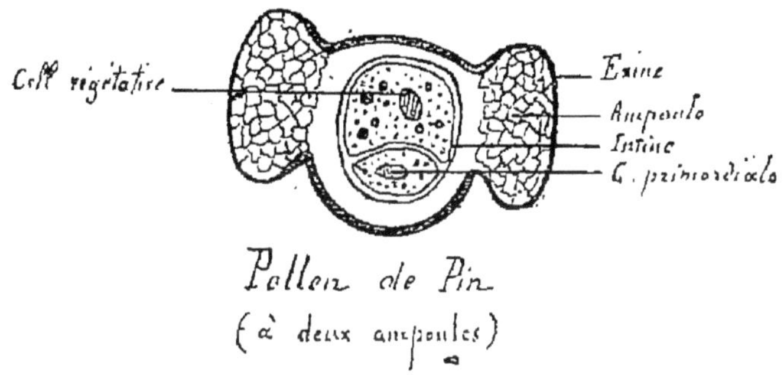

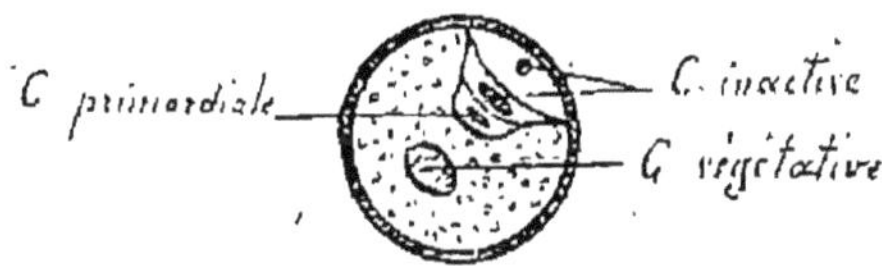

Pollen de Ceratozamia
(pluricellulaire - cloisons persistantes)

Fig. 401 et 402. — Grains de pollen, à deux et à trois cellules, pris dans les Gymnospermes.

IV. **Pistil.** — 1° Description générale. — Le *pistil*, ou gynécée, est le quatrième verticille ou verticille central de la fleur. Les pièces qui le composent sont des feuilles différenciées nommées carpelles. Les carpelles contiennent les ovules qui doivent être fécondés pour former l'œuf.

Le carpelle normal des Angiospermes se compose de trois parties : un sac appelé *ovaire*, qui contient les *ovules* ; un *style*, ou prolongement filiforme du sommet de l'ovaire ; un *stigmate*, renflement terminal garni de papilles visqueuses (*fig.* 403).

Si l'on considère le carpelle comme une feuille ordinairement sessile, l'ovaire en est le limbe : les ovules sont disposés sur la face supérieure du limbe et le plus souvent sur les bords. Le style et le stigmate seraient le prolongement de la nervure médiane.

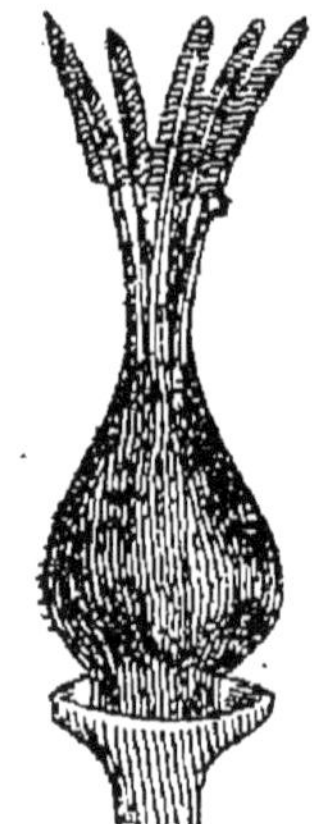

Fig. 403. — Pistil du Lin, montrant l'ovaire avec carpelles soudés : les styles et les stigmates sont distincts.

Le nombre des carpelles est très variable. Dans le pistil *simple* des Légumineuses (Pois), il n'y a qu'un seul carpelle. Le plus souvent le pistil est *composé* ou formé de plusieurs carpelles. D'ordinaire, le pistil a moins de pièces florales que les autres verticilles de la fleur : les Renonculacées et les Rosacées en ont pourtant davantage.

Les carpelles sont d'ordinaire disposés en verticilles réguliers : quand ils deviennent fort nombreux, ils s'insèrent sur le réceptacle suivant une ligne spirale (Fraisier, Magnolia).

Tantôt les carpelles sont libres et distincts les uns des autres, tantôt ils sont plus ou moins complètement soudés ensemble. Nous allons étudier les changements d'aspect que subit le pistil par suite de la liberté ou de la concrescence de ses éléments carpellaires.

2° Liberté ou concrescence. Placentation (*fig.* 404 à 409). — *a*) *Pistil à un seul carpelle.* Dans le Pois et le Haricot, le carpelle unique se place dans la direction du pédoncule floral : le limbe de la feuille carpellaire soude ses bords pour former l'ovaire, et les ovules sont insérés sur la soudure appelée *placenta.* Il ne se forme qu'un seul ovule dans le carpelle unique du Pêcher, de l'Abricotier, du Cerisier, de l'Amandier....

b) *Pistil à plusieurs carpelles indépendants.* Quand les carpelles sont libres, on trouve toujours autant d'ovaires que de carpelles. Dans l'Aconit et la Nigelle, chaque ovaire contient plusieurs ovules : dans la Renoncule et le Fraisier, chaque ovaire ne contient qu'un ovule. Le placenta est toujours tourné vers l'axe de la fleur. En suivant l'orientation des faisceaux libéro-ligneux, on constate que la face supérieure de la feuille carpellaire devient la face interne de l'ovaire. Et comme le placenta

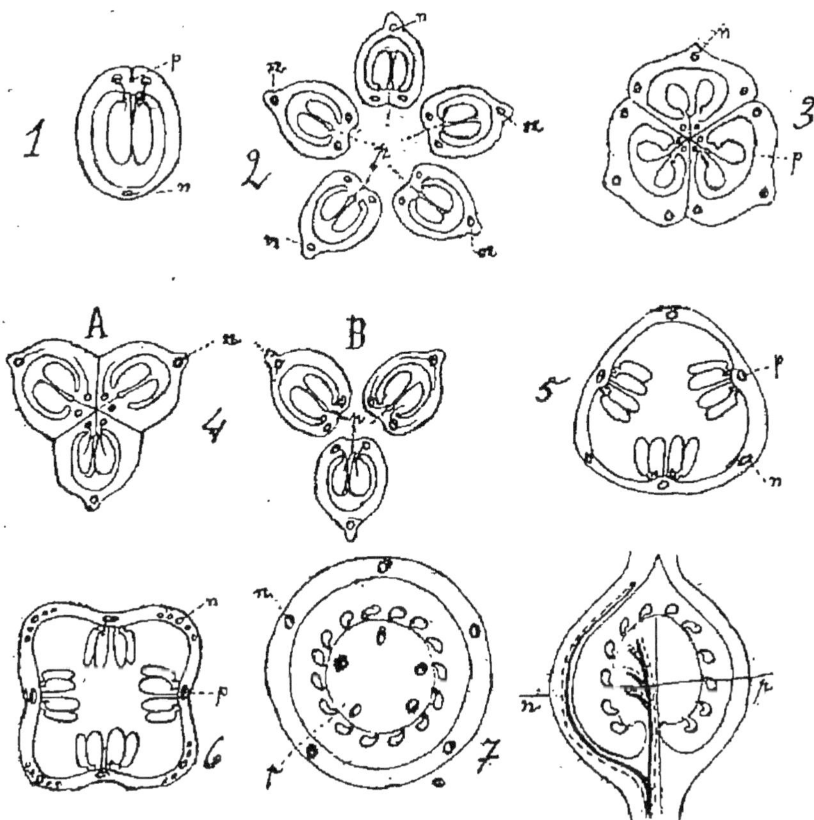

Fig. 404 à 409. — Liberté ou concrescence des carpelles. — 1. Pois (un seul carpelle). — 2. Nigelle (cinq carpelles libres). — 3. Tulipe (trois carpelles : placentation axile). — 4. Hellébore (trois carpelles, soudés en bas A, libres en haut B). — 5. Violette (trois carpelles : placentation pariétale). — 6. Argémone (quatre carpelles : placentation pariétale). — 7. Primevère (placentation centrale) : coupe transversale et coupe longitudinale.

ou ligne de soudure des bords du carpelle est du côté de l'axe, il en résulte que les nervures médianes occupent la partie extérieure de l'ovaire.

c) *Pistil à plusieurs carpelles concrescents.* Si les carpelles sont soudés en un seul ovaire composé, deux cas peuvent se présenter. Ou bien les carpelles se sont fermés d'abord et soudés ensuite, pour former un ovaire pluriloculaire (Jacinthe, Iris). Ou bien les carpelles se sont soudés tout en restant ouverts, de sorte que l'ovaire est uniloculaire (Violette, Orchis, Primevère).

Ovaire pluriloculaire. L'ovaire est pluriloculaire lorsqu'il est composé de plusieurs loges : ces loges sont distinctes, parce que les carpelles ont rapproché leurs bords dans la direction de l'axe avant de se souder. Les placentas des ovaires partiels, soudés entre eux, forment une colonne centrale unique dans l'axe de la fleur. Les ovules sont insérés sur cet axe commun et la *placentation* est dite *axile* (Tulipe, Lis, Yucca).

Ovaire uniloculaire. Placentation pariétale. Dans la Violette, il y a trois carpelles concrescents, qui se sont soudés sur leurs bords adjacents avant de former leurs ovaires partiels. Il en résulte que les cavités des trois ovaires se confondent en une seule ; l'ovaire composé est uniloculaire. Les placentas ou lignes de soudure sont donc disposés sur les parois latérales : c'est là aussi que s'insèrent les ovules, et la *placentation* est dite *pariétale.*

Placentation centrale. La Primevère nous offre un second cas d'ovaire uniloculaire. Au milieu d'une cavité unique s'élève une colonne centrale libre par sa partie supérieure et portant de nombreux ovules. Les ovules étant implantés sur le centre, la *placentation* est dite *centrale.* Quoique l'ovaire paraisse simple au premier abord, l'examen des coupes transversale et longitudinale permet de reconnaître qu'il est formé de cinq carpelles soudés par leurs bords ; mais, au lieu de porter les ovules sur leurs bords, comme dans la placentation pariétale, ces carpelles les portent sur le prolongement de leur base. La colonne centrale résulte de la soudure des divers prolongements des bases carpellaires.

3° Relation du pistil avec les autres parties de la fleur. — Le pédoncule floral est ordinairement conique : les carpelles en occupent le sommet et les autres verticilles sont insérés au dessous (Pois, Blé, Géranium...). Dans ce cas, l'ovaire est *supère* ou libre, et les étamines sont *hypogynes* (*fig.* 410 et 411).

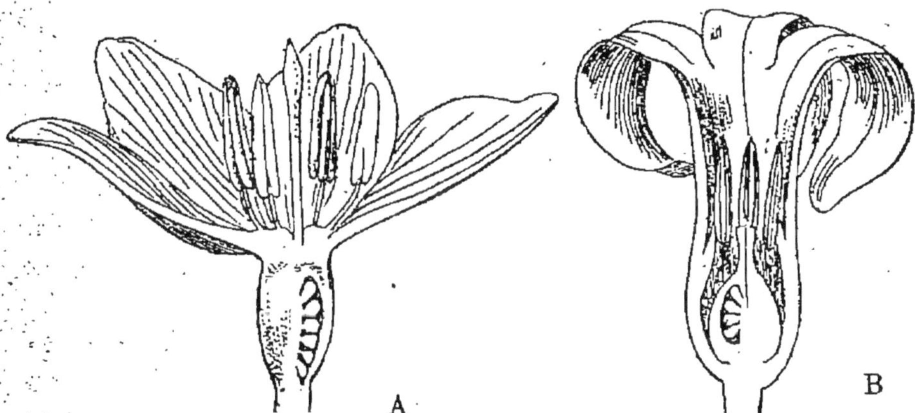

Fig. 410 et 411. — A, fleur épigyne de *Leucoïum*. — B, fleur hypogyne de *Hyacinthus*.

Parfois le réceptacle, au lieu d'être convexe, se creuse en forme de coupe : les carpelles sont alors insérés sur le fond de la coupe, et les autres pièces florales sur les bords, au dessus. Tantôt les carpelles restent entièrement libres dans cette coupe (Rosier, Cerisier...); tantôt l'ovaire est soudé aux parois, de telle sorte que les styles et les stigmates émergent seuls (Iris, Pommier). Dans ce cas l'ovaire est *infère*, et les étamines sont *épigynes*.

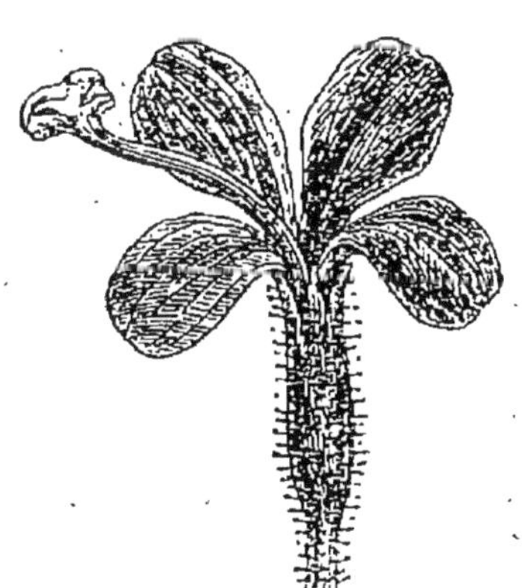

Fig. 412. — Fleur de Stylide avec un long gynostème.

Il arrive, pour quelques plantes (Aristoloches, Orchidées), que la croissance du pistil et de l'androcée soit commune : les deux verticilles se soudent et forment une masse commune nommée *gynandre* ou *gynostème* (*fig.* 412).

4° Origine, développement et structure du car-

PELLE. — *a*) *Ovaire*. Puisque le carpelle est une feuille différenciée, il doit tirer son origine d'un mamelon analogue à celui qui produit les feuilles. Ce mamelon produit un limbe sans pétiole. Par la forme concave qu'il prend du côté de la face supérieure, le limbe constitue l'ovaire totalement ou partiellement clos.

On remarque dans le limbe carpellaire un épiderme avec stomates, un parenchyme à chlorophylle intercalé entre les nervures, des nervures qui sont la continuation des faisceaux libéro-ligneux. Dans le carpelle, les nervures marginales sont assez développées : en se soudant, elles forment le *placenta*, système conducteur qui nourrit les ovules. Ces ovules, nous le dirons tout à l'heure, naissent de petits mamelons formés sur les bords du carpelle.

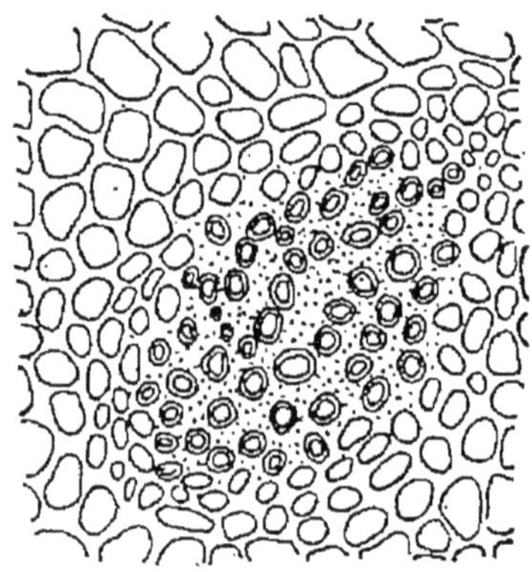

Fig. 413. — Coupe transversale du style de la Sauge, montrant le tissu conducteur avec ses membranes gélifiées.

b) *Style*. Le style représente le prolongement de la nervure médiane de chaque limbe carpellaire. Il est inégalement développé : très long dans la fleur de Colchique et du Tabac, il devient nul dans la fleur du Coquelicot. A travers le style s'établit une communication entre la cavité de l'ovaire et le stigmate. Tantôt il existe un tube lacunaire entre l'épiderme et le faisceau libéro-ligneux du centre : tantôt les lacunes manquent, et alors le parenchyme est dissocié par gélification et forme un *tissu conducteur* (*fig.* 413).

c) *Stigmate*. Le stigmate, partie terminale du style, est de forme très variable : il est filiforme dans l'Œillet, globuleux dans la Violette : on rencontre tous les intermédiaires.

Le tissu du stigmate est formé de cellules peu serrées, groupées de manière à constituer des papilles plus ou moins saillantes ou même des poils (Blé). Imprégné d'un liquide visqueux, le stigmate a le double avantage de pouvoir retenir les grains de pollen et de leur présenter un milieu très propice à la germination.

d) *Ovule*. L'*ovule* est un petit corps arrondi dans lequel doit se former l'œuf de la plante. Le nombre des ovules est variable dans chaque feuille carpellaire : ils se développent

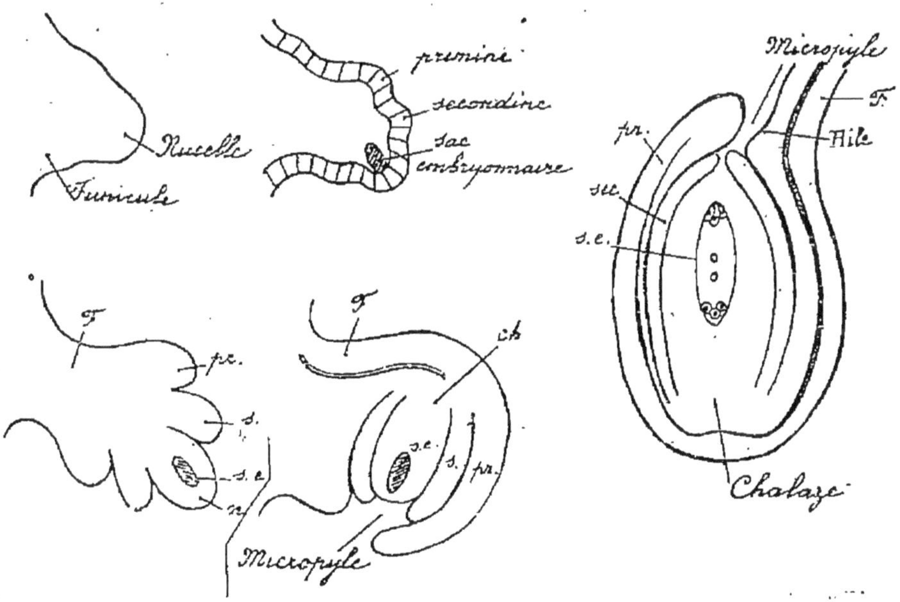

Fig. 414 à 418. — Cinq stades du développement de l'ovule, depuis la première apparition du nucelle jusqu'au plein achèvement de l'ovule.

aux dépens de la face supérieure de cette pièce florale, et et ils sont généralement insérés sur ses bords.

Dans l'ovaire en formation, on voit apparaître sur le placenta un petit mamelon qui représente la partie centrale ou *nucelle* de l'ovule. De chaque côté se dessinent bientôt deux bourrelets, dont la saillie augmente peu à peu, et qui finissent par entourer le nucelle : ces deux membranes sont appelées *primine* et *secondine*. Le nucelle en est complètement enveloppé, sauf au sommet, où reste une petite ouverture, le *micropyle*, par laquelle le nucelle peut être atteint (*fig.* 414 à 418).

L'ovule ainsi développé est rattaché au placenta par un lien ou *funicule*. Le point d'attache de l'ovule au funicule est le *hile*. On nomme *chalaze* la surface d'insertion du nucelle sur les enveloppes.

e) *Différentes sortes d'ovules*. Suivant son mode de croissance, l'ovule peut prendre différentes formes : on en distingue trois principales (*fig*. 419 à 421).

Si la croissance de l'ovule se fait entièrement suivant une ligne droite perpendiculaire à la surface du carpelle, le micropyle, le hile et la chalaze sont sur une même ligne

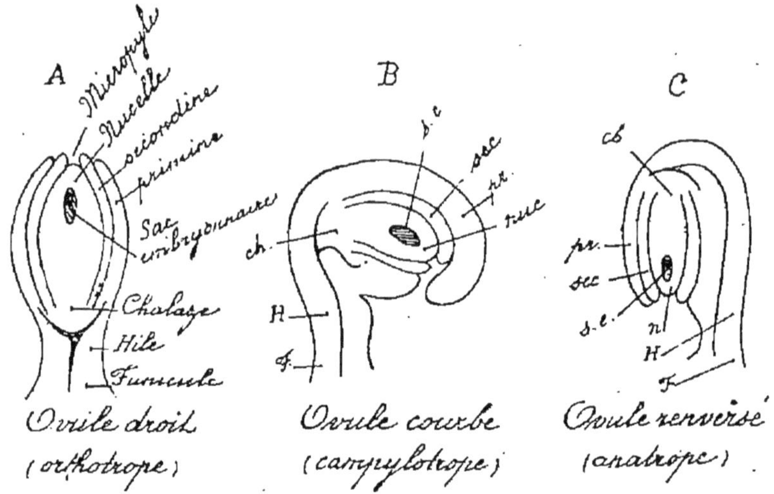

Fig. 419 à 421. — Les trois sortes d'ovules. — Dans l'ovule campylotrope, le micropyle est souvent ramené, par une torsion plus considérable, jusqu'auprès de la chalaze.

droite : l'ovule est dit *orthotrope* : Sarrasin, Oseille, Rhubarbe. C'est le cas le moins fréquent.

Si, dans le cours du développement de l'ovule, la croissance est plus prononcée d'un côté que de l'autre à la base du nucelle, entre le hile et la chalaze, l'ovule se coude de telle façon que le micropyle vient se placer du côté du hile : l'ovule est dit alors *anatrope* ou renversé. C'est la forme la plus fréquente et la plus favorable à la fécondation.

Si le nucelle lui-même, croissant plus d'un côté que de l'autre, se courbe en forme d'arc ou fer à cheval, le micropyle se trouve au même niveau que le hile et la chalaze : l'ovule est dit *campylotrope*.

Ce genre d'ovule se rencontre dans les Crucifères, les Légumineuses, etc...

f) *Développement du sac embryonnaire* (*fig.* 422). Dès que l'ovule commence à se former, on peut y remarquer une cellule plus grande que les autres, plus riche en protoplasme et pourvue d'un plus gros noyau. Cette cellule s'allonge suivant l'axe du nucelle, puis se cloisonne perpendiculairement à cet axe et donne deux cellules. La

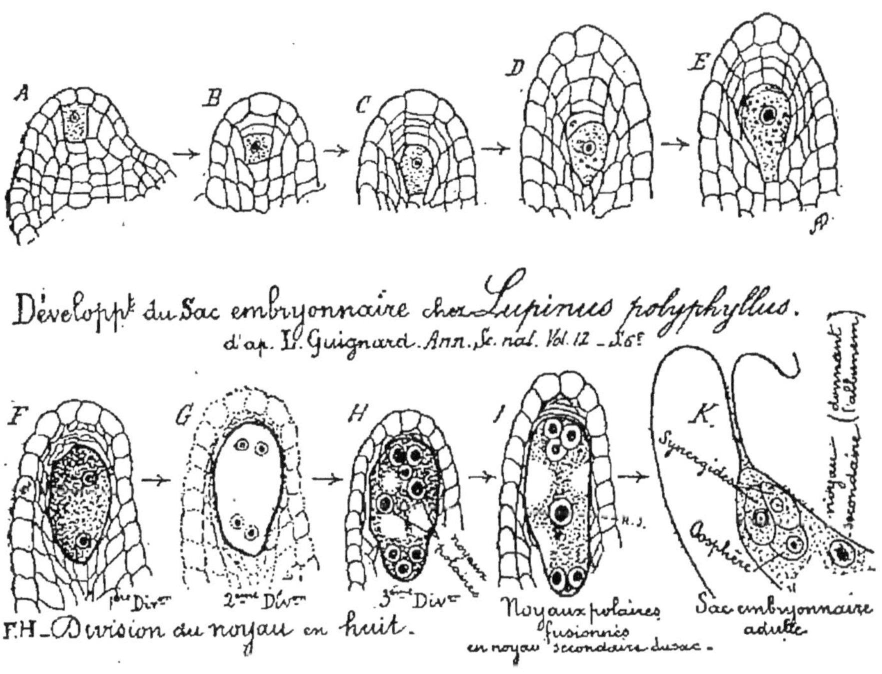

Fig. 422. — Divers stades de développement du sac embryonnaire.

cellule supérieure se cloisonne à son tour et forme la *calotte*, dont les cellules, riches en matières nutritives, seront résorbées plus tard. L'autre, la cellule inférieure, devient le vrai *sac embryonnaire*.

Par suite de trois bipartitions successives, son noyau se divise en huit noyaux secondaires, autour desquels s'accumule le protoplasme primitif. Trois cellules nues se rendent au sommet du sac : deux sont des *synergides*, la troisième est l'oosphère. Trois autres vont à la base du sac et constituent les antipodes. Les deux autres noyaux se fusionnent et forment le *noyau secondaire* qui donnera plus tard l'albumen de la graine (*fig.* 423).

Là s'arrête le développement du sac embryonnaire chez les Angiospermes : pour que l'évolution continue, il faut que la fécondation apporte le noyau fécondant du tube pollinique au contact de l'oosphère. Sans cette intervention du pollen, l'ovule se flétrit et disparaît comme les autres parties de la fleur.

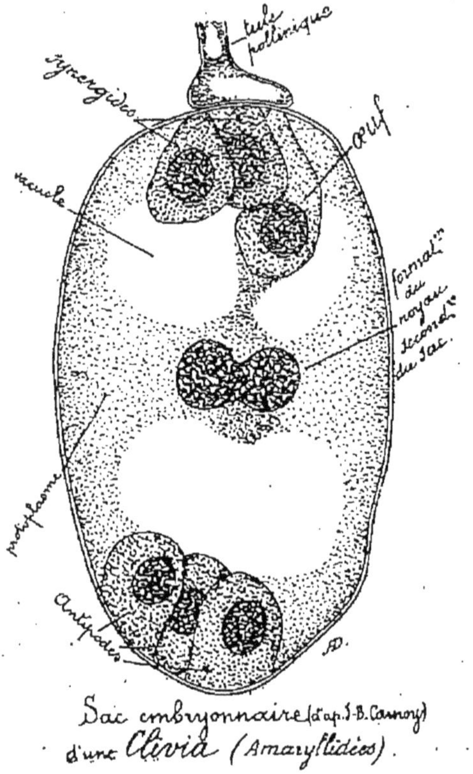

Fig. 423. — Le sac embryonnaire achevé. Fusion des deux cellules destinées à la formation de l'albumen.

Gymnospermes. Nous n'avons parlé jusqu'ici que du pistil des Angiospermes (Monocotylédones et Dicotylédones). Chez les Gymnospermes, le Pin par exemple, le carpelle est une écaille sur la face dorsale de laquelle sont insérés deux ovules. Les écailles sont à l'aisselle de bractées dont l'ensemble constitue un cône carpellaire (*fig.* 424). Chaque ovule est pourvu d'un nucelle entouré d'une seule enveloppe, la primine. Au sommet du nucelle, un large écartement de la primine constitue la *chambre pollinique* (*fig.* 425).

L'ovule des Gymnospermes se développe d'abord comme celui des Angiospermes. Mais les phénomènes diffèrent à partir du moment où le sac embryonnaire est constitué.

Le noyau du sac subit un certain nombre de bipartitions : elles sont si nombreuses, que le sac est bientôt rempli d'un tissu de cellules, appelé *endosperme*. Vers la partie supérieure de l'endosperme, certaines cellules grossissent et s'allongent en fuseaux : ce sont les *corpuscules*, souvent placés côte à côte au sommet de l'endosperme. Chaque corpuscule se partage en deux parties : en haut, une petite cellule ; en bas, une grande cellule. La petite cellule du sommet se divise en quatre qui forment la *rosette*. La grande cellule se partage elle-même en deux : la *cellule du canal*, qui se place sous la rosette, et l'*oosphère*, qui doit être fécondée.

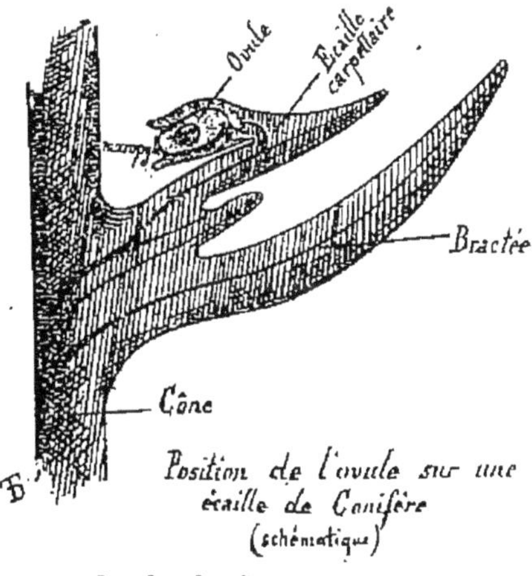

Fig. 424. — Ovule de Gymnosperme vu en place, à l'aisselle d'une bractée.

Le nombre des corpuscules du sac embryonnaire varie suivant les espèces. On en compte de trois à cinq chez les Pinées, de trois à quinze chez les Cupressées, de cinq à huit dans l'If...

Il est aisé de remarquer ici que les Gymnospermes constituent une sorte de transition entre les Cryptogames et les Angiospermes. Car le sac embryonnaire des Gymnospermes représente bien la macrospore de la Pilulaire, par exemple. Tandis que la macrospore de la Pilulaire donne un prothalle sur lequel se formeront des archégones avec oosphères destinées à former l'œuf, le sac embryonnaire des Gymnospermes donne naissance à un endosperme aux dépens duquel se forment les oosphères : nous y retrouvons le col des archégones (la rosette), la cellule du canal et enfin l'oosphère.

§ 3. — LA FORMATION DE L'ŒUF

La formation de l'œuf est toute la raison d'être de la fleur. L'acte par lequel l'œuf est formé se nomme féconda-

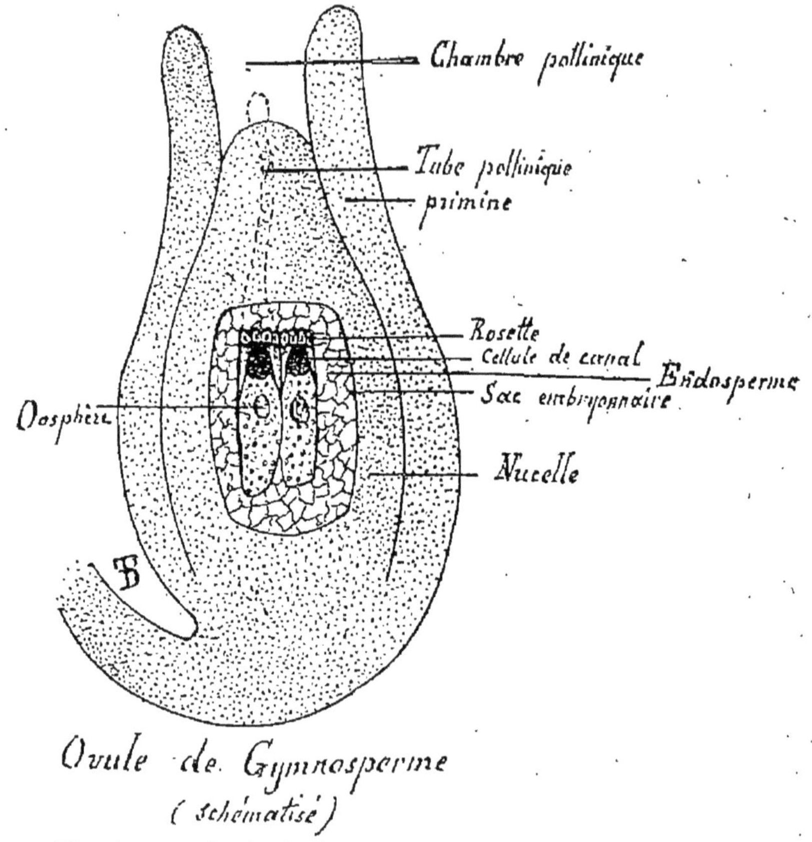

Fig. 425. — Ovule de Gymnosperme en coupe longitudinale.

tion; et la fécondation consiste dans la fusion d'un élément pollinique avec un élément de l'ovule.

Pour donner une idée complète du phénomène, nous dirons : 1° comment se fait la pollinisation, ou transport du pollen jusqu'au pistil; 2° comment se fait la germination du pollen, en vertu de laquelle le tube pollinique arrive jusqu'à l'oosphère de l'ovule; 3° comment se fait la fusion des protoplasmes et des noyaux, d'où résulte la formation de l'œuf.

I. **Pollinisation.** — La pollinisation n'est qu'un phénomène préparatoire de la fécondation. Dans les Angiospermes, elle consiste dans le transport du pollen sur le stigmate : chez les Gymnospermes, elle consiste dans le transport du pollen sur l'ovule lui-même, puisque l'ovule, avons-nous dit, est à nu sous les écailles.

La pollinisation est directe ou indirecte. — Elle est directe, dans les fleurs hermaphrodites, quand le pollen des étamines se dépose sur le stigmate de la fleur où il s'est formé. — Elle est indirecte, toutes les fois que le stigmate d'une fleur reçoit le pollen né sur une autre fleur. Cela se présente pour toutes les plantes monoïques, pour toutes les plantes dioïques, et même pour certaines plantes hermaphrodites dont les éléments reproducteurs n'arrivent pas en même temps à leur maturité.

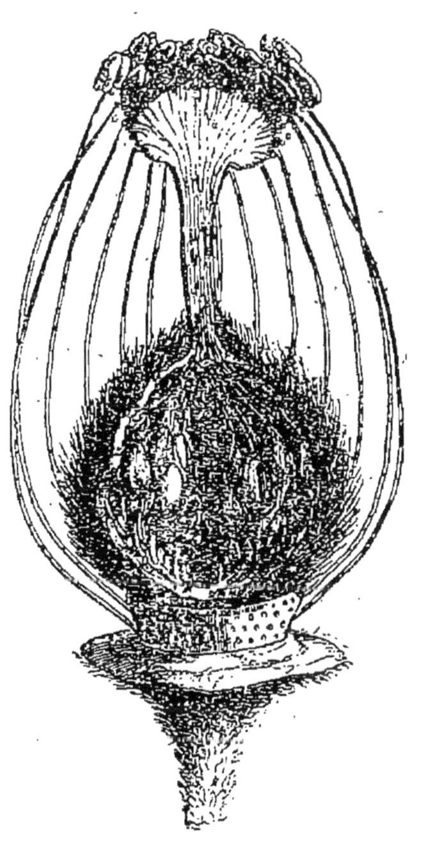

Fig. 426. — *Hélianthème.* Pollinisation directe.

1° Pollinisation directe. — La pollinisation directe ne peut exister que dans les fleurs hermaphrodites, ayant les deux éléments reproducteurs. — Dans le Pois, le Haricot, au moment de la déhiscence de l'anthère, les sacs polliniques se trouvent en contact avec le stigmate, de sorte que les grains de pollen arrivent directement de l'anthère au pistil. — Dans l'Ipomée, les étamines s'allongent, et leurs anthères ouvertes viennent frotter contre le stigmate qui en retient le pollen. Dans la Berbéride, l'Hélianthème (*fig.* 426), le Kalmia (*fig.* 427 et 428), les étamines s'infléchissent vers le pistil, et les anthères viennent se poser sur le stigmate, où le pollen reste adhérent. — Dans le cas le

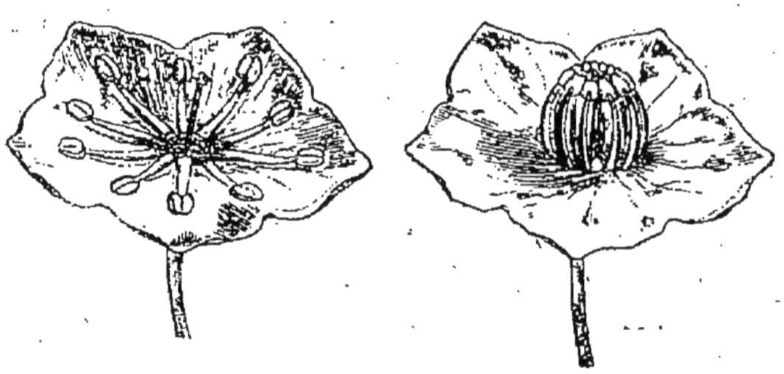

Fig. 427 et 428. — *Kalmia*. Les étamines, d'abord étalées et retenues par la corolle, puis libres et appliquées sur le pistil : pollinisation directe.

plus fréquent, les anthères et le stigmate demeurent écartés, mais le pollen, en tombant, laisse toujours quelques grains attachés au pistil.

2° Pollinisation indirecte. — On appelle *dichogames* les fleurs hermaphrodites où la maturité n'est pas simultanée, qui ne peuvent être fécondées qu'indirectement. Dans les Ombellifères, les Campanulacées, les Labiées, les Mal-

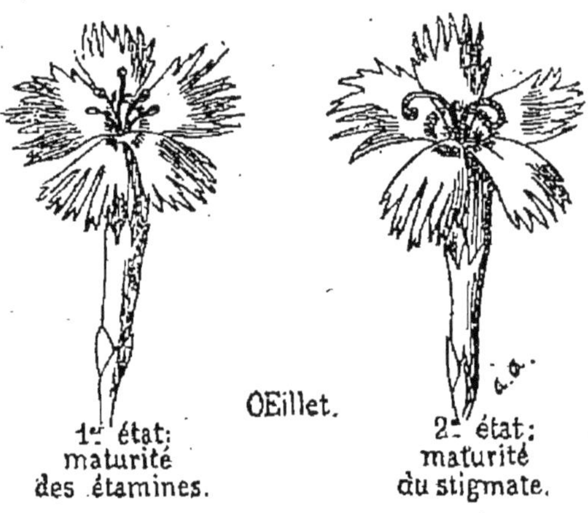

Fig. 429. — OEillet. Les anthères mûrissent avant les stigmates : pollinisation indirecte.

vacées, la Digitale, l'Œillet, la Germandrée..., ce sont les étamines qui mûrissent les premières (*fig.* 429 et 430). Dans le Plantain, l'Héllébore, diverses Graminées..., c'est au contraire le stigmate qui mûrit avant l'épanouissement des anthères. D'autres fleurs hermaphrodites ont encore besoin de la pollinisation indirecte, parce que le stigmate et les anthères d'une même fleur sont à des niveaux trop diffé-

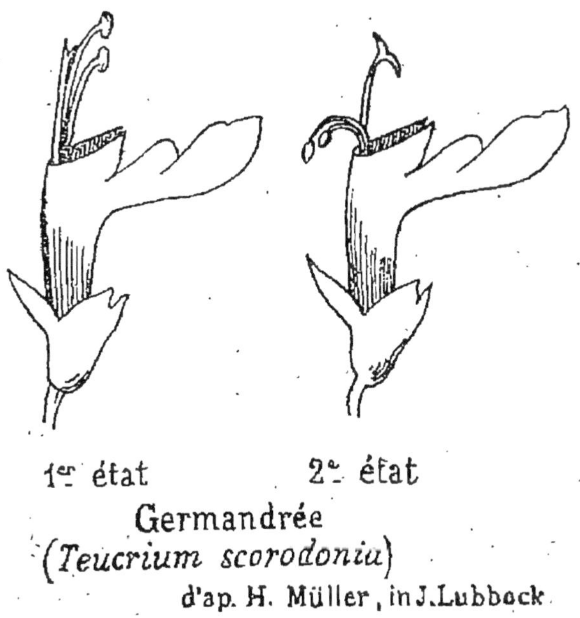

Fig. 430. — Germandrée. Les étamines mûrissent avant le stigmate : pollinisation indirecte.

rents pour que le pollen atteigne le stigmate (Salicaire) *fig.* 431).

Toutes les plantes à fleurs staminées ou pistillées seulement sont fécondées indirectement.

Le vent et les insectes sont les principaux agents de la pollinisation indirecte.

a) *Influence du vent.* Le transport du pollen, parfois à de grandes distances, est fait par les mouvements atmosphériques et souvent par eux seuls. Projetés dans l'air, quelquefois avec force par une brusque détente des anthères (Ortie, Pariétaire), les grains de pollen se déposent sur les corps environnants. La plupart se perdent : mais le nombre en est si grand, que les stigmates des fleurs carpellaires sont atteints et pollinisés. Au voisinage des forêts de Conifères, le sol est tout saupoudré de la poussière jaune du pollen : la pluie qui entraîne ces nuages de pollen est connue sous le nom de *pluie de soufre*.

Entre toutes les plantes pollinisées par le vent, la Val-

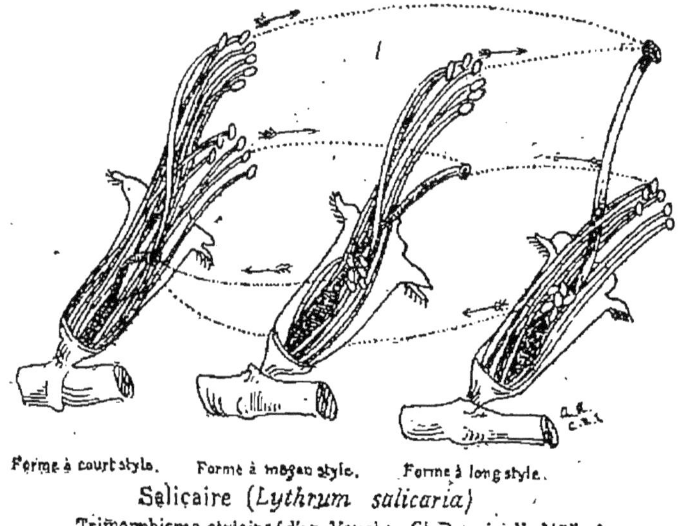

Fig. 431. — Salicaire. — Pollinisation par le vent.

lisnérie (*fig.* 432 et 433), plante aquatique, mérite une mention spéciale. La plante vit submergée, et elle forme ses fleurs au fond de l'eau. Quand elles sont mûres, les fleurs à étamines rompent leur pédicelle et viennent comme de petits ballons s'épanouir à la surface, les fleurs à pistil allongent leur pédicelle et viennent s'ouvrir au milieu des fleurs staminées. Dès que la pollinisation est accomplie, la fleur pistillée contracte son pédicelle en une spirale à tours serrés et revient au fond des eaux pour y mûrir son fruit.

b) *Influence des insectes* (*fig.* 434 et 435). Les insectes, surtout les Abeilles, les Bourdons et les Guêpes, jouent un rôle très important dans la pollinisation. Ces animaux, très avides du pollen et des liquides sucrés contenus dans les *nectaires*, font aux fleurs de fréquentes et rapides visites. On a remarqué qu'en une minute un Bourdon peut visiter 24 fleurs de Linaire, une Abeille 22 fleurs de Lobélie ou 17 fleurs de Dauphinelle. Dans ces nombreuses visites, les insectes provoquent des mouvements d'étamines et de pistil qui favorisent la pollinisation, soit sur

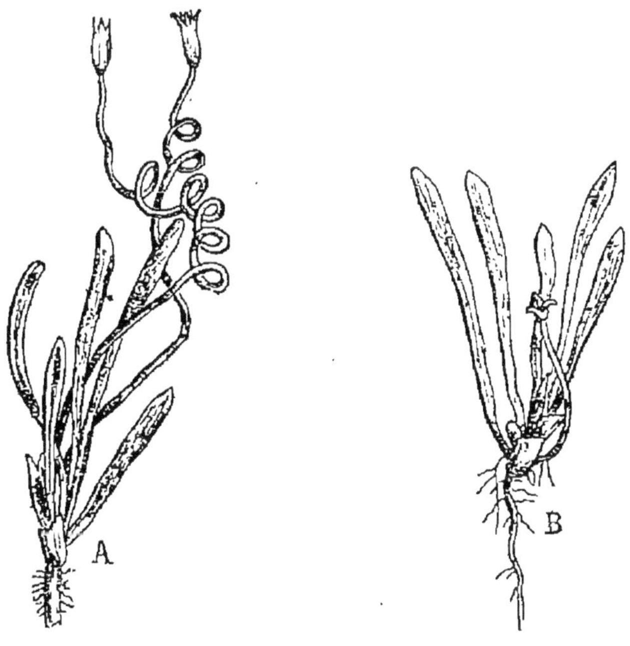

Fig. 432 et 433. — *Vallisnérie* (plante aquatique). A gauche, fleur pistillée, munie de ressorts enroulés ; à droite, fleur staminée, qui se détache au moment de la maturité.

la même fleur, soit sur des fleurs différentes. Ils transportent sur une fleur à pistil la poussière pollinique dont leur corps s'est couvert dans une fleur staminée.

Les *nectaires* (*fig.* 436), si recherchés par les insectes, sont de petites glandes qui produisent des matières sucrées, glucose et saccharose. La position des nectaires est constante dans une même espèce, mais très variable d'une espèce à l'autre. On les trouve à la base des étamines, dans le Laurier ; sur les sépales, dans le Trèfle et le Genêt ; sur les pétales, dans la Renoncule, l'Aconit, l'Hellébore ; sur le pistil, dans les Borraginées, les Ombellifères... Dans le Réséda, l'Erable, les nectaires ne dépendent pas des pièces

Stigmates de plantes *anémophiles*.

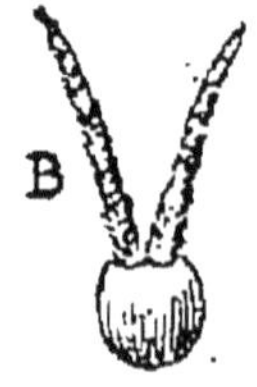

(d'ap. Axell)

Stigmates de plantes *entomophiles*.

(d'ap. Axell)

Fig. 434 et 435. — A. B. C, stigmates en aigrettes : la pollinisation est faite par le vent. — D. E. F, les stigmates ne peuvent être pollinisés que par les insectes.

florales ; ils forment un bourrelet sur le réceptacle dans les intervalles des diverses parties de la fleur.

II. **Germination du pollen**. — Une fois posé sur un stigmate, le grain de pollen est retenu, soit par ses propres aspérités, soit par le liquide visqueux sécrété par les papilles stigmatiques. Aussitôt il germe (*fig.* 437), en absorbant les éléments du milieu. L'exine, rompue en l'un de ses points faibles, laisse passer un tube qui s'allonge en s'enfonçant dans le stigmate.

Le tube pollinique s'engage alors dans le style du pistil,

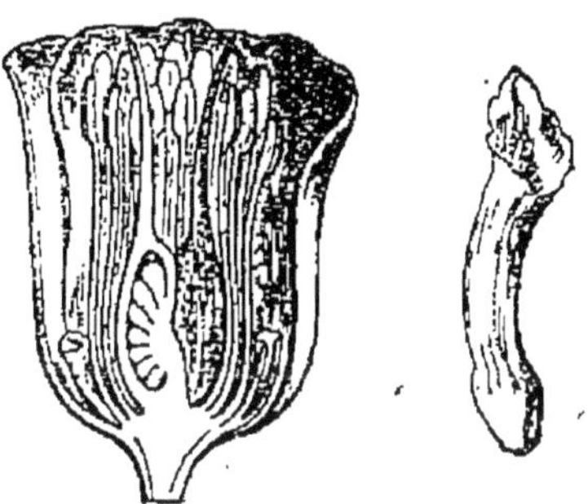

Fig. 436. — Hellébore. Les pétales sont transformés en cornets contenant le nectar. A droite, un pétale isolé.

soit à travers un conduit lacuneux, soit à travers le parenchyme peu résistant du tissu conducteur. Il arrive ainsi,

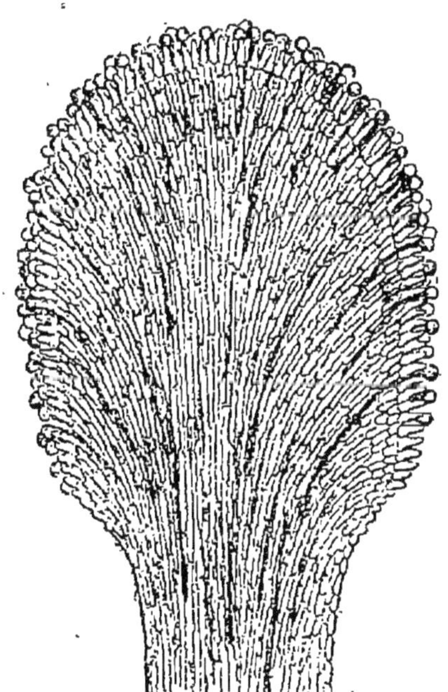

Fig. 437. — Germination du pollen sur le stigmate.

par une marche assez lente, jusqu'à la cavité de l'ovaire. Parvenu au micropyle d'un ovule, le tube pollinique s'y engage et se dirige vers le sommet du sac embryonnaire (*fig.* 438). Un seul tube pollinique pénètre dans chaque ovaire. Mais, comme un grand nombre de tubes s'allongent

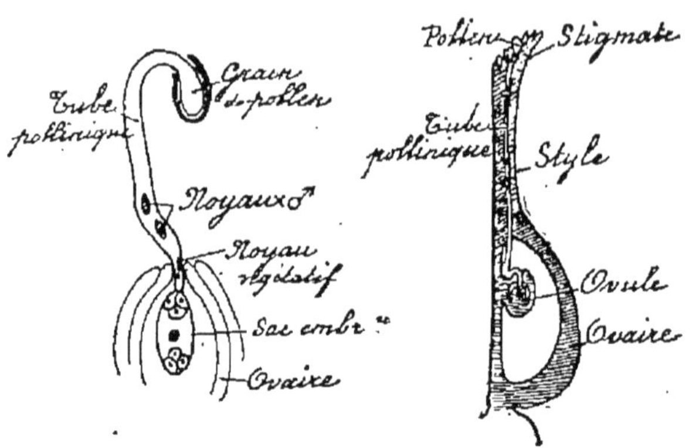

Fig. 438. — Pénétration du grain de pollen jusqu'à l'ovule.

vers l'ovaire, il est rare que tous les ovules, même s'ils sont nombreux, ne soient pas fécondés.

III. **Fusion des éléments** (*fig.* 438 *bis*). — Dès que le tube pollinique et le sac embryonnaire sont en contact, leurs membranes s'unissent intimement. Le tube continue d'avancer jusqu'à l'oosphère, soit en passant entre les deux

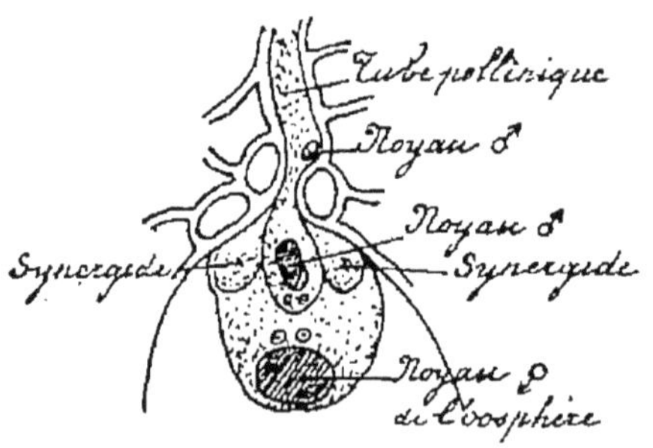

Fig. 438 *bis*. — Fusion des deux noyaux : le noyau fécondant, précédé de deux sphères directrices, arrive au noyau de l'oosphère accompagné aussi de deux sphères directrices.

synergides, soit en traversant l'une d'elles qui se désorganise. Le noyau fécondant, précédé des deux sphères directrices, traverse l'extrémité du tube pollinique, et arrive au noyau de l'oosphère pour se fondre avec lui. L'œuf est désormais formé.

Aussi une membrane de cellulose entoure aussitôt l'*œuf* qui va commencer son évolution.

Chez les Gymnospermes, la fécondation se fait de la même sorte : le tube pollinique arrive jusqu'à l'oosphère après que les cellules de la rosette ont été dissociées par la cellule du canal (voir *fig.* 425).

CHAPITRE III

DÉVELOPPEMENT DES PHANÉROGAMES

I. Développement de l'œuf en *embryon* : 1° formation de la plantule ; 2° formation de l'albumen. Gymnospermes. — II. Développement de l'ovule en graine : 1° formation de la *graine* (modification du nucelle et des téguments, maturation et dissémination de la graine) ; 2° organisation de la graine (tégument, amande). — III. Développement de l'ovaire en *fruit* : 1° formation du fruit (relations du fruit et du pistil, structure du fruit, maturation du fruit) ; 2° déhiscence des fruits et dissémination des graines (fruits charnus et fruits secs, fruits secs déhiscents et indéhiscents, divers modes de déhiscence) ; 3° classification des fruits ; 4° annexes des fruits. — IV. *Germination* de la graine et développement de l'embryon : 1° conditions de la germination : internes (graines bien conformées, bien mûres, assez récentes) ; externes (eau, oxygène, chaleur) ; 2° la germination : phénomènes morphologiques (quatre phases), phénomènes physiologiques (internes et externes). — V. Durée de la plante adulte. Ce qu'est l'état adulte. Plantes monocarpiques ou polycarpiques. Fin des plantes vivaces. — Conclusion.

De la formation de l'œuf date le commencement de l'individu nouveau. Ce sont les phases diverses de cet individu qu'il nous reste à parcourir. La jeune plante accomplit une partie de son évolution en vivant comme parasite sur le corps de son parent : l'œuf devient un *embryon*, l'ovule se transforme en *graine*, et l'ovaire produit un *fruit*. C'est alors que la jeune plante se sépare de la plante-mère : après un temps de vie ralentie plus ou moins long, elle *germe* dans un milieu favorable ; la plantule devient adulte, et la plante adulte *dure* jusqu'à un terme fatal plus ou moins éloigné.

I. **Développement de l'œuf en embryon.** — Les modifications du sac embryonnaire, consécutives à la fécondation, aboutissent à la formation d'une jeune plantule ou *embryon*, et à la formation d'une réserve nutritive ou *albumen*. En effet, après la fécondation, le sac embryonnaire contient deux cellules principales, l'œuf et la cellule génératrice de l'albumen.

1° Formation de la plantule. A peine l'oosphère fécondée s'est-elle entourée d'une membrane de cellulose, que les synergides disparaissent et l'œuf commence à se segmenter. Il se divise d'abord en deux cellules : l'une,

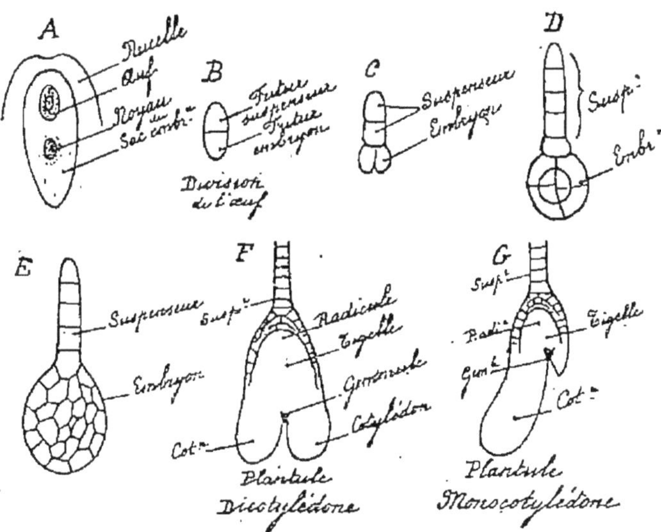

Fig. 439 à 445. — Développement de l'œuf : formation du suspenseur et de l'embryon; plantule dicotylédone (F) et plantule monocotylédone (G).

celle d'en haut, est l'origine du *suspenseur ;* l'autre, celle d'en bas, donnera la *plantule* (*fig.* 439 à 445).

Le plus souvent la cellule du *suspenseur* donne naissance à une série unique de cellules ; parfois cependant, il en sort un massif important de cellules cloisonnées en tous sens. Organe purement transitoire, le suspenseur attache l'embryon au sac embryonnaire sous le micropyle, et lui permet, en s'allongeant, de se nourrir de la réserve nutritive d'albumen qui se développe en même temps.

La cellule *inférieure* subit une série de divisions et de cloisonnements. Elle se partage d'abord en huit cellules bien distinctes. Puis se développe un massif cellulaire sphérique bien différencié. Enfin apparaît une ébauche de la plantule, avec racine, tige, feuilles.

La racine est toujours orientée vers le micropyle, et par conséquent du côté du suspenseur. La tige prend une direction opposée. Dans les Monocotylédones, il ne se forme qu'une feuille ou *cotylédon* et la tige prend une orientation latérale. Dans les Dicotylédones, il se développe deux feuilles ou *cotylédons*, entre lesquelles s'oriente la tige. Les cotylédons sont souvent assez considérables pour se distinguer nettement de la *tigelle*. Celle-ci se termine en *gemmule*, lorsque des feuilles rudimentaires constituent un bourgeon terminal.

Ainsi, chez les Angiospermes, la plantule ou embryon se compose d'une radicule, d'une tigelle, d'une gemmule et de feuilles nommées cotylédons.

2° FORMATION DE L'ALBUMEN (*fig.* 446 à 454). Du noyau secondaire du sac embryonnaire naît l'albumen. Ce noyau se divise en nombreuses parties, et les segments résultants se disposent le long des parois du sac embryonnaire qui se dilate sous leur poussée. Très nettes du côté externe, ces nouvelles cellules confondent de plus en plus leur protoplasme à mesure qu'elles avancent vers le centre du sac embryonnaire. Il peut arriver que l'albumen se développe à tel point qu'il enveloppe d'un tissu compact tout l'embryon.

L'embryon, en grandissant, digère l'albumen. Suivant le degré de croissance que prend l'embryon, cette digestion est complète ou incomplète. Dans le Haricot, par exemple, l'embryon digère tout l'albumen, et la plantule, avec ses puissants cotylédons, remplit tout le sac embryonnaire. Dans le Ricin et le Blé, au contraire, l'embryon reste petit, les cotylédons sont à peine esquissés, et l'albumen occupe la majeure partie de la place. C'est ce qui explique pourquoi la quantité d'albumen est très variable dans les graines de diverses espèces (voir *fig.* 455).

On distingue trois principaux types d'albumen. 1° L'albumen *amylacé* ou farineux, riche en grains d'amidon, abonde dans les céréales avec lesquelles nous faisons le pain. 2° L'albumen *oléagineux*, riche à la fois en huiles et en grains d'aleurone, se trouve dans le Ricin, la Pivoine, le Pavot. 3° L'albumen *corné*, formé de cellules épaisses et creusées de canalicules, est riche en cellulose et en ivoire végétal (Caféiers, Palmiers...).

Gymnospermes. La formation de l'embryon diffère par plusieurs points chez les Gymnospermes.

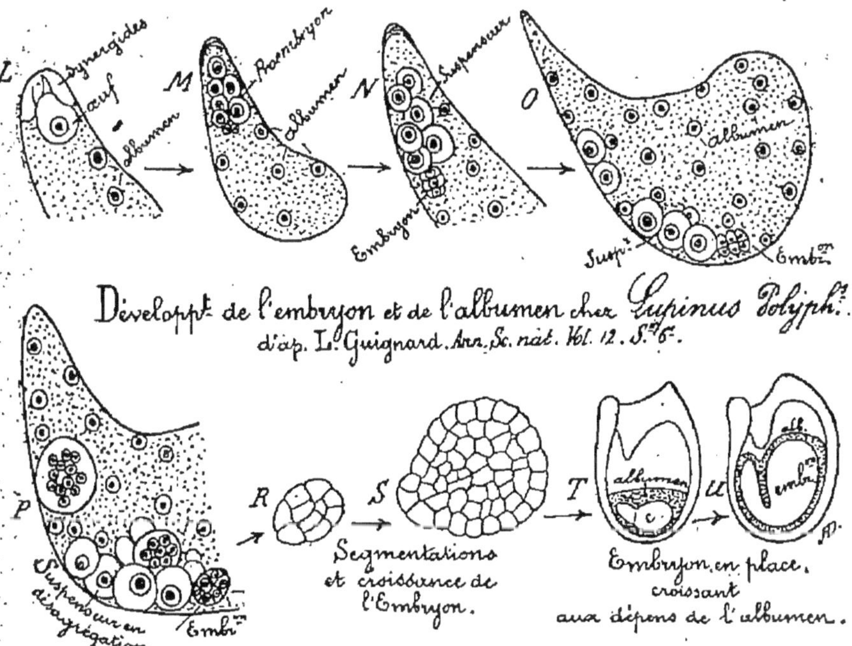

Fig. 446 à 454. — Développement de l'albumen et de l'embryon.

Chez les Angiospermes, le noyau producteur d'albumen ne se segmente qu'après la fécondation : chez les Gymnospermes, cette segmentation est au contraire antérieure à la formation de l'œuf; l'endosperme qui en résulte sert aussi de nourriture à l'embryon en voie de développement.

Tandis que, chez les Angiospermes, il ne se forme qu'un véritable embryon dans chaque ovule, on voit presque toujours, chez les Gymnospermes, plusieurs embryons se développer dans chaque ovule fécondé; tantôt, dans un même nucelle, il y a en réalité plusieurs corpuscules fécondés ; tantôt, d'un même œuf naissent plusieurs embryons (Genévrier, Pin). Mais tous ces embryons ne continuent pas de croître avec la même vigueur : l'un d'eux prédomine et digère les autres.

Les Angiospermes n'ont jamais plus de deux cotylédons. Le nombre des cotylédons est très variable chez les Gymnospermes. Il va de six à dix dans le Pin.

II. Développement de l'ovule en graine. — Pendant que le sac embryonnaire subit l'évolution que nous venons de décrire, le reste de l'ovule est le théâtre de changements dont le résultat final est la constitution de la graine. Nous avons à dire comment la graine se forme, et en quoi consiste une graine mûre.

1° Formation de la graine. — *Modification du nucelle.* Chez certaines plantes, les Composées par exemple, le nucelle est complétement résorbé par la croissance du sac embryonnaire, même avant la fécondation.

D'autres fois, la résorption est incomplète avant la fécondation. Mais le sac embryonnaire se développe à ses dépens et vient s'appliquer contre le tégument.

Il arrive cependant que le nucelle, au lieu de se résorber, s'accroît, et remplit ses nombreuses cellules d'éléments nutritifs. Cette réserve supplémentaire se nomme *périsperme :* elle est transitoire dans l'Amandier, permanente dans le Poivre et le Nénuphar.

Quand les assises les plus externes du nucelle persistent en se desséchant, elles s'ajoutent au tégument de l'ovule pour former le tégument de la graine.

Chez les Gymnospermes, le nucelle est toujours résorbé par les embryons en voie de développement.

Modification des téguments. Quand il y a deux téguments, le plus intérieur, la secondine, disparaît souvent par résorption en même temps que le nucelle (Légumineuses, Renonculacées...). Il subsiste cependant parfois et double le tégument externe. — Le tégument externe, la primine, ou le tégument unique subsiste presque toujours. Son parenchyme, d'abord homogène, subit des différenciations multiples et forme des couches de propriétés différentes. Ce qui se forme ainsi devient le tégument de la graine. — Dans les Graminées, les deux téguments sont résorbés comme le nucelle, si bien que la graine s'applique sans tégument contre l'ovaire.

Le *funicule* de l'ovule persiste et devient le funicule de la graine : de même, le hile de l'ovule devient le hile de la graine.

Près du hile, le funicule prend parfois un développement extraordinaire : son parenchyme se relève, forme une sorte de cupule qui s'applique sur le tégument sans y adhérer, et entoure souvent la graine tout entière. — On donne le nom d'*arille* à ce tégument accidentel (If).

Maturation de la graine. Quand l'ovule a subi toutes les modifications que nous avons dites, il est devenu une graine. Avant de se détacher de la plante-mère, la graine doit mûrir.

La maturation de la graine consiste principalement dans la dessiccation, dans une perte d'eau telle que le volume et le poids diminuent notablement. Dans la graine mûre, il ne reste en moyenne que quatre centièmes d'eau. Il en résulte, pour les matières nutritives de réserve, un changement d'état : l'amidon et l'aleurone se condensent et prennent une consistance solide dans les cellules de l'albumen et de l'embryon.

Dissémination de la graine. La graine mûre se sépare de l'ovaire, c'est-à-dire du fruit : ainsi isolée dans le monde extérieur, elle constitue un individu distinct : sa vie reste à l'état ralenti ou redevient active par la germination, suivant les conditions du milieu où elle tombe. La graine se détache au point où le funicule s'applique sur elle ; de la sorte, le funicule reste adhérent au fruit. Dans le cas où il existe une arille, l'arille suit la graine.

2° Organisation de la graine. — Une graine libre se compose de deux choses : un *tégument* et une *amande*.

a) Le *tégument*. Nous avons trois choses à distinguer

dans le tégument de la graine : l'épiderme, le parenchyme et les nervures.

L'*épiderme* présente une cicatrice laissée par le funicule : c'est le hile. Suivant le mode de différenciation des cellules épidermiques, la surface est tantôt lisse et luisante (Haricot, Pois, Fève), — tantôt rugueuse et comme hérissée de verrues (Corydalle), — tantôt ornée de poils, répartis sur toute la graine (Cotonnier), ou localisés en certains points en forme d'aigrette (Saule, Peuplier). Ces poils, ainsi que les ailes des graines de certaines plantes (Bignoniacées...), sont évidemment d'un grand secours pour la dissémination des graines. Dans les graines du Lin, du Cresson, du Coignassier, l'épiderme est gélifié : aussi, dans l'eau, les graines se gonflent et se couvrent d'une enveloppe gluante.

La *parenchyme* est tantôt homogène, tantôt différencié en deux couches. Le parenchyme homogène est *charnu* et comestible dans le Passiflore et le Punice grenadier, mince et *papyracé* dans le Chêne et l'Amandier, *ligneux* dans la Vigne et le Pin. Le parenchyme est souvent différencié en deux couches, l'une molle, l'autre ligneuse et dure (Ricin, Cycadées...).

Les *nervures* sont des faisceaux libéro-ligneux distribués comme il convient à une foliole, c'est-à-dire symétriquement par rapport à un plan, qui est le plan de symétrie de la graine.

b) L'*amande*. L'amande renferme toujours un embryon. Tantôt l'embryon est seul et sans autres réserves nutritives que ses cotylédons (Légumineuses, Rosacées...); tantôt l'embryon est accompagné de l'albumen, réserve nutritive non entièrement digérée dans le temps de la croissance (Céréales...); tantôt l'embryon est accompagné de deux magasins de réserve, l'albumen et le périsperme (Nénuphar, Poivre...).

Embryon. Nous avons dit déjà que l'embryon se compose d'une radicule, d'une tigelle, d'un ou deux cotylédons, et souvent d'une gemmule. L'embryon est très développé et constitue l'amande entière, lorsqu'il n'y a ni albumen ni périsperme. Ce sont surtout les cotylédons qui prennent alors une importance considérable, dans la Fève et le Haricot. L'embryon est au contraire très mince et les cotylédons très réduits, lorsque la graine est pourvue d'albumen, comme dans le Ricin et le Blé (*fig.* 455 et 456).

La radicule de l'embryon est toujours tournée vers le micropyle : cela se comprend, si l'on se rappelle que la radicule se développe toujours dans la partie adhérente au suspenseur, et que celui-ci est toujours orienté vers le micropyle.

Réserves nutritives. Ces réserves, destinées à nourrir la

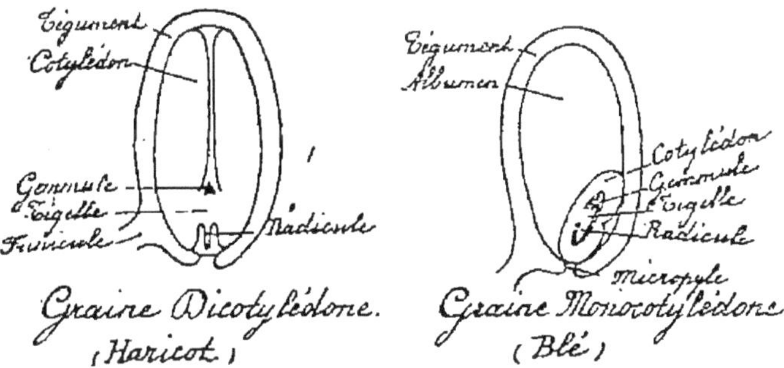

Fig. 455 et 456. — Constitution de la graine. — A gauche, graine de Haricot, deux cotylédons, pas d'albumen. — A droite, graine de Blé, un cotylédon, albumen très développé.

plantule jusqu'à ce qu'elle puisse prendre elle-même sa nourriture dans le sol et dans l'air, sont emmagasinées dans les cotylédons, dans l'albumen et dans le périsperme.

Conformément aux besoins de la plantule, ces réserves sont : des albuminoïdes, condensés à l'état de grains d'aleurone qu'on voit si bien dans le Ricin; des hydrates de carbone, amidon, fécule, cellulose...; des graisses, beurre, huile...

III. Développement de l'ovaire en fruit. — Pendant que la graine se forme par le développement des ovules, l'ovaire s'accroît à son tour et devient le *fruit*. Puisque le fruit n'est autre chose que l'ovaire transformé, les Angiospermes seules ont des fruits, les Gymnospermes n'en ont pas. Nous savons, en effet, que l'ovule des Gymnospermes est nu, et non renfermé dans un ovaire.

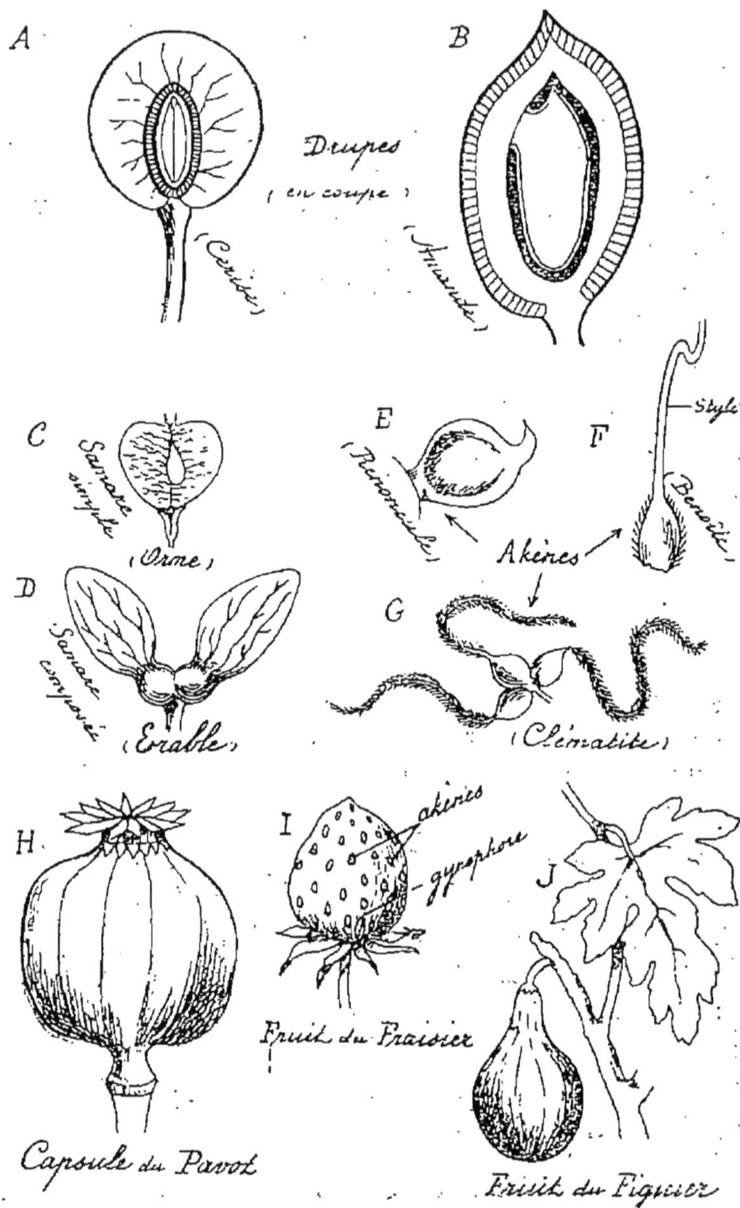

Fig. 457 à 466. — Diverses sortes de fruits.

1° Formation du fruit (*fig.* 457 à 466). — *Relations du fruit et du pistil.* C'est du pistil que dérive le fruit :

mais il est tantôt plus simple, tantôt plus compliqué que le pistil.

Le fruit est plus *simple*, quand il se forme avec suppression de certaines parties du pistil. Ainsi le stigmate se dessèche toujours, le style tombe souvent après la fécondation, et alors c'est l'ovaire seul qui se développe en fruit. Cependant le style persiste en queue plumeuse dans la Clématite, en bec crochu dans la Benoîte. Parfois, de tous les carpelles, un seul demeure pour constituer le fruit : c'est ce qui arrive dans le Chêne, le Hêtre, le Châtaignier, le Dattier, le Cocotier.

Le fruit est plus *compliqué*, quand il présente des parties nouvelles que n'avait pas le pistil. Le nombre des loges de l'ovaire se trouve augmenté dans le fruit, par suite de cloisons surnuméraires formées après la fécondation. C'est ce qui arrive dans les Labiées par exemple, dont l'ovaire a deux loges, tandis que le fruit en a quatre.

Structure du fruit. La paroi du fruit est la paroi de l'ovaire développée; on la nomme *péricarpe*. Dans le péricarpe, il faut distinguer l'épiderme et le parenchyme.

L'épiderme externe est tantôt lisse et parfois recouvert d'un enduit cireux (Prunier, Vigne), tantôt hérissé de poils (Argémone), tantôt hérissé de pointes épineuses (Marronnier), tantôt prolongé en forme d'ailes (Erable, Orme...). L'épiderme interne est souvent garni de poils qui jouent un rôle protecteur autour de la graine : ou bien ces poils sont longs, secs, laineux, et forment une bourre qui enveloppe la graine (Bombacées...); ou bien ils sont épais, charnus et constituent une pulpe comestible (Orange, Citron...).

Le parenchyme du péricarpe est tantôt homogène, tantôt différencié en deux couches. S'il est homogène, il est tout entier sec et résistant dans les fruits secs, tout entier charnu et mou dans les fruits charnus. S'il est différencié en deux couches, comme dans la Prune, la couche externe est molle et charnue, la couche interne est ligneuse et résistante.

Maturation du fruit. Dans les fruits secs, les cellules du péricarpe se vident, meurent et se dessèchent. Dans les fruits charnus, les composés ternaires subissent une transformation profonde. Les fruits verts contiennent de l'amidon, du tannin et des acides organiques; dans les fruits mûrs, l'amidon et le tannin ont disparu, les acides organiques ont subi une combustion lente, des matières sucrées se sont produites en abondance. Il n'y a que de la glucose dans le raisin, la cerise, la groseille, il y a de la glucose et du sucre de Canne dans la pêche, l'abricot, la pomme, la poire, la fraise, l'orange, le citron.

Le fruit mûr s'altère promptement; en se détruisant, il met les graines en liberté.

2° Déhiscence des fruits et dissémination des graines. — Le fruit protège la graine, mais il ne doit pas l'emprisonner. Il faut donc qu'il s'ouvre pour laisser la graine mûre en pleine liberté.

Pour les *fruits charnus*, deux cas se présentent dans la nature. Le fruit charnu de la Balsamine, du Concombre sauvage, est une capsule qui se déchire avec explosion au moment de la maturité et lance les graines à une certaine distance. Le fruit charnu du Cerisier, du Prunier, de l'Abricotier... se corrompt quand il est mûr, ou bien devient la proie de l'homme et des oiseaux : il en résulte que la graine est rendue libre et même qu'elle peut être transportée au loin.

Quant aux *fruits secs*, les uns sont indéhiscents, les autres sont déhiscents.

Akènes ou *fruits secs indéhiscents*. Les akènes proviennent soit de carpelles indépendants (Renoncule et Clématite), soit de capsules qui se divisent en autant de loges qu'il y a de graines formées. Quelle que soit leur origine, les akènes ont tous pour caractéristique de ne point s'ouvrir à la maturité. Ils se disséminent pourtant et se transportent parfois à de grandes distances, grâce à des poils ou à des expansions membraneuses qui donnent de la prise au vent (Orme, Frêne, Valériane).

Fruits secs déhiscents. La déhiscence est une déchirure de la paroi du fruit, déterminant la formation de fentes ou de trous par lesquels les graines peuvent

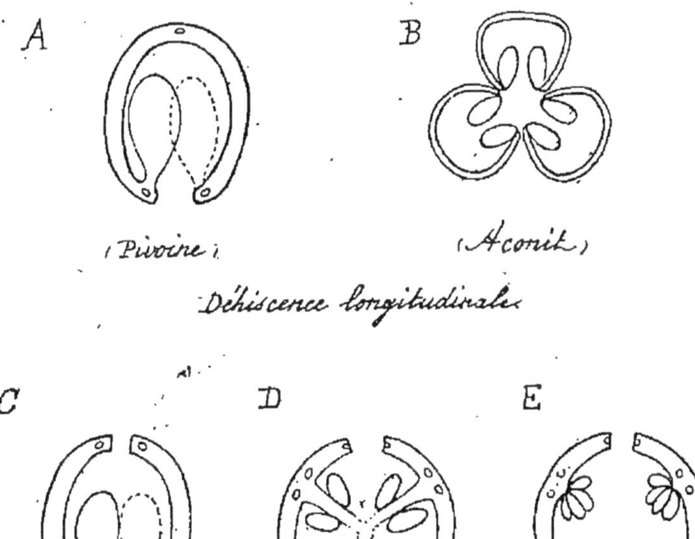

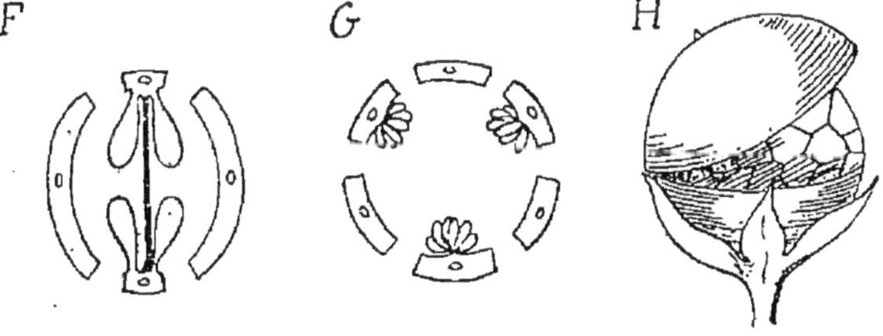

Fig. 467 à 473. — Divers modes de déhiscence.

s'échapper. On distingue trois sortes de déhiscence : la déhiscence longitudinale, la déhiscence transversale, la déhiscence poricide.

La déhiscence *longitudinale* s'opère suivant les méridiens du fruit et produit un certain nombre de valves. Elle peut s'opérer de quatre manières.

1° Elle est *septicide*, quand elle se fait le long de la ligne de soudure des feuilles carpellaires. — Si les ovaires sont libres et clos, ils s'ouvrent simplement (Pivoine). — S'ils sont soudés et ouverts, ils se séparent simplement (Gentiane). — S'ils sont soudés et clos, ils se séparent d'abord, puis ils s'ouvrent comme ceux du premier cas (Colchique, Aconit).

2° Elle est *loculicide*, quand elle se fait suivant la nervure médiane des feuilles carpellaires. — Si les ovaires sont libres et clos, ils s'ouvrent en dehors (Magnolia). — S'ils sont soudés et ouverts, ils s'étalent en valves chargées de graines (Violette). — S'ils sont soudés et clos, ils s'ouvrent au dos de chaque loge (Tulipe).

3° Elle est *septicide* et *loculicide* tout ensemble, quand elle se fait suivant la ligne de soudure des carpelles, et en même temps suivant la nervure médiane (Gousse du Pois, de la Fève, du Haricot).

4° Elle est *septifrage*, quand elle se fait non loin des bords de la feuille carpellaire ; alors chaque carpelle présente une valve nue et deux bords portant des graines (Orchis, Giroflée).

La déhiscence *transversale* s'opère suivant une fente circulaire perpendiculaire aux méridiens du fruit : l'ovaire s'ouvre alors comme une boîte munie d'un couvercle (Pyxide du Mouron rouge).

La déhiscence *poricide* a lieu lorsque des pores se forment, soit au sommet du fruit, comme dans le Pavot et le Muflier, soit à la base, comme dans la Campanule. On compte alors autant de trous que de loges.

3° Classification des fruits. — Pour rendre cette classification plus claire, nous la présenterons en forme de tableau.

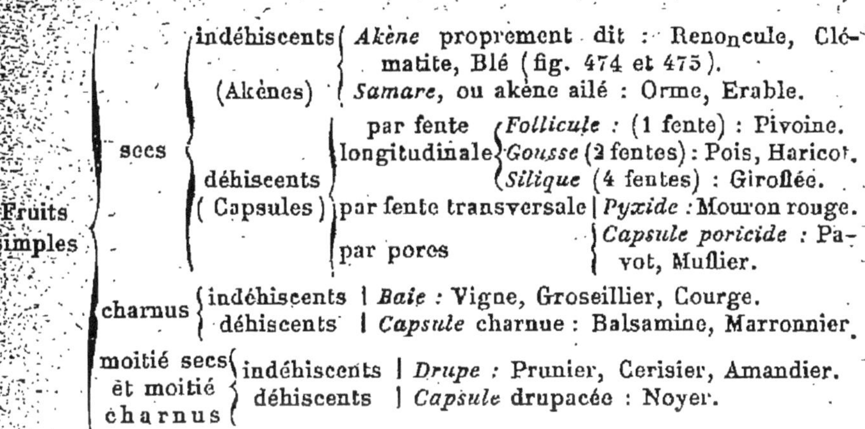

Fruits simples	secs	indéhiscents (Akènes)		*Akène* proprement dit : Renoncule, Clématite, Blé (fig. 474 et 475).
				Samare, ou akène ailé : Orme, Erable.
		déhiscents (Capsules)	par fente longitudinale	*Follicule* : (1 fente) : Pivoine.
				Gousse (2 fentes) : Pois, Haricot.
				Silique (4 fentes) : Giroflée.
			par fente transversale	*Pyxide* : Mouron rouge.
			par pores	*Capsule poricide* : Pavot, Muflier.
	charnus	indéhiscents		*Baie* : Vigne, Groseillier, Courge.
		déhiscents		*Capsule* charnue : Balsamine, Marronnier.
	moitié secs et moitié charnus	indéhiscents		*Drupe* : Prunier, Cerisier, Amandier.
		déhiscents		*Capsule* drupacée : Noyer.

4° Annexes du fruit. — C'est la règle générale que le fruit provient du développement du pistil; mais il peut

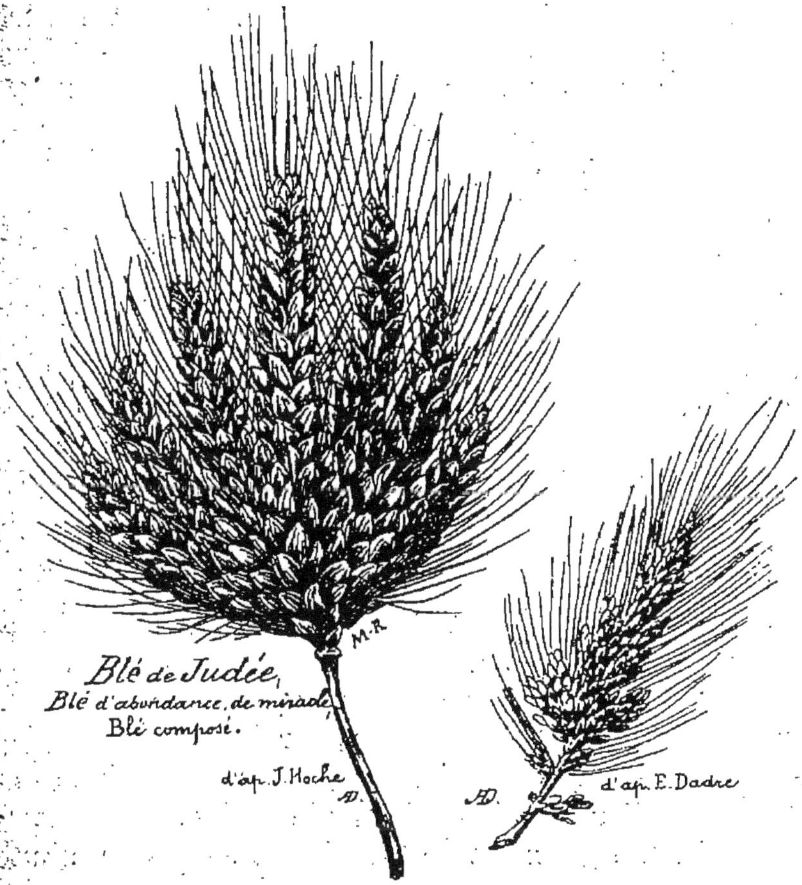

Fig. 474 et 475. — Fruit du Blé.

arriver que d'autres organes floraux se développent en même temps et forment autour du fruit des annexes très volumineuses.

Le *calice* persiste au-dessous du fruit dans la Benoîte et le Fraisier ; mais dans le Coqueret, l'Alkekange, il se développe jusqu'à entourer complètement le fruit d'un sac clos. Avec le pédicelle floral, il concourt à former la cupule du Noisetier, du Châtaignier. Dans le Mûrier, le calice des fleurs pistillées devient charnu et comestible.

Dans les plantes à ovaire infère, la coupe formée par la concrescence basilaire de toutes les *parties extérieures au pistil*, calice, corolle, androcée, se développe avec l'ovaire pour former le fruit : Poirier, Pommier, Groseillier, Néflier. Au sommet de ces fruits apparaît une couronne dentelée, entourant les étamines desséchées et la pointe flétrie des carpelles.

Dans le Fraisier, l'extrémité intra-florale du *pédicelle*, en d'autres termes le réceptacle, s'accroît, se renfle et porte les fruits à sa surface : la fraise est un *gynophore* portant un grand nombre d'akènes.

Dans le Figuier, le réceptacle floral, creusé en forme de coupe, enveloppe d'une masse charnue et comestible les nombreux fruits qu'il porte.

Il est à remarquer que les fruits *composés,* comme la figue et la fraise, sont très hétérogènes. Ils sont constitués, en effet, non seulement par une agglomération de fruits simples, mais encore par les pédicelles des fleurs, leurs bractées et le pédicelle commun de l'inflorescence. La Mûre, l'Ananas, les cônes à ovules du Pin et du Sapin, sont dans ce genre.

IV. Germination de la graine et développement de l'embryon. — La graine, une fois mise en liberté, peut subsister longtemps sans donner aucun signe de vie. La vie n'y est pas éteinte cependant; car l'embryon respire, se nourrit, mais avec une extrême lenteur. Dès qu'elle rencontre un milieu favorable à la vie active, elle sort de ce sommeil, elle *germe* et se transforme en plante adulte.

1° Conditions de la germination. — Pour germer, la

graine doit réaliser certaines conditions : les unes *internes*, ou de constitution ; les autres *externes*, ou de milieu.

a) *Conditions internes*. Une graine est bonne, lorsqu'elle est bien conformée, bien mûre, assez récente.

Une graine est *bien conformée*, non seulement lorsqu'elle réalise la forme normale, mais surtout lorsque ses parties internes sont entières et non remplies d'air. Pour distinguer les bonnes graines des mauvaises, il suffit souvent de jeter dans l'eau les graines qu'on veut éprouver : les mauvaises surnagent, les bonnes vont au fond du vase. Pour les graines riches en huile, comme le Ricin, le procédé ne serait pourtant pas sûr.

La graine doit être mûre, c'est-à-dire que ses réserves doivent être en état d'être assimilées par l'embryon. D'ordinaire, la maturité de la graine coïncide avec celle du fruit. Mais quelquefois la graine est mûre avant le fruit : ainsi le Haricot peut être semé avant que la gousse ne soit sèche. D'autres fois, la graine ne mûrit qu'après le fruit : ainsi les graines de l'Aubépine et du Pêcher ne peuvent germer qu'un an ou deux après leur formation.

Enfin la graine doit être assez *récente* pour n'avoir pas été frappée de mort. La durée de la vie latente dans les graines varie beaucoup avec les espèces ; elle est petite dans le Caféier et les Ombellifères, plus longue dans les Graminées, plus longue encore dans les Légumineuses. Les graines se conservent d'autant plus longtemps qu'elles sont mieux soustraites à la dessiccation et à l'oxydation des éléments nutritifs.

b) *Conditions externes*. Pour que la graine germe, il lui faut de l'eau, de l'oxygène et de la chaleur.

L'eau et l'oxygène ne constituent pas un aliment, mais ils sont essentiels pour que les réserves accumulées dans la graine puissent être utilisées.

La chaleur est nécessaire à la germination comme à la croissance des plantes. Pour chaque espèce végétale, il y a un minimum au-dessous duquel la germination ne se fait pas, un maximum au-dessus duquel elle ne se fait plus, et, entre ces deux termes, un degré optimum où elle s'opère le plus rapidement possible. La Moutarde germe entre 0° et 37°,2, le Lin entre 1°,8 et 28°, le Blé entre 5° et 42°,5, le Haricot et le Maïs entre 9°,5 et 33°,7. La température optimum est 27°,4 pour la Moutarde, 21° pour le Lin, 28°,7 pour le Blé, 33°,7 pour le Maïs et le Haricot.

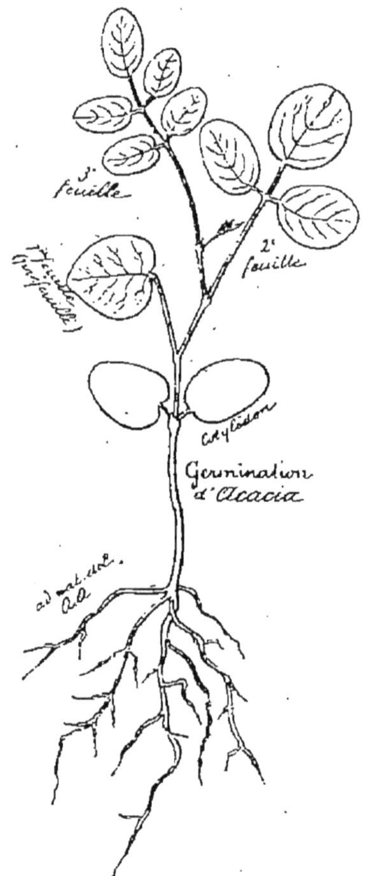

Fig. 476. — Germination de l'Acacia. La tige hypocotylée a une certaine longueur.

2° La germination. — Dans un milieu humide, aéré et chaud, la graine commence à germer. Elle est alors le théâtre de phénomènes morphologiques et physiologiques que nous allons considérer séparément.

a) *Phénomènes morphologiques.* Ils consistent dans les changements de forme que subit la graine dans le cours de la germination.

Gonflée par l'eau, l'amande distend le tégument : et, comme la radicule tend la première à sortir, une déchirure se fait au micropyle. A peine sortie, la radicule s'allonge, puis se courbe verticalement en bas pour devenir la racine terminale et principale de la plante.

La racine a déjà poussé, lorsque la tigelle s'allonge à son tour par croissance intercalaire, se courbe de bas en haut en formant une sorte d'anse, puis s'arrête à la position verticale, en ligne droite avec la racine. La tigelle, en grandissant, fait sortir de terre les cotylédons et constitue le premier entre-nœud de la tige définitive, ce qu'on nomme la tige hypocotylée (*fig.* 476).

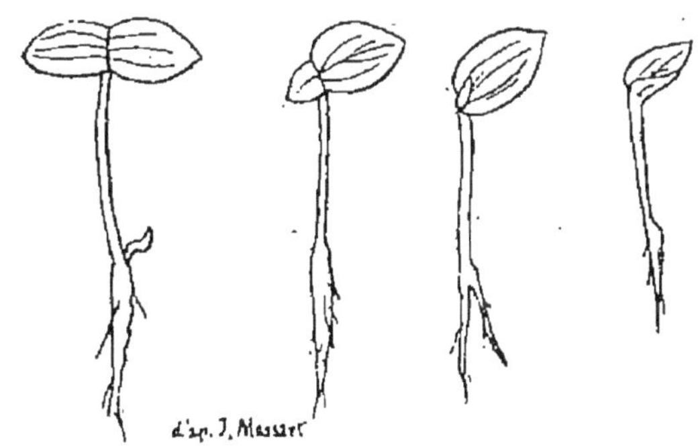

Delphinium nudicaule : cotylédons connés ; il n'est pas rare que l'un des cotylédons soit plus petit que l'autre ou manque complètement.

Fig. 477.— Cotylédons formant les premières feuilles de la tige hypocotylée : ils peuvent être inégaux.

Les cotylédons se développent ensuite, se séparent en déchirant le tégument qui tombe à terre : ils constituent les premières feuilles vertes au sommet de la tige hypocotylée (*fig.* 477).

Enfin la gemmule s'ébranle à son tour, s'allonge, s'épanouit en feuilles nouvelles et constitue la tige épicotylée (*fig.* 478).

Telles sont les quatre phases de la germination : développement de la radicule, puis de la tigelle, puis des cotylédons, et enfin de la gemmule. Mais cette marche peut être raccourcie par la suppression de quelques-uns des stades.

La seconde phase peut être supprimée : la tigelle ne s'allonge pas, tandis que les cotylédons et la gemmule se développent (Anémone). Souvent la seconde et la troi-

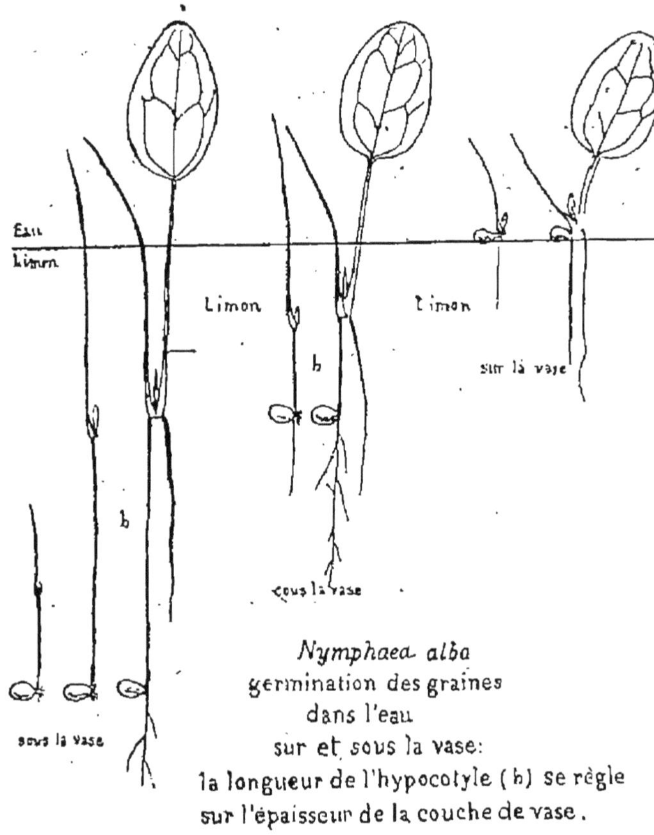

Fig. 478. — Germination de *Nymphæa alba*, montrant : 1° le développement de la gemmule en tige épicotylée ; 2° l'influence du milieu sur la longueur de la tige hypocotylée.

sième phase sont supprimées : la tigelle ne se développe pas, les cotylédons restent sous le tégument : la gemmule seule s'allonge.

Les deux modes les plus fréquents de germination sont : celui où les quatre stades se succèdent régulièrement et celui où le quatrième suit immédiatement le premier. Dans le premier cas, les cotylédons sortent de terre : ils sont *épigés* ; dans le second, les cotylédons restent sous terre : ils sont *hypogés*. La germination est épigée dans l'Érable, le Hêtre, le Pois (*fig.* 479), le Haricot, le Pin, l'If. Elle est hypogée dans le Chêne, le Noyer, les Graminées, les Palmiers, les Cycadées.

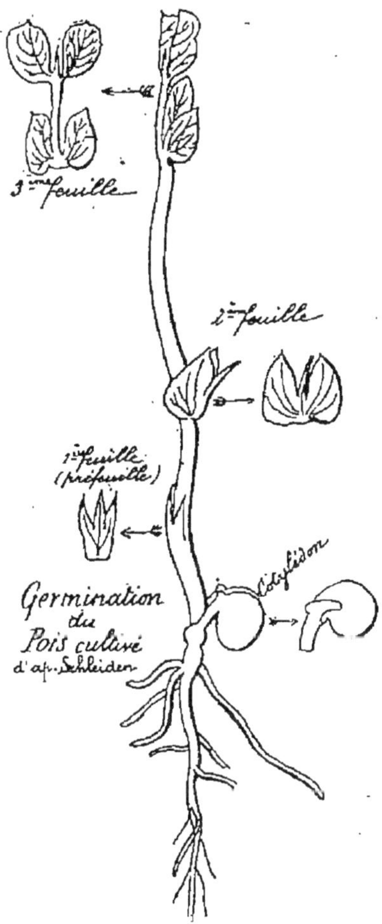

Fig. 479. — Germination du Pois, montrant les diverses parties de la jeune plantule.

b) Phénomènes physiologiques. Les uns sont *externes* et s'accomplissent entre la graine et le milieu extérieur : les autres sont *internes* et se passent à l'intérieur même de la graine.

Parmi les phénomènes *externes* nous signalerons : l'absorption d'oxygène, le dégagement d'acide carbonique, l'émission de vapeur d'eau, la diminution du poids de la matière sèche, une certaine perte de chaleur.

Les phénomènes *internes* consistent dans la digestion des réserves sous l'influence de diastases ou ferments solubles qui apparaissent dans la graine au moment de la germination.

Si la graine n'a point d'autres réserves que celles de ses cotylédons (Haricot), la digestion est dite interne, parce qu'elle ne s'exerce point sur des éléments intérieurs à la plantule. Elle commence au voisinage de l'axe et se continue de l'intérieur vers l'extérieur du grain.

Si la graine possède un albumen, le phénomène apparaît double au premier abord. L'albumen germe, surtout s'il est oléagineux (Ricin) : il digère ses propres matériaux et s'accroît à leurs dépens. Pendant ce temps, l'embryon croît aussi, et, étroitement appliqué contre l'albumen, il absorbe tous les éléments que celui-ci a dissous et rendus assimilables.

Dans le cas où l'albumen est amylacé ou corné, il ne peut digérer lui-même ses réserves : elles sont digérées par des diastases spéciales sécrétées par les cotylédons.

C'est par l'ensemble de ces phénomènes que la plante pourvoit à ses propres besoins, en attendant qu'elle puisse emprunter sa nourriture à l'air et au sol.

V. Durée de la plante adulte. — Les phases de la germination sont achevées, lorsque la plante, munie de feuilles vertes, peut fabriquer elle-même ses principes organiques. Les phénomènes dont elle est alors le théâtre sont ceux que nous avons décrits en parlant de la racine, de la tige et des feuilles.

La plante est dite *adulte*, au moment où elle fleurit en produisant de nouveaux œufs et de nouvelles graines. Tantôt la plante adulte est l'individu même qui est né de l'embryon : dans ce cas, toutes les parties du corps étant restées liées en un tout continu, le développement est dit *associé* ; ainsi vivent la plupart des plantes. Tantôt la plante adulte qui fleurit est reliée à l'embryon par une succession d'individus distincts : l'individu né de l'embryon est de petite taille et ne vit qu'une année ; une partie de son corps subsiste cependant, et donne la seconde année un individu plus fort, mais souvent encore incapable de fleurir ; la troisième année, ce qui subsiste du second individu croît à son tour en une plante plus vigoureuse : les choses continuent de la sorte jusqu'à ce que les individus soient capables de fleurir et de porter des graines. Ainsi vivent les Orchidées... C'est le développement *dissocié*.

Associé ou dissocié, le développement de la plante adulte est très variable quant à la durée. Il y a des plantes qui fleurissent dès la première année (Pavot) ; d'autres fleurissent la seconde année (Bette vulgaire) ; d'autres enfin, en général les végétaux ligneux, ne fleurissent qu'après plusieurs années de croissance (Pin, Mélèze, Hêtre....).

La plante adulte a, suivant les espèces, un sort très différent.

Chez certaines espèces, les réserves accumulées pendant le développement émigrent entièrement dans les graines : la plante s'épuise en se reproduisant. Comme elle ne fleurit et ne fructifie qu'une fois, elle est dite *monocarpique*. Les végétaux monocarpiques sont *annuels*, s'ils fleurissent l'année même de leur germination (Blé, Haricot...); ils sont *bisannuels* ou *pluri-annuels*, s'ils fleurissent après l'année de leur germination (Carotte, Betterave...).

Chez d'autres espèces, les réserves n'émigrent pas entièrement dans les graines; une partie demeure dans le corps du végétal, qui peut ainsi continuer à vivre après la fructification et fleurir de nouveau. La plante, pouvant fleurir à diverses reprises, est dite *polycarpique* ou *vivace*. Dans les plantes vivaces, ou bien le corps entier persiste (Chêne), ou bien une partie seulement demeure après chaque floraison (Pomme de terre, Topinambour).

Cependant la plante vivace ne dure pas toujours.

Si elle rampe sur le sol, elle ne meurt que par parties

(Fraisier), parce que les parties les plus jeunes conservent toujours des relations avec le sol.

Si elle est dressée, plus elle grandit, plus la distance augmente entre les poils des racines et les feuilles des rameaux : le trajet de la sève devient difficile; l'énergie vitale se ralentit peu à peu et finit par s'éteindre. Cependant, par les soins de l'homme, un rameau détaché d'un vieux tronc pourrait prendre racine et renouveler le végétal.

Des causes accidentelles peuvent hâter la fin d'un végétal. Souvent le *cœur* du bois se détruit du centre à la périphérie. La tige, privée de son soutien naturel, peut se rompre sous le poids de ses branches.

Conclusion. — Nous terminons ici l'histoire du développement des plantes. Le cercle qu'elles parcourent dans leur évolution, si régulier dans chaque espèce, si souple en même temps pour s'accommoder aux circonstances, est un vrai prodige. Nous n'y prenons pas garde, parce que nous en sommes témoins tous les jours. Les exceptions aux lois de la nature nous frappent d'admiration : ces lois elles-mêmes nous laissent indifférents. Et cependant le Créateur a témoigné d'une puissance aussi grande en posant les lois générales de multiplication et de croissance des êtres qu'en y dérogeant parfois par un acte de sa volonté. C'est ainsi que la nature mène à son Auteur. Ceux qui regardent son œuvre sans remonter jusqu'à Lui ne font qu'une science tronquée; car la science ne trouve son couronnement que dans la connaissance et l'adoration de la Cause suprême.

TABLE DES MATIÈRES

LIVRE PREMIER

NOTIONS GÉNÉRALES

CHAP. Ier. — CARACTÈRES GÉNÉRAUX DES VÉGÉTAUX.

CHAP. II. — CONSTITUTION CHIMIQUE DES VÉGÉTAUX.

CHAP. III. — CELLULES ET TISSUS.

LIVRE SECOND

FONCTIONS DE NUTRITION

FIN

Imp. D. Dumoulin et Cie, à Paris.

www.ingramcontent.com/pod-product-compliance
Ingram Content Group UK Ltd.
Pitfield, Milton Keynes, MK11 3LW, UK
UKHW020309230726
13925UKWH00001B/307

9 782013 504973